复变函数与积分变换

河北科技大学理学院数学系　编

清华大学出版社

北京

内 容 简 介

本书根据教育部高等院校复变函数与积分变换课程的基本要求,依据工科数学《复变函数与积分变换教学大纲》,并结合本学科的发展趋势,在积累多年教学实践的基础上编写而成.内容选取以"必需、够用"为度,严密性次之,旨在培养工科学生的数学素养,提高应用数学工具解决实际问题的能力.

全书共分 8 章,包括复数与复变函数、解析函数、复变函数的积分、级数、留数理论及其应用、共形映射、Fourier 变换、Laplace 变换等.

本书适合高等院校工科各专业,尤其是自动控制、通信、电子信息、测控、机械工程、材料成型等专业作为教材,也可供工程技术人员阅读参考.

图书在版编目(CIP)数据

复变函数与积分变换/河北科技大学理学院数学系编.—北京:清华大学出版社,2014
(2021.8重印)
ISBN 978-7-302-36801-4

Ⅰ.①复… Ⅱ.①河… Ⅲ.①复变函数 ②积分变换 Ⅳ.①O174.5 ②O177.6

中国版本图书馆 CIP 数据核字(2014)第 124303 号

责任编辑:陈　明
封面设计:傅瑞学
责任校对:刘玉霞
责任印制:宋　林

出版发行:清华大学出版社
　　　　　网　　　址:http://www.tup.com.cn,http://www.wqbook.com
　　　　　地　　　址:北京清华大学学研大厦 A 座　　　　邮　　编:100084
　　　　　社 总 机:010-62770175　　　　　　　　　　　邮　　购:010-62786544
　　　　　投稿与读者服务:010-62776969,c-service@tup.tsinghua.edu.cn
　　　　　质量反馈:010-62772015,zhiliang@tup.tsinghua.edu.cn
印 装 者:三河市君旺印务有限公司
经　　销:全国新华书店
开　　本:170mm×230mm　　印　张:11　　　　字　　数:219 千字
版　　次:2014 年 8 月第 1 版　　　　　　　　　　印　　次:2021 年 8 月第 13 次印刷
定　　价:32.00 元

产品编号:059827-03

　　复变函数与积分变换是运用复变函数的理论知识解决微分方程和积分方程等实际问题的一门课程. 在工科的教育教学体系中,本课程属于基础课程,在培养学生抽象思维能力、逻辑推理能力、空间想象能力和科学计算能力等方面起着重要的作用. 从历史上看,复变函数理论一直伴随着科学技术的发展,从实际需要中提炼数学理论并进行研究,并反过来促进科学技术的发展. 通过学习大家会发现,复变函数除了其严谨且优美的理论体系外,在应用方面尤其有着独到的作用,它既能简化计算,又能体现明确的物理意义,在许多领域有广泛应用,如电气工程、通信与控制、信号分析与图像处理、机械系统、流体力学、地质勘探与地震预报等工程技术领域. 通过本课程的学习,不仅可以掌握复变函数与积分变换的基础理论及工程技术中的常用数学方法,同时还为后续有关课程的学习奠定了必要的数学基础.

　　本书基于有限的课时,对复数与复变函数、解析函数、复变函数的积分、级数、留数理论及其应用、共形映射、Fourier 变换和 Laplace 变换等内容作了较为系统的介绍. 在概念阐述上力求做到深入浅出,突出基本结论和方法的运用,在知识体系完整性的基础上,避免了一些太过专业的推导过程,尽量做到数学过程简单易懂,结论形式易于运用,形成了自己的特色.

　　在编写过程中突出了以下几个特点:

　　(1) 注重强调理论的产生背景和其中蕴含的思想方法,注重理论联系实际,数学过程力求精练. 在不影响内容完整性和系统性的基础上,去掉了传统课本中的一些较难而又与应用没有紧密关联的知识点,使学生从枯燥的学习过程中摆脱出来,轻松入门.

　　(2) 对基本概念的引入尽可能联系实际,突出物理意义;基本结论的推导过程深入浅出、循序渐进;基本方法的阐述具有启发性,使学生能够举一反三,融会贯通.

　　(3) 例题和习题丰富,有利于学生掌握所学内容,提高分析问题和解决问题的能力.

　　本书第 1、3、5 章由姚卫编写,第 2、4、6 章由杨贺菊编写,第 7 章由彭继琴编写,

第 8 章由于向东编写.沈冲对部分章节和插图进行了完善处理.全书由姚卫最后统稿.本书的编写得到清华大学出版社的大力支持,河北科技大学理学院数学系全体任课教师也给予了很多帮助和指导,在此一并表示衷心的感谢.

由于编者水平有限,错漏在所难免,恳请专家、同行和读者批评指正.

编 者①

2014 年 5 月

---

① E-mail: yaowei0516@163.com

目 录
CONTENTS

第1章

复数与复变函数

所谓复变函数,就是指自变量和因变量都是复数的函数,其主要研究对象是解析函数.作为复变函数理论的开篇,本章将介绍复数与复平面、复数的基本运算、复平面上的区域、复变函数的极限与连续等基本概念.

1.1 复数及其代数运算

1. 复数

形如 $z=x+\mathrm{i}y$ 或 $z=x+y\mathrm{i}$ 的数,称为**复数**,其中 i 满足 $\mathrm{i}^2=-1$,称为**虚数单位**,x 和 y 均是实数,分别称为复数 z 的**实部**和**虚部**,记为 $x=\mathrm{Re}(z),y=\mathrm{Im}(z)$.在本书最后两章中,为与工程应用上的记号一致,我们也将虚数单位记为 j.

规定两个复数 $z_1=x_1+\mathrm{i}y_1$ 与 $z_2=x_2+\mathrm{i}y_2$ **相等**当且仅当它们的实部和虚部分别对应相等,即 $x_1=x_2$ 且 $y_1=y_2$.

规定 $\mathrm{i}\cdot0=0$,这样虚部为零的复数可以看作是一个实数,因此全体实数是全体复数的一部分.另外,虚部不为零的复数称为**虚数**,实部为零但虚部不为零的复数称为**纯虚数**.

2. 复数的代数运算

设复数 $z_1=x_1+\mathrm{i}y_1,z_2=x_2+\mathrm{i}y_2$,则复数四则运算规定如下:

(1) $z_1\pm z_2=(x_1\pm x_2)+\mathrm{i}(y_1\pm y_2)$;

(2) $z_1\cdot z_2=(x_1x_2-y_1y_2)+\mathrm{i}(x_1y_2+x_2y_1)$;

(3) $\dfrac{z_1}{z_2}=\dfrac{x_1x_2+y_1y_2}{x_2^2+y_2^2}+\mathrm{i}\dfrac{x_2y_1-x_1y_2}{x_2^2+y_2^2}(z_2\neq0)$.

容易验证,复数的四则运算满足与实数的四则运算相同的运算规律,运算过程相当于将式子中的 i 看成参数后进行计算整理.

3. 共轭复数

复数 $x+\mathrm{i}y$ 和 $x-\mathrm{i}y$ 称为一对互为**共轭的复数**,即复数的共轭是相互的.复数 z

的共轭复数记为 $\bar{z}$，即 $\overline{x+\mathrm{i}y}=x-\mathrm{i}y$．共轭复数具有如下性质：

(1) $\overline{z_1\pm z_2}=\bar{z}_1\pm\bar{z}_2$；$\overline{z_1\cdot z_2}=\bar{z}_1\cdot\bar{z}_2$；$\overline{\left(\dfrac{z_1}{z_2}\right)}=\dfrac{\bar{z}_1}{\bar{z}_2}$（$z_2\neq0$）；

(2) $\bar{\bar{z}}=z$；

(3) $z\bar{z}=[\mathrm{Re}(z)]^2+[\mathrm{Im}(z)]^2$；

(4) $\mathrm{Re}(z)=\dfrac{1}{2}(z+\bar{z})$，$\mathrm{Im}(z)=\dfrac{1}{2\mathrm{i}}(z-\bar{z})$．

例 1.1.1 设 $z_1=5-5\mathrm{i}$，$z_2=-3+4\mathrm{i}$，求 $\dfrac{z_1}{z_2}$ 与 $\overline{\left(\dfrac{z_1}{z_2}\right)}$．

解 $\dfrac{z_1}{z_2}=\dfrac{5-5\mathrm{i}}{-3+4\mathrm{i}}=\dfrac{(5-5\mathrm{i})(-3-4\mathrm{i})}{9+16}=\dfrac{-35-5\mathrm{i}}{25}=-\dfrac{7}{5}-\dfrac{1}{5}\mathrm{i}$，

从而

$$\overline{\left(\frac{z_1}{z_2}\right)}=-\frac{7}{5}+\frac{1}{5}\mathrm{i}.$$

例 1.1.2 设 $z=-\dfrac{1}{\mathrm{i}}-\dfrac{3\mathrm{i}}{1-\mathrm{i}}$，求 $\mathrm{Re}(z)$，$\mathrm{Im}(z)$ 与 $z\bar{z}$．

解 $z=-\dfrac{1}{\mathrm{i}}-\dfrac{3\mathrm{i}}{1-\mathrm{i}}=\dfrac{\mathrm{i}}{\mathrm{i}(-\mathrm{i})}-\dfrac{3\mathrm{i}(1+\mathrm{i})}{(1-\mathrm{i})(1+\mathrm{i})}=\mathrm{i}-\left(-\dfrac{3}{2}+\dfrac{3}{2}\mathrm{i}\right)=\dfrac{3}{2}-\dfrac{1}{2}\mathrm{i}$，

所以

$$\mathrm{Re}(z)=\frac{3}{2},\quad\mathrm{Im}(z)=-\frac{1}{2},\quad z\bar{z}=\left(\frac{3}{2}\right)^2+\left(-\frac{1}{2}\right)^2=\frac{5}{2}.$$

例 1.1.3 设 $z_1=x_1+\mathrm{i}y_1$，$z_2=x_2+\mathrm{i}y_2$，证明 $z_1\bar{z}_2+\bar{z}_1z_2=2\mathrm{Re}(z_1\bar{z}_2)$．

证明 $z_1\bar{z}_2+\bar{z}_1z_2=(x_1+\mathrm{i}y_1)(x_2-\mathrm{i}y_2)+(x_1-\mathrm{i}y_1)(x_2+\mathrm{i}y_2)$
$=(x_1x_2+y_1y_2)+\mathrm{i}(x_2y_1-x_1y_2)$
$\quad+(x_1x_2+y_1y_2)+\mathrm{i}(-x_2y_1+x_1y_2)$
$=2(x_1x_2+y_1y_2)=2\mathrm{Re}(z_1\bar{z}_2)$．

或者，由 $\overline{\bar{z}_1z_2}=\bar{\bar{z}}_1\bar{z}_2=z_1\bar{z}_2$，得 $z_1\bar{z}_2+\bar{z}_1z_2=2\mathrm{Re}(z_1\bar{z}_2)$．

1.2 复数的几何表示

1. 复平面

从复数的定义可以看出，一个复数 $z=x+\mathrm{i}y$ 实际上可以由一对有序实数 (x,y) 唯一确定．因此，如果把平面上的点 (x,y) 与复数 $z=x+\mathrm{i}y$ 对应起来，就建立了平面上全部的点和全体复数之间的一一对应关系．

由于 x 轴上的点和 y 轴上非原点的点分别对应着实数和纯虚数，因而在复变函数中通常称 x 轴为**实轴**，称 y 轴为**虚轴**，这种表示复数 z 的平面称为**复平面**或者

z 平面.

引入复平面后,我们就在"数"与"点"之间建立了一一对应关系.为了方便起见,今后不再区分"数"和"点"及"数集"和"点集",例如,我们常说"点 $1+i$","顶点为 z_1,z_2,z_3 的三角形",等等.

如图 1.1 所示,在复平面上,从原点到点 $z=x+yi$ 所引的向量与这个复数 z 也构成一一对应关系,这种对应关系使得复数的加减法和向量的加减法之间保持一致,如图 1.2 所示.

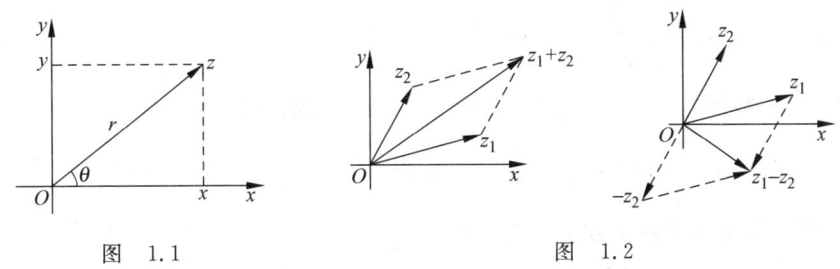

图 1.1　　　　　　　　　　　　　　图 1.2

2. 复数的模与辐角

在图 1.1 中,复数 $z=x+iy$ 也可以借助于点 z 的极坐标 r 和 θ 来确定,向量 $\overrightarrow{Oz}$ 的长度称为复数 z 的**模**,记为 $|z|$ 或 r,即 $r=|z|=\sqrt{x^2+y^2}$.

显然,对于任意复数 $z=x+iy$ 均有

$$|x| \leqslant |z|, \quad |y| \leqslant |z|, \quad |z| \leqslant |x|+|y|.$$

另外,根据向量的运算及几何知识,可以得到下面两个重要的三角不等式:

$$|z_1+z_2| \leqslant |z_1|+|z_2|,$$
$$|z_1-z_2| \geqslant \big| |z_1|-|z_2| \big|.$$

由图 1.2 可见,$|z_1-z_2|$ 表示点 z_1 和 z_2 的距离,这个几何意义在复变函数特别是在积分理论中特别重要.

向量 $\overrightarrow{Oz}$ 与实轴正向间的夹角 θ 称为复数 z 的**辐角**,记为 $\theta=\mathrm{Arg}z$. 由于任一非零复数 z 均有无穷多个辐角,用 $\arg z$ 表示 z 落在 $(-\pi,\pi]$ 中的那个辐角,并称之为复数 z 的**辐角主值**. 于是

$$\mathrm{Arg}z = \arg z + 2k\pi, \quad k \in \mathbf{Z}.$$

注意,当 $z=0$ 时,其模为零,辐角不确定.而当 $z \neq 0$ 时,$\arg z$ 与 $\arctan \dfrac{y}{x}$ 有如下关系:

$$\arg z = \begin{cases} \arctan \dfrac{y}{x}, & z \text{ 位于第一、四象限}, \\[2mm] \arctan \dfrac{y}{x}+\pi, & z \text{ 位于第二象限}, \\[2mm] \arctan \dfrac{y}{x}-\pi, & z \text{ 位于第三象限}. \end{cases}$$

由直角坐标与极坐标的关系,我们还可以用复数的模与辐角来表示非零复数 z,即有

$$z = r(\cos\theta + i\sin\theta), \tag{1.1}$$

称(1.1)式为复数的**三角表达式**.再利用欧拉(Euler)公式 $e^{i\theta} = \cos\theta + i\sin\theta$,又可得到

$$z = re^{i\theta}, \tag{1.2}$$

称(1.2)式为复数的**指数表达式**.

例 1.2.1　将下列复数化为三角表达式与指数表达式:

(1) $z = -\sqrt{12} - 2i$; (2) $z = \sin\dfrac{\pi}{5} + i\cos\dfrac{\pi}{5}$.

解　(1) 显然,$r = \sqrt{12+4} = 4$,由于 z 在第三象限,则

$$\arg z = \arctan\left(\frac{-2}{-\sqrt{12}}\right) - \pi = \arctan\frac{\sqrt{3}}{3} - \pi = -\frac{5}{6}\pi.$$

因此,z 的三角表达式和指数表达式分别为

$$z = 4\left[\cos\left(-\frac{5}{6}\pi\right) + i\sin\left(-\frac{5}{6}\pi\right)\right] = 4e^{-\frac{5}{6}\pi i}.$$

(2) 显然,$r=1$. 又

$$\sin\frac{\pi}{5} = \cos\left(\frac{\pi}{2} - \frac{\pi}{5}\right) = \cos\frac{3\pi}{10},$$

$$\cos\frac{\pi}{5} = \sin\left(\frac{\pi}{2} - \frac{\pi}{5}\right) = \sin\frac{3\pi}{10}.$$

因此,z 的三角表达式和指数表达式分别为

$$z = \cos\frac{3\pi}{10} + i\sin\frac{3\pi}{10} = e^{\frac{3}{10}\pi i}.$$

例 1.2.2　将 $z = 1 - \cos\theta + i\sin\theta (0 \leqslant \theta \leqslant \pi)$ 化为三角表达式.
解

$$z = 1 - \cos\theta + i\sin\theta$$
$$= 2\sin^2\frac{\theta}{2} + 2i\sin\frac{\theta}{2}\cos\frac{\theta}{2}$$
$$= 2\sin\frac{\theta}{2}\left(\sin\frac{\theta}{2} + i\cos\frac{\theta}{2}\right)$$
$$= 2\sin\frac{\theta}{2}\left[\cos\left(\frac{\pi}{2} - \frac{\theta}{2}\right) + i\sin\left(\frac{\pi}{2} - \frac{\theta}{2}\right)\right].$$

3. 曲线的复数方程

很多平面曲线能用复数形式的方程来表示,而且形式较简洁,所体现的几何意义更直观.

例 1.2.3　将通过 $z_1 = x_1 + iy_1$ 和 $z_2 = x_2 + iy_2$ 两点的直线方程表达成复数

形式.

解 由解析几何的知识,通过点(x_1,y_1)和(x_2,y_2)两点的直线的参数方程为

$$\begin{cases} x = x_1 + t(x_2 - x_1), \\ y = y_1 + t(y_2 - y_1), \end{cases} \quad t \in \mathbf{R},$$

因此,它的复数形式的参数方程为

$$z = z_1 + t(z_2 - z_1), \quad t \in \mathbf{R}.$$

由此得知,连接$z_1 = x_1 + \mathrm{i}y_1$和$z_2 = x_2 + \mathrm{i}y_2$两点的直线段的参数方程为

$$z = z_1 + t(z_2 - z_1), \quad t \in [0,1].$$

例 1.2.4 求下列方程所表示的曲线:

(1) $|z+\mathrm{i}| = 2$;

(2) $|z-2\mathrm{i}| = |z+2|$;

(3) $\mathrm{Im}(\mathrm{i}+\bar{z}) = 4$.

解 (1)方程$|z+\mathrm{i}| = 2$表示所有与点$-\mathrm{i}$距离为2的点的轨迹,即以$-\mathrm{i}$为中心、2为半径的圆. 设$z = x + \mathrm{i}y$,则方程变为$x^2 + (y+1)^2 = 4$.

(2) 方程$|z-2\mathrm{i}| = |z+2|$表示到点$2\mathrm{i}$和-2距离相等的点的轨迹,即为连接$2\mathrm{i}$和-2的线段的垂直平分线,其直角坐标方程为$y = -x$.

(3) 设$z = x + \mathrm{i}y$,则$\mathrm{i}+\bar{z} = x + (1-y)\mathrm{i}$,从而$\mathrm{Im}(\mathrm{i}+\bar{z}) = 1-y$,所以方程$\mathrm{Im}(\mathrm{i}+\bar{z}) = 4$所表示的曲线是平行于$x$轴的直线$y = -3$.

4. 复球面

复数还有一种几何表示法,它是借用地图制图学中将地球投影到平面上的测地投影法,建立起复平面与球面上的点之间的对应. 下面着重说明引入无穷远点的合理性.

取一个在原点O与z平面相切的球面,通过点O作一垂直于z平面的直线与球面交于另外一点N,N称为北极,O称为南极(如图1.3所示). 现在用直线段将N与z平面上一点z相连,此线段交球面于一点P,这样就建立起了球面上的点(不包括北极点N)与复平面上的点之间的一一对应关系.

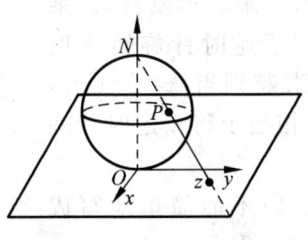

图 1.3

考虑 z 平面上一个以原点为中心的圆周 C,在球面上对应的也是一个圆周 Γ(即是纬线). 当圆周 C 的半径越大时,圆周 Γ 就越趋于北极 N. 因此,北极 N 可以看成是与 z 平面上的一个模为无穷大的假想点相对应,这个假想的**唯一**的点称为**无穷远点**,并记为 ∞. 复平面加上点 ∞ 后称为**扩充复平面**,与它对应的就是整个球面,称为**复球面**. 简单地说,复球面是扩充复平面的一个几何立体模型.

关于这个唯一的"新数" ∞,应作如下几点规定:

(1) 运算 $\infty \pm \infty$,$0 \cdot \infty$,$\dfrac{\infty}{\infty}$,$\dfrac{0}{0}$ 无意义;

(2) 当 $a \neq \infty$ 时,$\dfrac{\infty}{a} = \infty$,$\dfrac{a}{\infty} = 0$,$\infty \pm a = a \pm \infty = \infty$;

(3) 当 $b \neq 0$ 时,$\infty \cdot b = b \cdot \infty = \infty$,$\dfrac{b}{0} = \infty$;

(4) ∞ 的实部、虚部及辐角都无意义,$|\infty| = +\infty$;

(5) 复平面上每一条直线都通过点 ∞.

1.3 复数的乘幂与方根

1. 乘积与商

设有两个复数 $z_1 = r_1(\cos\theta_1 + \mathrm{i}\sin\theta_1)$,$z_2 = r_2(\cos\theta_2 + \mathrm{i}\sin\theta_2)$,则

$$
\begin{aligned}
z_1 z_2 &= r_1 r_2 (\cos\theta_1 + \mathrm{i}\sin\theta_1)(\cos\theta_2 + \mathrm{i}\sin\theta_2) \\
&= r_1 r_2 [(\cos\theta_1 \cos\theta_2 - \sin\theta_1 \sin\theta_2) + \mathrm{i}(\sin\theta_1 \cos\theta_2 + \cos\theta_1 \sin\theta_2)] \\
&= r_1 r_2 [\cos(\theta_1 + \theta_2) + \mathrm{i}\sin(\theta_1 + \theta_2)].
\end{aligned} \tag{1.3}
$$

于是

$$
|z_1 z_2| = |z_1| \cdot |z_2|, \quad \operatorname{Arg}(z_1 z_2) = \operatorname{Arg} z_1 + \operatorname{Arg} z_2. \tag{1.4}
$$

从而有下面的定理.

定理 1.3.1 两个复数的乘积的模等于它们的模的乘积,两个复数的乘积的辐角等于它们辐角的和.

如图 1.4 所示,当利用向量来表示复数时,乘积 $z_1 z_2$ 对应的向量由向量 z_1 逆时针旋转角度 $\operatorname{Arg} z_2$ 并伸长到 $|z_2|$ 倍所得到. 特别当 $|z_2| = 1$ 时,乘法只相当于旋转. 例如,$\mathrm{i}z$ 相当于将 z 逆时针旋转 $90°$.

需要注意的是,公式(1.4)不能简单地写成 $\arg(z_1 z_2) = \arg z_1 + \arg z_2$. 例如,设 $z_1 = -1$,$z_2 = \mathrm{i}$,则 $z_1 z_2 = -\mathrm{i}$,$\arg z_1 = \pi$,$\arg z_2 = \dfrac{\pi}{2}$,而 $\arg(z_1 z_2) =$

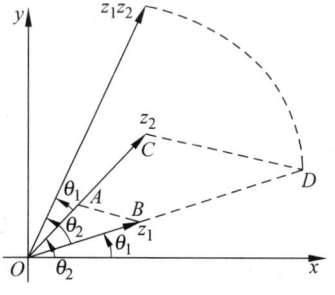

图 1.4

$-\dfrac{\pi}{2}$，$\arg(z_1 z_2)=\arg z_1+\arg z_2-2\pi$.

设有两个复数 $z_1=r_1(\cos\theta_1+\mathrm{i}\sin\theta_1)$，$z_2=r_2(\cos\theta_2+\mathrm{i}\sin\theta_2)$，如果 $z_2\ne0$，则 $\dfrac{z_1}{z_2}=$

$\dfrac{r_1}{r_2}\left[\cos(\theta_1-\theta_2)+\mathrm{i}\sin(\theta_1-\theta_2)\right]$. 于是

$$\left|\frac{z_1}{z_2}\right|=\frac{|z_1|}{|z_2|}, \quad \mathrm{Arg}\left(\frac{z_1}{z_2}\right)=\mathrm{Arg}z_1-\mathrm{Arg}z_2.$$

从而有下面的定理.

定理 1.3.2　两个复数的商的模等于它们的模的商，两个复数的商的辐角等于它们辐角的差.

当利用向量来表示复数时，商 $\dfrac{z_1}{z_2}$ 对应的向量由向量 z_1 顺时针旋转角度 $\mathrm{Arg}z_2$ 并缩短到 $|z_2|$ 倍得到.

复数的乘积和除法运算如果用指数形式来表达，则计算过程满足实数中的运算法则，即若 $z_1=r_1\mathrm{e}^{\mathrm{i}\theta_1}$，$z_2=r_2\mathrm{e}^{\mathrm{i}\theta_2}$，则 $z_1z_2=r_1r_2\mathrm{e}^{\mathrm{i}(\theta_1+\theta_2)}$，$\dfrac{z_1}{z_2}=\dfrac{r_1}{r_2}\mathrm{e}^{\mathrm{i}(\theta_1-\theta_2)}$.

例 1.3.1　已知正三角形的两个顶点为 $z_1=1$ 和 $z_2=2+\mathrm{i}$，求第三个顶点.

解　如图 1.5 所示，将表示 z_2-z_1 的向量绕 z_1 逆时针（或顺时针）旋转 $\dfrac{\pi}{3}$ 就得到向量 z_3-z_1，于是

$$z_3-z_1=(z_2-z_1)\mathrm{e}^{\pm\frac{\pi}{3}\mathrm{i}}=(1+\mathrm{i})\left(\frac{1}{2}\pm\frac{\sqrt{3}}{2}\mathrm{i}\right)$$
$$=\left(\frac{1}{2}\mp\frac{\sqrt{3}}{2}\right)+\left(\frac{1}{2}\pm\frac{\sqrt{3}}{2}\right)\mathrm{i},$$

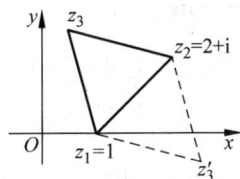

图　1.5

因此

$$z_3=\frac{3\mp\sqrt{3}}{2}+\frac{1\pm\sqrt{3}}{2}\mathrm{i}.$$

2. 乘幂与开方

公式(1.3)可推广到多个复数的情况，特别地，当 $z_1=z_2=\cdots=z_n=z$ 时，有

$$z^n = (re^{i\theta})^n = r^n e^{in\theta} = r^n(\cos n\theta + i\sin n\theta). \tag{1.5}$$

当 $r=1$ 时,就得到了棣莫弗(De Moivre)公式

$$(\cos\theta + i\sin\theta)^n = \cos n\theta + i\sin n\theta. \tag{1.6}$$

事实上,公式(1.6)对任意整数 n 都成立,请读者自行证明.

例 1.3.2 求 $\cos3\theta$ 及 $\sin3\theta$ 用 $\cos\theta$ 与 $\sin\theta$ 来表示的表达式.

解 由棣莫弗公式,有

$$\cos3\theta + i\sin3\theta = (\cos\theta + i\sin\theta)^3 = \cos^3\theta + 3i\cos^2\theta\sin\theta - 3\cos\theta\sin^2\theta - i\sin^3\theta,$$

因此

$$\cos3\theta = \cos^3\theta - 3\cos\theta\sin^2\theta = 4\cos^3\theta - 3\cos\theta,$$

$$\sin3\theta = -\sin^3\theta + 3\cos^2\theta\sin\theta = -4\sin^3\theta + 3\sin\theta.$$

我们知道,一个正实数的二次方根共有两个. 如果将正实数看成复数,则其二次方根至少也有两个. 实际上,读者后面将会看到,可以对任意复数求 n 次方根,而且每一个非零的复数都有 n 个相异的 n 次方根.

设复数 $z = r(\cos\theta + i\sin\theta)$ 的 n 次方根为 $w = \rho(\cos\varphi + i\sin\varphi)$,则根据公式(1.6),有

$$w^n = \rho^n(\cos n\varphi + i\sin n\varphi) = r(\cos\theta + i\sin\theta),$$

于是

$$\rho^n = r, \quad n\varphi = \theta + 2k\pi, \quad k \in \mathbf{Z},$$

故 $\rho = r^{\frac{1}{n}}$, $\varphi = \dfrac{\theta + 2k\pi}{n}$,即

$$w = \sqrt[n]{z} = r^{\frac{1}{n}}\left(\cos\frac{\theta + 2k\pi}{n} + i\sin\frac{\theta + 2k\pi}{n}\right), \quad k \in \mathbf{Z}.$$

通过分析就可以得到 n 个相异的根

$$w_0 = r^{\frac{1}{n}}\left(\cos\frac{\theta}{n} + i\sin\frac{\theta}{n}\right),$$

$$w_1 = r^{\frac{1}{n}}\left(\cos\frac{\theta + 2\pi}{n} + i\sin\frac{\theta + 2\pi}{n}\right),$$

$$\vdots$$

$$w_{n-1} = r^{\frac{1}{n}}\left(\cos\frac{\theta + 2(n-1)\pi}{n} + i\sin\frac{\theta + 2(n-1)\pi}{n}\right).$$

当 k 以其他整数代入时,这些根又重复出现,例如当 $k=n$ 时,有

$$w_n = r^{\frac{1}{n}}\left(\cos\frac{\theta + 2n\pi}{n} + i\sin\frac{\theta + 2n\pi}{n}\right) = r^{\frac{1}{n}}\left(\cos\frac{\theta}{n} + i\sin\frac{\theta}{n}\right) = w_0.$$

从几何上看,z 的 n 个 n 次方根作为顶点构成一个以原点为中心、$\sqrt[n]{|z|}$ 为半径的圆的内接正 n 边形.

例 1.3.3 化简 $(1+i)^n+(1-i)^n$.

解 $1+i=\sqrt{2}\left(\dfrac{1}{\sqrt{2}}+\dfrac{1}{\sqrt{2}}i\right)=\sqrt{2}\left(\cos\dfrac{\pi}{4}+i\sin\dfrac{\pi}{4}\right),$

$1-i=\sqrt{2}\left(\dfrac{1}{\sqrt{2}}-\dfrac{1}{\sqrt{2}}i\right)=\sqrt{2}\left[\cos\left(-\dfrac{\pi}{4}\right)+i\sin\left(-\dfrac{\pi}{4}\right)\right],$

$(1+i)^n+(1-i)^n=(\sqrt{2})^n\left(\cos\dfrac{\pi}{4}+i\sin\dfrac{\pi}{4}\right)^n+(\sqrt{2})^n\left[\cos\left(-\dfrac{\pi}{4}\right)+i\sin\left(-\dfrac{\pi}{4}\right)\right]^n$

$=(\sqrt{2})^n\left(\cos\dfrac{n\pi}{4}+i\sin\dfrac{n\pi}{4}+\cos\dfrac{n\pi}{4}-i\sin\dfrac{n\pi}{4}\right)$

$=2^{\frac{n+2}{2}}\cos\dfrac{n\pi}{4}.$

例 1.3.4 计算 $\sqrt[4]{1+i}$ 的值.

解 $1+i=\sqrt{2}\left(\cos\dfrac{\pi}{4}+i\sin\dfrac{\pi}{4}\right),$

$$\sqrt[4]{1+i}=\sqrt[8]{2}\left(\cos\dfrac{\dfrac{\pi}{4}+2k\pi}{4}+i\sin\dfrac{\dfrac{\pi}{4}+2k\pi}{4}\right),\quad k=0,1,2,3,$$

即

$$w_0=\sqrt[8]{2}\left(\cos\dfrac{\pi}{16}+i\sin\dfrac{\pi}{16}\right),$$

$$w_1=\sqrt[8]{2}\left(\cos\dfrac{9\pi}{16}+i\sin\dfrac{9\pi}{16}\right),$$

$$w_2=\sqrt[8]{2}\left(\cos\dfrac{17\pi}{16}+i\sin\dfrac{17\pi}{16}\right),$$

$$w_3=\sqrt[8]{2}\left(\cos\dfrac{25\pi}{16}+i\sin\dfrac{25\pi}{16}\right).$$

如图 1.6 所示,这四个根是内接于圆心在原点、半径为 $\sqrt[8]{2}$ 的圆的正方形的四个顶点.

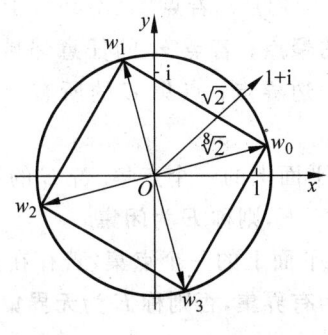

图 1.6

最后举例说明复数乘除法的一个应用.

例 1.3.5 求证：三个复数 z_1, z_2, z_3 成为一个等边三角形的三个顶点的充要条件是 $z_1^2 + z_2^2 + z_3^2 = z_1 z_2 + z_2 z_3 + z_3 z_1$.

证明 $\triangle z_1 z_2 z_3$ 是等边三角形的充要条件是向量 $z_2 - z_1$ 绕 z_1 旋转 $\pm \dfrac{\pi}{3}$ 即得到向量 $z_3 - z_1$, 也就是

$$z_3 - z_1 = (z_2 - z_1) e^{\pm \frac{\pi}{3} i},$$

从而

$$\frac{z_3 - z_1}{z_2 - z_1} = \frac{1}{2} \pm \frac{\sqrt{3}}{2} i,$$

所以

$$\frac{z_3 - z_1}{z_2 - z_1} - \frac{1}{2} = \pm \frac{\sqrt{3}}{2} i,$$

两边平方后整理即得

$$z_1^2 + z_2^2 + z_3^2 = z_1 z_2 + z_2 z_3 + z_3 z_1.$$

1.4　平面点集与区域

本节将讲述复平面上的一些点集,这对于复变函数理论的严密性非常重要.

1. 几个基本概念

定义 1.4.1 由不等式 $|z - z_0| < \rho$ 所确定的平面点集(以下简称点集),是以 z_0 为中心、ρ 为半径的圆的内部,称为点 z_0 的 **ρ-邻域**,记为 $N_\rho(z_0)$; 称 $0 < |z - z_0| < \rho$ 所确定的点集为 z_0 的**去心 ρ-邻域**,记为 $N_\rho^\circ(z_0)$.

定义 1.4.2 设 E 为复平面上的一个点集, z_0 是复平面上一点. 若存在 z_0 的某邻域全在 E 中,则称 z_0 为 E 的**内点**; 若点 z_0(不必属于 E)的任意去心邻域都含有属于 E 的点,则称 z_0 为 E 的**聚点**; 若点 z_0 的任意邻域同时含有属于 E 的点和不属于 E 的点,则称 z_0 为 E 的**边界点**; 点集 E 的所有边界点组成的集合称为 E 的**边界**.

定义 1.4.3 设 E 为复平面上的一个点集. 若 E 的所有点均为内点,则称 E 为**开集**; 若 E 的每个聚点都属于 E,则称 E 为**闭集**.

定义 1.4.4 设 E 为复平面上的一个点集,若存在正实数 M,使得对于任意的 $z \in E$ 都有 $|z| \leqslant M$,则称 E 为**有界集**,否则称 E 为**无界集**.

2. 区域

定义 1.4.5 若非空点集 D 满足下列两个条件:

（1）D 为开集；

（2）D 是连通集，即 D 中任意两点均可用全在 D 中的折线连接起来，则称 D 为**区域**.

定义 1.4.6 区域 D 加上它的边界 C 称为**闭域**，记为 $\overline{D}=D+C$.

例 1.4.1 不等式 $|z-z_0|<R$ 表示复平面上以点 z_0 为圆心、R 为半径的圆周内部，它是一个圆形区域（简称**圆域**）；不等式 $|z-z_0|\leqslant R$ 表示以点 z_0 为中心、R 为半径的圆周及其内部，它是一个**闭圆域**. 显然，圆域和闭圆域都是有界集.

例 1.4.2 复平面以实轴为边界的两个无界区域是上半平面 $\mathrm{Im}(z)>0$ 和下半平面 $\mathrm{Im}(z)<0$；以虚轴为边界的两个无界区域是左半平面 $\mathrm{Re}(z)<0$ 和右半平面 $\mathrm{Re}(z)>0$.

例 1.4.3 如图 1.7 所示，不等式 $r<|z|<R$ 表示的点集对应一个**圆环区域**，其边界为 $|z|=r$ 与 $|z|=R$，是有界区域.

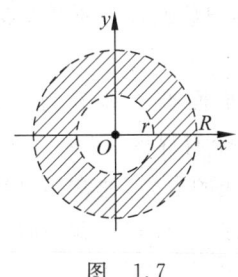

图 1.7

对于有界集 E，定义它的直径为

$$d(E) = \sup\left\{|z-z'| \,\middle|\, z,z' \in E\right\}.$$

3. 曲线

定义 1.4.7 设 $x(t)$ 及 $y(t)$ 是两个关于 t 在闭区间 $[\alpha,\beta]$ 上的连续实函数，则由方程

$$z = z(t) = x(t)+\mathrm{i}y(t), \quad \alpha\leqslant t\leqslant\beta \tag{1.7}$$

所确定的点集 C 称为 z 平面上的一条连续曲线，(1.7)式称为 C 的**参数方程**，$z(\alpha)$ 及 $z(\beta)$ 分别称为 C 的**起点**和**终点**. 对任意的 $t_1, t_2 \in (\alpha,\beta)$，若 $t_1\neq t_2$ 时有 $z(t_1)=z(t_2)$，则点 $z(t_1)$ 称为 C 的**重点**；无重点的连续曲线，称为**简单曲线**；满足 $z(\alpha)=z(\beta)$ 的简单曲线称为**简单闭曲线**. 若在 $\alpha\leqslant t\leqslant\beta$ 上时，$x'(t)$ 及 $y'(t)$ 存在且连续又不全为零，则称 C 为**光滑（闭）曲线**. 由有限条光滑曲线连接而成的连续曲线称为**分段光滑曲线**.

定义 1.4.8 设连续弧 AB 的参数方程为 $z=z(t)$（$t\in[\alpha,\beta]$）. 任取实数列 $\{t_n\}$ 满足 $\alpha=t_0<t_1<t_2<\cdots<t_{n-1}<t_n=\beta$，考虑 AB 弧上对应的点列

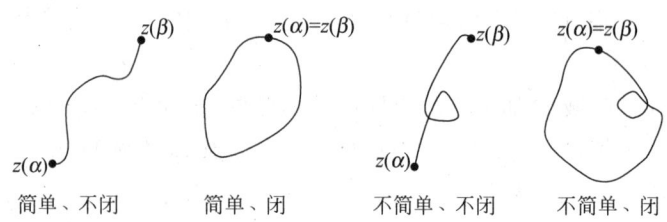

简单、不闭　　　简单、闭　　　不简单、不闭　　　不简单、闭

图　1.8

$$z_j = z(t_j), \quad j = 0,1,2,\cdots,n,$$

将它们用一折线 Q_n 依次连接起来，Q_n 的长度为

$$I_n = \sum_{j=1}^{n} \mid z(t_j) - z(t_{j-1}) \mid.$$

如果对于所有数列，I_n 有上界，则 AB 弧称为**可求长的**，上确界 $L = \sup I_n$ 称为 AB 弧的**长度**.

任一简单闭曲线 C 可将 z 平面唯一地分为三个互不相交的点集 C、$I(C)$ 和 $E(C)$（如图 1.9 所示），$I(C)$ 是一个有界区域（称为 C 的内部），$E(C)$ 是一个无界区域（称为 C 的外部）. 对于简单闭曲线的方向，通常是这样来规定的：当观察者沿 C 绕行一周时，C 的内部始终在 C 的左方（或右方），即"逆时针"（或"顺时针"）方向，称为 C 的**正方向**（或**负方向**）.

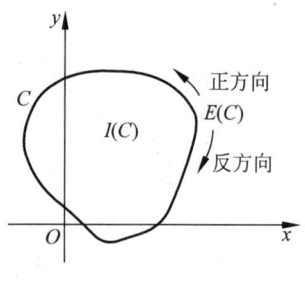

图　1.9

定义 1.4.9　设 D 为复平面上的区域，若 D 内任意一条简单闭曲线的内部全含于 D，则称 D 为**单连通区域**，不是单连通的区域称为**多连通区域**.

例 1.4.1 和例 1.4.2 所示的区域均为单连通区域，例 1.4.3 所示的区域为多连通区域.

1.5 复变函数及其连续性

1. 复变函数概念

定义 1.5.1 设 E 为复平面上的一个点集,若存在一个对应法则 f,使得 E 内每一复数 z 均有唯一(或多个)确定的复数 w 与之对应,则称在 E 上确定了一个**单值**(或**多值**)函数 $w = f(z)(z \in E)$,E 称为函数 $w = f(z)$ 的**定义域**,w 值的全体组成的集合称为函数 $w = f(z)$ 的**值域**.

例如,$w = |z|$,$w = \bar{z}$ 及 $w = \dfrac{z+1}{z-1}(z \neq 1)$ 均为单值函数,而 $w = \sqrt[n]{z}$ 及 $w = \text{Arg}z(z \neq 0)$ 则是多值函数. 今后如无特别说明,所提到的函数均为单值函数.

设 $w = f(z)$ 是定义在点集 E 上的函数,若令 $z = x + iy$,$w = u + iv$,则 u,v 均为 x,y 的二元实函数,因此常把 $w = f(z)$ 写成

$$f(z) = u(x,y) + iv(x,y). \tag{1.8}$$

若 z 为指数形式 $z = re^{i\theta}$,则 $w = f(z)$ 又可表为

$$w = p(r,\theta) + iq(r,\theta), \tag{1.9}$$

其中 $p(r,\theta)$,$q(r,\theta)$ 均为 r,θ 的二元实函数.

例 1.5.1 设函数 $w = z^2 + 2$,当 $z = x + iy$ 时,w 可以写成

$$w = x^2 - y^2 + 2 + 2xyi,$$

因而

$$u(x,y) = x^2 - y^2 + 2, \quad v(x,y) = 2xy.$$

当 $z = re^{i\theta}$ 时,w 又可以写成

$$w = r^2(\cos2\theta + i\sin2\theta) + 2,$$

因而

$$p(r,\theta) = r^2\cos2\theta + 2, \quad q(r,\theta) = r^2\sin2\theta.$$

2. 复变函数的几何特征

在高等数学中,常常把函数用几何图形表示出来,在研究函数的性质时,这些几何图形给我们很多直观的帮助. 但是对于复变函数,却无法借助于同一个平面或同一个三维空间来表现其几何特征,因为由 (1.8) 式,$f(x+iy) = u + iv$,要描出 $w = f(z)$ 的图形,必须采用四维空间. 为了克服这个困难,取两个复平面,分别称为 z 平面和 w 平面(在个别情形下,为了方便,也可将它们叠成一张平面). 注意到,在复平面上不区分"点"和"数",也不在区分"点集"和"数集",我们把复变函数理解为两个复平面上的点集间的对应(映射或变换). 具体地说,复变函数 $w = f(z)$ 给出了从 z 平面上的点集 E 到 w 平面上的点集 F 间的一个对应关系(图 1.10),与点 $z \in E$ 对应的点 w 称为点 z 的像点,而 z 就称为点 $w = f(z)$ 的原像. 为了方便,以后也不再区分函数、映射和变换等概念.

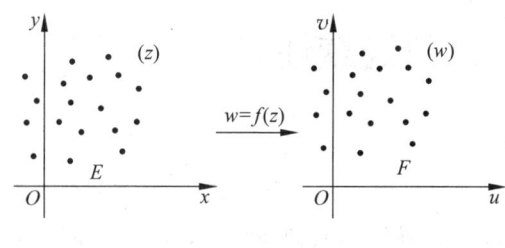

图 1.10

下面的例子将告诉我们如何在几何图形上描述复变函数.

例 1.5.2 设有函数 $w=z^2$,试问它把 z 平面上的下列曲线分别变成 w 平面上的何种曲线?

(1) 以原点为圆心,为 2 为半径,在第一象限里的圆弧;

(2) 倾斜角 $\theta=\dfrac{\pi}{3}$ 的直线 $\left(\text{可以看成两条射线 arg}z=\dfrac{\pi}{3} \text{ 及 arg}z=-\dfrac{2\pi}{3}\right)$;

(3) 双曲线 $x^2-y^2=4$.

解 设 $z=x+iy=r(\cos\theta+i\sin\theta)$,则 $w=u+iv=R(\cos\varphi+i\sin\varphi)$,即

$$R=r^2, \quad \varphi=2\theta.$$

(1) 当 z 的模为 2,辐角由 0 变为 $\dfrac{\pi}{2}$ 时,对应的 w 的模为 4,辐角由 0 变至 π.故在 w 平面上的对应图形为:以原点为圆心、4 为半径,在 u 轴上方的半圆周.

(2) 在 w 平面上的对应图形为射线 $\varphi=\dfrac{2\pi}{3}$.

(3) 因为 $w=z^2=x^2-y^2+2xyi$,故 $u=x^2-y^2,v=2xy$,所以 z 平面上的双曲线 $x^2-y^2=4$ 在 w 平面上的像为直线 $u=4$.

3. 复变函数的极限和连续性

定义 1.5.2 设 $w=f(z)$ 在 z_0 的去心邻域 $0<|z-z_0|<\rho$ 中有定义,若存在一复数 w_0,使得对于任意给定的 $\varepsilon>0$,存在相应的 $\delta>0(0<\delta<\rho)$,使当 $0<|z-z_0|<\delta$ 时,有 $|f(z)-w_0|<\varepsilon$,则称 $f(z)$ 当 z 趋于 z_0 时有**极限** w_0,记为 $\lim\limits_{z\to z_0}f(z)=w_0$.

我们可以这样来理解极限概念的几何意义:对于任意充分小的正数 ε,存在相应的 $\delta>0$,使得当 z 落入 z_0 的去心 δ-邻域时,相应的 $f(z)$ 就落入 w_0 的 ε 邻域.这也就说明极限 $\lim\limits_{z\to z_0}f(z)=w_0$ 与 z 趋于 z_0 的路径无关(如图 1.11 所示),而在高等数学中,$\lim\limits_{x\to x_0}f(x)$ 中的 x 只能在 x 轴上沿着 x_0 的左右两侧趋于 x_0,这是复变函数与高等数学的重要区别之一.

类似于高等数学中的内容,容易验证复变函数的极限具有以下性质:

(1) 若极限存在,则极限是唯一的;

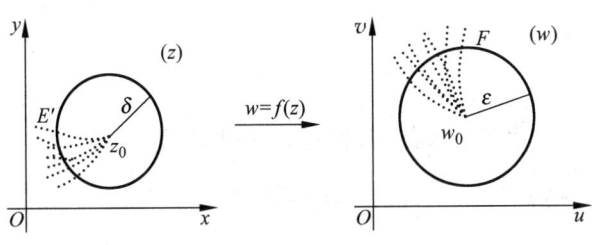

$$图 \quad 1.11$$

(2) $\lim\limits_{z \to z_0} f(z) = A$ 与 $\lim\limits_{z \to z_0} g(z) = B$ 都存在, 则有

$$\lim_{z \to z_0} [f(z) \pm g(z)] = A \pm B,$$

$$\lim_{z \to z_0} [f(z) g(z)] = AB,$$

$$\lim_{z \to z_0} \frac{f(z)}{g(z)} = \frac{A}{B} (B \neq 0).$$

另外, 对于复变函数的极限与其实部和虚部的极限的关系问题, 有下面的定理.

定理 1.5.1 设函数 $f(z) = u(x,y) + iv(x,y)$ 在点 $z_0 = x_0 + iy_0$ 处有定义, 则 $\lim\limits_{z \to z_0} f(z) = a + ib$ 的充要条件是 $\lim\limits_{\substack{x \to x_0 \\ y \to y_0}} u(x,y) = a$ 及 $\lim\limits_{\substack{x \to x_0 \\ y \to y_0}} v(x,y) = b$.

定义 1.5.3 如果 $\lim\limits_{z \to z_0} f(z) = f(z_0)$, 则称 $f(z)$ **在 z_0 处连续**; 如果 $f(z)$ 在点集 E 的每一点处都连续, 则称 $f(z)$ **在 E 上连续**.

与高等数学中的连续函数性质相似, 复变函数的连续性有如下性质:

(1) 若 $f(z), g(z)$ 在 z_0 处连续, 则其和、差、积、商(商的情形要求分母在 z_0 处不为零)在 z_0 处连续;

(2) 若函数 $\eta = f(z)$ 在 z_0 处连续, 其中 E, G 分别为 $f(z), g(z)$ 的定义域, 函数 $w = g(\eta)$ 在 $f(z_0)$ 处连续, 则复合函数 $w = g[f(z)]$ 在 z_0 处连续.

定理 1.5.2 函数 $f(z) = u(x,y) + iv(x,y)$ 在点 $z_0 = x_0 + iy_0$ 处连续的充要条件为 $u(x,y), v(x,y)$ 在点 (x_0, y_0) 处均连续.

例 1.5.3 设 $f(z) = \dfrac{1}{2i}\left(\dfrac{z}{\bar{z}} - \dfrac{\bar{z}}{z}\right) (z \neq 0)$, 试证 $f(z)$ 在原点处无极限, 从而在原点处不连续.

证明 设 $z = r(\cos\theta + i\sin\theta)$, 则

$$f(z) = \frac{1}{2i} \frac{z^2 - \bar{z}^2}{z\bar{z}} = \frac{1}{2i} \frac{(z+\bar{z})(z-\bar{z})}{r^2} = \sin 2\theta.$$

因此 $\lim\limits_{z \to 0} f(z)$ 不存在, 从而在原点处不连续.

习题 1

1. 求下列复数的实部与虚部,共轭复数、模与辐角:

(1) $\dfrac{1}{3+2i}$; (2) $\dfrac{1}{i}-\dfrac{3i}{1-i}$; (3) $\dfrac{(3+4i)(2-5i)}{2i}$; (4) $i^8-4i^{21}+i$.

2. 对任何 $z,z^2=|z|^2$ 是否成立? 如果是,请给出证明;如果不是,对哪些 z 才成立?

3. 将下列复数化为三角表示式和指数表示式:

(1) $1+\sqrt{3}i$; (2) $\dfrac{2i}{-1+i}$; (3) $1-\cos\theta+i\sin\theta$; (4) $\dfrac{(\cos5\theta+i\sin5\theta)^2}{(\cos3\theta-i\sin3\theta)^3}$.

4. 将下列坐标公式写成复数的形式:

(1) 平移公式 $\begin{cases} x=x_1+a_1, \\ y=y_1+b_1; \end{cases}$

(2) 旋转公式 $\begin{cases} x=x_1\cos\alpha-y_1\sin\alpha, \\ y=x_1\sin\alpha+y_1\cos\alpha. \end{cases}$

5. 如果复数 $a+ib$ 是实系数方程 $a_0z^n+a_1z^{n-1}+\cdots+a_{n-1}z+a_n=0$ 的根,那么 $a-ib$ 也是它的根.

6. 设 $z=e^{i\theta}$,证明: $z^n+\dfrac{1}{z^n}=2\cos n\theta$,$z^n-\dfrac{1}{z^n}=2i\sin n\theta$.

7. 求下列各式的值:

(1) $(\sqrt{3}-i)^5$; (2) $(1+i)^6$; (3) $\sqrt[6]{-1}$; (4) $\sqrt[3]{1-i}$.

8. (1)求方程 $z^3+8=0$ 的所有根;(2)求微分方程 $y'''+8y=0$ 的一般解.

9. 指出下列各小题中点 z 的轨迹或所在范围:

(1) $|z-5|=6$; (2) $|z+2i|\geqslant1$; (3) $\mathrm{Re}(z+2)=-1$;

(4) $\mathrm{Re}(i\bar{z})=3$; (5) $|z+i|=|z-i|$; (6) $|z+3|+|z+1|=4$;

(7) $\mathrm{Im}(z)\leqslant2$; (8) $\left|\dfrac{z-3}{z-2}\right|\geqslant1$; (9) $\arg(z-i)=\dfrac{\pi}{4}$.

10. 在复平面上描出下列不等式所确定的点集,并指明它是区域还是闭域,是有界的还是无界的,是单连通的还是多连通的.

(1) $\mathrm{Im}(z)>0$; (2) $0<\mathrm{Re}(z)<1$;

(3) $|z-1|<|z+3|$; (4) $-1<\arg z<-1+\pi$;

(5) $|z-1|<4|z+1|$; (6) $|z-2|+|z+2|\leqslant6$;

(7) $|z-2|-|z+2|>1$; (8) $z\bar{z}-(2+i)z-(2-i)\bar{z}\leqslant4$.

11. 在复平面上,证明下列结论:

(1) 直线方程可写成 $a\bar{z} + \bar{a}z = c$($a \neq 0$ 为复常数,c 为实常数);

(2) 圆周方程可写成 $z\bar{z} + a\bar{z} + \bar{a}z + c = 0$($a$ 为复常数,c 为实常数).

12. 将下列方程(t 为实参数)给出的曲线用一个实直角坐标方程表示:

(1) $z = t(1+i)$;   (2) $z = a\cos t + ib\sin t$(a, b 为实常数);

(3) $z = t + \dfrac{i}{t}$;   (4) $z = t^2 + \dfrac{i}{t^2}$;

(5) $z = ae^{it} + be^{-it}$;   (6) $z = e^{\alpha t}$($\alpha = a + bi$ 为复数).

13. 函数 $w = \dfrac{1}{z}$ 把下列 z 平面上的曲线映射成 w 平面上怎样的曲线?

(1) $x^2 + y^2 = 4$;   (2) $y = x$;   (3) $x = 1$;   (4) $(x-1)^2 + y^2 = 1$.

14. 证明:$|z_1 - z_2|^2 + |z_1 + z_2|^2 = 2(|z_1|^2 + |z_2|^2)$,并说明其几何意义.

15. 设 z_1, z_2, z_3 三点满足 $z_1 + z_2 + z_3 = 0$ 且 $|z_1| = |z_2| = |z_3| = 1$,试证明 z_1, z_2, z_3 构成一个以原点为圆心的正三角形的三个顶点.

16. 设复数 z_1, z_2, z_3 满足等式

$$\frac{z_2 - z_1}{z_3 - z_1} = \frac{z_1 - z_3}{z_2 - z_3},$$

证明:$|z_2 - z_1| = |z_3 - z_1| = |z_2 - z_3|$,并说明这些等式的几何意义.

17. 设 $f(z)$ 在点 z_0 处连续,则 $\overline{f(z)}$ 和 $|f(z)|$ 在点 z_0 处也连续.

18. 已知正方形 $z_1 z_2 z_3 z_4$ 的相对顶点 $z_1 = -i$ 和 $z_3 = 2 + 5i$,求顶点 z_2, z_4.

第2章

解 析 函 数

解析函数是复变函数的主要研究对象,它在理论和实际问题中有着广泛的应用.本章首先引入复变函数的导数与微分的概念及基本运算性质,然后讲解解析函数的概念及判别方法,最后介绍复变函数中常见的初等函数的定义和性质.

2.1 复变函数的导数与微分

1. 复变函数的导数

定义 2.1.1 设函数 $w=f(z)$ 的定义域为 $D, z_0 \in D$,点 $z_0 + \Delta z$ 在 D 内.若极限

$$\lim_{\Delta z \to 0} \frac{f(z_0 + \Delta z) - f(z_0)}{\Delta z}$$

存在,则称 $f(z)$ 在 z_0 处可导,记作

$$\frac{\mathrm{d}w}{\mathrm{d}z}\bigg|_{z=z_0} = f'(z_0) = \lim_{\Delta z \to 0} \frac{f(z_0 + \Delta z) - f(z_0)}{\Delta z},$$

并称 $f'(z_0)$ 为 $f(z)$ 在 z_0 处的导数.

注意,Δz 趋于零的方式是任意的,定义中的极限值与 Δz 趋于零的路径方式无关.

如果 $f(z)$ 在区域 D 内处处可导,则称 $f(z)$ 在区域 D 内可导.

例 2.1.1 求 $f(z) = z^2$ 的导数.

解 因为

$$\lim_{\Delta z \to 0} \frac{f(z + \Delta z) - f(z)}{\Delta z} = \lim_{\Delta z \to 0} \frac{(z + \Delta z)^2 - z^2}{\Delta z} = \lim_{\Delta z \to 0}(2z + \Delta z) = 2z,$$

所以 $f'(z) = 2z$.

例 2.1.2 求函数 $f(z) = x^2 + 2\mathrm{i}y^2$ 在点 $z = 1 + \mathrm{i}$ 处的导数.

解 因为

$$\lim_{\Delta z \to 0} \frac{f(1 + \mathrm{i} + \Delta z) - f(1 + \mathrm{i})}{\Delta z} = \lim_{\substack{\Delta x \to 0 \\ \Delta y \to 0}} \frac{2\Delta x + 4\mathrm{i}\Delta y + (\Delta x)^2 + 2\mathrm{i}(\Delta y)^2}{\Delta x + \mathrm{i}\Delta y},$$

令 z 沿直线 $y-1=k(x-1)$ 趋于 $1+i$，则 $\Delta y=k\Delta x$，那么上面的极限为

$$\lim_{\Delta x\to 0}\frac{2\Delta x+4i\Delta y+(\Delta x)^2+2i(\Delta y)^2}{\Delta x+i\Delta y}=\frac{2+4ik}{1+ik},$$

等式右端的值随 k 改变而改变，即极限结果依赖于 z 趋于 $1+i$ 的路径. 所以原极限不存在，即 $f(z)=x^2+2iy^2$ 在点 $z=1+i$ 处不可导.

例 2.1.3 讨论函数 $f(z)=\mathrm{Im}(z)$ 的可导性.

解 因为

$$\lim_{\Delta z\to 0}\frac{f(z+\Delta z)-f(z)}{\Delta z}=\lim_{\Delta z\to 0}\frac{\mathrm{Im}(z+\Delta z)-\mathrm{Im}(z)}{\Delta z}=\lim_{\substack{\Delta x\to 0\\\Delta y\to 0}}\frac{\Delta y}{\Delta x+i\Delta y},$$

当 Δz 沿着 $y=kx$ 趋于 0 时，有

$$\lim_{\substack{\Delta x\to 0\\\Delta y\to 0}}\frac{\Delta y}{\Delta x+i\Delta y}=\lim_{\Delta x\to 0}\frac{k\Delta x}{\Delta x+ik\Delta x}=\frac{k}{1+ik},$$

等式右端的值随 k 改变而改变，即极限结果依赖于 Δz 趋于零的路径. 所以原极限不存在，即函数 $f(z)=\mathrm{Im}(z)$ 在整个复平面上处处不可导.

2. 复变函数的可导与连续的关系

和高等数学中的结论一样，若函数 $f(z)$ 在 z_0 处可导，则 $f(z)$ 在 z_0 处一定连续，但反过来不成立.

例 2.1.4 证明 $f(z)=\bar z$ 处处连续，但处处不可导.

证明 $\mathrm{Re}(f(z))=x$，$\mathrm{Im}(f(z))=-y$ 在复平面上处处连续，所以 $f(z)=\bar z$ 处处连续. 但是

$$\lim_{\Delta z\to 0}\frac{f(z+\Delta z)-f(z)}{\Delta z}=\lim_{\Delta z\to 0}\frac{\overline{z+\Delta z}-\bar z}{\Delta z}=\lim_{\Delta z\to 0}\frac{\overline{\Delta z}}{\Delta z},$$

当 Δz 取实数趋于零时，上述极限为 1；而当 Δz 取纯虚数趋于零时，上述极限为 -1. 所以上述极限不存在，即函数 $f(z)=\bar z$ 在整个复平面上处处不可导.

3. 复变函数的求导法则

复变函数的导数定义，形式上与高等数学中一元函数的导数定义是一致的，高等数学中几乎所有的基本求导公式都可以推广到复变函数中来. 现将几个求导公式与法则罗列如下：

(1) $c'=0$（c 是复常数）；

(2) $(z^n)'=nz^{n-1}$（n 是正整数）；

(3) $[f(z)\pm g(z)]'=f'(z)\pm g'(z)$；

(4) $[f(z)g(z)]'=f'(z)g(z)+f(z)g'(z)$；

(5) $\left[\dfrac{f(z)}{g(z)}\right]'=\dfrac{f'(z)g(z)-f(z)g'(z)}{g^2(z)}$（$g(z)\neq 0$）；

(6) $\{f[g(z)]\}'=f'(w)g'(z)$（$w=g(z)$）；

(7) $f'(z)=\dfrac{1}{h'(w)}$，其中 $w=f(z)$ 与 $z=h(w)$ 是互为反函数的单值函数，且 $h'(w)\neq 0$.

4. 复变函数的微分

与导数的情形一样，复变函数的微分定义，形式上与一元实函数的微分定义完全一致.

定义 2.1.2　设函数 $w=f(z)$ 的定义域为 D，$z_0\in D$，点 $z_0+\Delta z$ 在 D 内. 若存在复数 α 使得

$$\Delta w = f(z_0+\Delta z)-f(z_0)=\alpha\Delta z+\rho(\Delta z)\Delta z,$$

其中 $\rho(\Delta z)$ 是 $\Delta z\to 0$ 时的无穷小量，即 $\lim\limits_{\Delta z\to 0}\rho(\Delta z)=0$，则称函数 $w=f(z)$ 在 z_0 处**可微**，$\alpha\Delta z$ 称为函数 $w=f(z)$ 在点 z_0 处的**微分**，记作 $\mathrm{d}w=\alpha\Delta z$.

类似于实变量函数，复变函数 $w=f(z)$ 在 z_0 处可导与在 z_0 处可微是等价的，并且 $\mathrm{d}w=f'(z_0)\Delta z=f'(z_0)\mathrm{d}z$.

若 $f(z)$ 在区域 D 内处处可微，则称 $f(z)$ **在区域 D 内可微**.

2.2　解析函数的概念和性质

1. 复变函数可导的充要条件

定理 2.2.1　设函数 $f(z)=u(x,y)+\mathrm{i}v(x,y)$ 在区域 D 内有定义，则 $f(z)$ 在 D 内一点 $z=x+\mathrm{i}y$ 处可微的充要条件为

(1) $u(x,y)$ 与 $v(x,y)$ 在点 (x,y) 处可微；

(2) $u(x,y)$ 与 $v(x,y)$ 在点 (x,y) 处满足柯西-黎曼(C-R)方程

$$\frac{\partial u}{\partial x}=\frac{\partial v}{\partial y},\qquad \frac{\partial u}{\partial y}=-\frac{\partial v}{\partial x}.$$

证明　必要性　设 $f(z)=u(x,y)+\mathrm{i}v(x,y)$ 在 D 内一点 $z=x+\mathrm{i}y$ 处可微，则存在 $\delta>0$，使得当 $0<|\Delta z|<\delta$ 时，有

$$f(z+\Delta z)-f(z)=f'(z)\Delta z+\rho(\Delta z)\Delta z,$$

其中 $\lim\limits_{\Delta z\to 0}\rho(\Delta z)=0$.

令 $f(z+\Delta z)-f(z)=\Delta u+\mathrm{i}\Delta v,f'(z)=a+\mathrm{i}b,\rho(\Delta z)=\rho_1+\mathrm{i}\rho_2$，则有

$\Delta u+\mathrm{i}\Delta v=(a+\mathrm{i}b)(\Delta x+\mathrm{i}\Delta y)+(\rho_1+\mathrm{i}\rho_2)(\Delta x+\mathrm{i}\Delta y)$

$\qquad=(a\Delta x-b\Delta y+\rho_1\Delta x-\rho_2\Delta y)+\mathrm{i}(b\Delta x+a\Delta y+\rho_2\Delta x+\rho_1\Delta y),$

所以

$$\Delta u=a\Delta x-b\Delta y+\rho_1\Delta x-\rho_2\Delta y,$$
$$\Delta v=b\Delta x+a\Delta y+\rho_2\Delta x+\rho_1\Delta y.$$

又因为 $\lim\limits_{\Delta z \to 0}\rho(\Delta z)=0$,有 $\lim\limits_{\substack{\Delta x \to 0 \\ \Delta y \to 0}}\rho_1=\lim\limits_{\substack{\Delta x \to 0 \\ \Delta y \to 0}}\rho_2=0$,所以 $u(x,y)$ 与 $v(x,y)$ 在点 (x,y) 处可微,

并且

$$\frac{\partial u}{\partial x}=a=\frac{\partial v}{\partial y}, \quad \frac{\partial u}{\partial y}=-b=-\frac{\partial v}{\partial x}.$$

充分性 因为 $u(x,y)$ 与 $v(x,y)$ 在点 (x,y) 处可微,则有

$$f(z+\Delta z)-f(z)=u(x+\Delta x,y+\Delta y)-u(x,y)+\mathrm{i}[v(x+\Delta x,y+\Delta y)-v(x,y)]$$

$$=\frac{\partial u}{\partial x}\Delta x+\frac{\partial u}{\partial y}\Delta y+\varepsilon_1\Delta x+\varepsilon_2\Delta y+\mathrm{i}\left(\frac{\partial v}{\partial x}\Delta x+\frac{\partial v}{\partial y}\Delta y+\varepsilon_3\Delta x+\varepsilon_4\Delta y\right)$$

$$=\left(\frac{\partial u}{\partial x}+\mathrm{i}\frac{\partial v}{\partial x}\right)\Delta x+\left(\frac{\partial u}{\partial y}+\mathrm{i}\frac{\partial v}{\partial y}\right)\Delta y+(\varepsilon_1+\mathrm{i}\varepsilon_3)\Delta x+(\varepsilon_2+\mathrm{i}\varepsilon_4)\Delta y,$$

其中 $\lim\limits_{\substack{\Delta x \to 0 \\ \Delta y \to 0}}\varepsilon_k=0$ $(k=1,2,3,4)$.

又因为 $u(x,y)$ 与 $v(x,y)$ 在 (x,y) 处满足 C-R 方程,所以

$$f(z+\Delta z)-f(z)=\left(\frac{\partial u}{\partial x}+\mathrm{i}\frac{\partial v}{\partial x}\right)(\Delta x+\mathrm{i}\Delta y)+(\varepsilon_1+\mathrm{i}\varepsilon_3)\Delta x+(\varepsilon_2+\mathrm{i}\varepsilon_4)\Delta y.$$

因为 $|\Delta x|\leqslant|\Delta z|$,$|\Delta y|\leqslant|\Delta z|$,所以 $\lim\limits_{\Delta z \to 0}\dfrac{[(\varepsilon_1+\mathrm{i}\varepsilon_3)\Delta x+(\varepsilon_2+\mathrm{i}\varepsilon_4)\Delta y]}{\Delta z}=0$. 因此

$$f(z+\Delta z)-f(z)=\left(\frac{\partial u}{\partial x}+\mathrm{i}\frac{\partial v}{\partial x}\right)\Delta z+\rho(\Delta z)\Delta z,$$

其中 $\lim\limits_{\Delta z \to 0}\rho(\Delta z)=0$,所以 $f(z)$ 在 $z=x+\mathrm{i}y$ 处可微.

注 (1)由定理 2.2.1 的证明过程可知,若 $f(z)$ 在 $z=x+\mathrm{i}y$ 处可导,则

$$f'(z)=\frac{\partial u}{\partial x}+\mathrm{i}\frac{\partial v}{\partial x}=\frac{\partial v}{\partial y}-\mathrm{i}\frac{\partial u}{\partial y}.$$

(2) 如果复变函数 $f(z)=u+\mathrm{i}v$ 中 u,v 在 (x,y) 处的一阶偏导存在且连续(因而 u 与 v 可微),并且满足 C-R 方程,那么 $f(z)$ 在 $z=x+\mathrm{i}y$ 处可微. 但如果去掉一阶偏导连续的条件,则 $f(z)$ 在 $z=x+\mathrm{i}y$ 处不一定可微,见例 2.2.2.

例 2.2.1 判断下列函数在何处可导,在何处解析.

(1) $w=\bar{z}$; (2) $f(z)=\mathrm{e}^x(\cos y+\mathrm{i}\sin y)$; (3) $w=z\mathrm{Re}(z)$.

解 (1) 因为 $u(x,y)=x,v(x,y)=-y$,则有

$$\frac{\partial u}{\partial x}=1, \quad \frac{\partial u}{\partial y}=0, \quad \frac{\partial v}{\partial x}=0, \quad \frac{\partial v}{\partial y}=-1,$$

不满足 C-R 方程,所以 $w=\bar{z}$ 在复平面上处处不可导.

(2) 因为 $u(x,y)=\mathrm{e}^x\cos y,v(x,y)=\mathrm{e}^x\sin y$,则有

$$\frac{\partial u}{\partial x}=\mathrm{e}^x\cos y, \quad \frac{\partial u}{\partial y}=-\mathrm{e}^x\sin y,$$

$$\frac{\partial v}{\partial x}=\mathrm{e}^x\sin y, \quad \frac{\partial v}{\partial y}=\mathrm{e}^x\cos y,$$

四个偏导数均连续,并且处处满足 C-R 方程.因此该函数在复平面上处处可导,处处解析.

(3) 因为 $u(x,y)=x^2$,$v(x,y)=xy$,则有

$$\frac{\partial u}{\partial x}=2x,\quad \frac{\partial u}{\partial y}=0,\quad \frac{\partial v}{\partial x}=y,\quad \frac{\partial v}{\partial y}=x,$$

四个偏导数均连续,并且仅当 $x=y=0$ 时,它们才满足 C-R 方程.因此该函数仅在 $z=0$ 处可导,但是在复平面上处处不解析.

例 2.2.2 证明 $f(z)=\sqrt{|xy|}$ 在 $z=0$ 处一阶偏导存在并且满足 C-R 方程,但在 $z=0$ 处不可微.

证明 因为 $v(x,y)\equiv 0$,$u(x,y)=\sqrt{|xy|}$,所以

$$u_x(0,0)=\lim_{\Delta x\to 0}\frac{u(\Delta x,0)-u(0,0)}{\Delta x}=0=v_y(0,0),$$

$$u_y(0,0)=\lim_{\Delta y\to 0}\frac{u(0,\Delta y)-u(0,0)}{\Delta y}=0=-v_x(0,0).$$

但是由于

$$\frac{f(\Delta z)-f(0)}{\Delta z}=\frac{\sqrt{|\Delta x\Delta y|}}{\Delta x+\mathrm{i}\Delta y},$$

因此当 Δz 沿着射线 $y=kx$ 趋于 0 时,$\dfrac{\sqrt{|\Delta x\Delta y|}}{\Delta x+\mathrm{i}\Delta y}$ 趋于 $\dfrac{\sqrt{|k|}}{1+k\mathrm{i}}$,它是一个与 k 有关的值,故极限不存在,即 $f(z)$ 在 $z=0$ 处不可微.

2. 解析函数的定义

定义 2.2.1 如果函数 $f(z)$ 在 z_0 的某邻域内处处可导,则称 $f(z)$ 在 z_0 处**解析**.如果 $f(z)$ 在区域 D 内每一点处都解析,则称 $f(z)$ 在区域 D 内**解析**或称 $f(z)$ 是区域 D 内一个**解析函数**.

注 根据定义可知,函数在区域 D 内解析与在区域 D 内可导是等价的.但是,函数在一点处解析与在一点处可导是不等价的,函数在一点处解析必在该点处可导,但函数在一点处可导,不一定在该点处解析,如例 2.2.1(3)中的函数 $w=z\mathrm{Re}(z)$.

定义 2.2.2 若函数 $f(z)$ 在 z_0 不解析,则称 z_0 为 $f(z)$ 的**奇点**.函数的奇点包含以下几种基本情形:

(1) 函数 $f(z)$ 在 z_0 的某空心邻域内处处有定义,但是在 z_0 处无定义;

(2) 函数 $f(z)$ 在 z_0 处有定义,但是不可导;

(3) 函数 $f(z)$ 在 z_0 处可导,但是在 z_0 的任意邻域内总有不可导的点.

例 2.2.3 研究函数 $w=\dfrac{1}{z}$ 的解析性.

解 因为 $w=\dfrac{1}{z}=\dfrac{x}{x^2+y^2}-\mathrm{i}\dfrac{y}{x^2+y^2}=u(x,y)+\mathrm{i}v(x,y)$,所以

$$\frac{\partial u}{\partial x} = \frac{y^2 - x^2}{(x^2 + y^2)^2}, \qquad \frac{\partial u}{\partial y} = \frac{-2xy}{(x^2 + y^2)^2},$$

$$\frac{\partial v}{\partial x} = \frac{2xy}{(x^2 + y^2)^2}, \qquad \frac{\partial v}{\partial y} = \frac{y^2 - x^2}{(x^2 + y^2)^2}.$$

当 $(x,y) \neq 0$ 时,偏导函数都连续且满足 C-R 方程,所以 $w = \dfrac{1}{z}$ 在复平面内除 $z = 0$ 外处处可导,所以 w 在复平面内除 $z = 0$ 外处处解析,$z = 0$ 是它的奇点.

例 2.2.4　讨论函数 $f(z) = x^2 - \mathrm{i}y$ 的可微性和解析性.

解　因为 $u(x,y) = x^2$,$v(x,y) = -y$,所以

$$\frac{\partial u}{\partial x} = 2x, \qquad \frac{\partial u}{\partial y} = 0, \qquad \frac{\partial v}{\partial x} = 0, \qquad \frac{\partial v}{\partial y} = -1.$$

因此当且仅当 $x = -\dfrac{1}{2}$ 时,偏导函数连续且满足 C-R 方程,从而函数 $f(z)$ 仅在直线 $x = -\dfrac{1}{2}$ 上可导,但在复平面上处处不解析.

3. 解析函数的性质及判定

由函数解析与可导的关系可得以下结论:

(1) 在区域 D 内解析的两个函数 $f(z)$ 与 $g(z)$ 的和、差、积、商(除去分母为零的点)在 D 内解析.

(2) 设函数 $h = g(z)$ 在平面上的区域 D 内解析,函数 $w = f(h)$ 在 h 平面上的区域 G 内解析. 如果对 D 内的每一个点 z,函数 $g(z)$ 的对应值 h 都属于 G,那么复合函数 $w = f[g(z)]$ 在 D 内解析,并且 $\dfrac{\mathrm{d}w}{\mathrm{d}z} = \dfrac{\mathrm{d}w}{\mathrm{d}h} \cdot \dfrac{\mathrm{d}h}{\mathrm{d}z}$.

(3) 函数 $f(z) = u(x,y) + \mathrm{i}v(x,y)$ 在定义域 D 内解析的充要条件是 $u(x,y)$ 与 $v(x,y)$ 在 D 内可微,并且满足 C-R 方程.

2.3　复变量初等函数

本节将实变量的初等函数推广为复变量的初等函数,使推广后的复变量初等函数当自变量 z 取实数时与相应的实变量初等函数一致,并讨论经过推广后的复变量初等函数的性质.

1. 指数函数

定义 2.3.1　设 $z = x + \mathrm{i}y$,则定义复变量的指数函数为

$$\mathrm{e}^z = \mathrm{e}^{x+\mathrm{i}y} = \mathrm{e}^x \mathrm{e}^{\mathrm{i}y} = \mathrm{e}^x(\cos y + \mathrm{i}\sin y).$$

下面给出指数函数的性质.

(1) 当 $y = 0$ 时,$\mathrm{e}^z = \mathrm{e}^x$,与实变初等函数一致;当 $x = 0$ 时,可以得到欧拉公式

$e^{iy} = \cos y + i\sin y.$

(2) 由例 2.2.1(2)知，函数 $w = e^z$ 在复平面上处处解析，并且 $(e^z)' = e^z$.

(3) $e^z \neq 0, |e^z| = e^x > 0, \mathrm{Arg}\, e^z = y + 2k\pi\ (k \in \mathbf{Z})$.

(4) $e^{z_1} \cdot e^{z_2} = e^{z_1 + z_2}, \dfrac{e^{z_1}}{e^{z_2}} = e^{z_1 - z_2}$.

(5) e^z 是以 $2\pi i$ 为基本周期的周期函数（这是实变量指数函数所没有的性质）.
事实上，$e^{z+2k\pi i} = e^z e^{2k\pi i} = e^z(\cos 2k\pi + i\sin 2k\pi) = e^z$.

例 2.3.1 试用例子说明 $(e^{z_1})^{z_2} = e^{z_1 z_2}$ 可能不成立.

解 设 $z_1 = -\pi i, z_2 = \dfrac{1}{2}$，则

$$e^{z_1 z_2} = e^{-\frac{\pi}{2}i} = -i, \quad (e^{z_1})^{z_2} = (e^{-\pi i})^{\frac{1}{2}} = (-1)^{\frac{1}{2}} = \pm i,$$

所以 $(e^{z_1})^{z_2} \neq e^{z_1 z_2}$.

2. 对数函数

定义 2.3.2 把指数函数 $w = e^z$ 的反函数称为**对数函数**，记作 $w = \mathrm{Ln}\, z$.
接下来求解对数函数的具体表达形式，即求满足方程 $z = e^w$ 的 w.

设 $w = u + iv, z = |z|e^{i\mathrm{Arg}z}$，则由方程 $z = e^w$ 可得，$|z|e^{i\mathrm{Arg}z} = e^u \cdot e^{iv}$，所以

$$|z| = e^u, \quad e^{i\mathrm{Arg}z} = e^{iv}.$$

从而有

$$u = \ln|z|, \quad v = \mathrm{Arg}z,$$

即

$$\mathrm{Ln}\, z = \ln|z| + i\mathrm{Arg}z.$$

由于 $\mathrm{Arg}z$ 为多值函数，$w = \mathrm{Ln}\, z$ 也为多值函数，并且每两个值相差 $2\pi i$ 的整数倍，即

$$\mathrm{Ln}\, z = \ln|z| + i(\arg z + 2k\pi), \quad k \in \mathbf{Z}.$$

每个 $k \in \mathbf{Z}$ 对应一个单值函数，称为 $\mathrm{Ln}\, z$ 的**第 k 个分支**；称 $k = 0$ 对应的分支 $\ln z = \ln|z| + i\arg z$ 为 $\mathrm{Ln}\, z$ 的主值.

例 2.3.2 计算下列函数的值：(1)$\mathrm{Ln}\, i$；(2)$\mathrm{Ln}\, 1$.

解 (1) $\mathrm{Ln}\, i = \ln|i| + i\left(\dfrac{\pi}{2} + 2k\pi\right) = \left(2k + \dfrac{1}{2}\right)\pi i\ (k \in \mathbf{Z})$.

(2) $\mathrm{Ln}\, 1 = \ln 1 + i2k\pi = 2k\pi i\ (k \in \mathbf{Z})$.

容易验证对数函数有下列性质：

(1) 当 $z = x > 0$ 时，$\mathrm{Ln}\, z$ 的主值 $\ln z = \ln x$，这与实变量对数函数的定义一致；

(2) $w = \mathrm{Ln}\, z$ 的每个单值分支在除原点和负实轴外的区域内解析，并且 $(\mathrm{Ln}\, z)' = \dfrac{1}{z}$；

(3) 由定义知，$e^{\mathrm{Ln}\, z} = z$；

(4) $\mathrm{Ln}(z_1 z_2) = \mathrm{Ln}z_1 + \mathrm{Ln}z_2$, $\quad \mathrm{Ln}\left(\dfrac{z_1}{z_2}\right) = \mathrm{Ln}z_1 - \mathrm{Ln}z_2$.

注 性质(4)中的等式应理解为两端可能取到的函数值的全体是相同的. 但是等式 $\mathrm{Ln}z^n = n\mathrm{Ln}z$ 和 $\mathrm{Ln}\sqrt[n]{z} = \dfrac{1}{n}\mathrm{Ln}z$ 不再成立.

3. 幂函数

定义 2.3.3 设 a 是任意的复数, 定义**幂函数**为
$$w = z^a = \mathrm{e}^{a\mathrm{Ln}z}.$$

注 (1) 由于 $\mathrm{Ln}z = \ln|z| + \mathrm{i}(\arg z + 2k\pi)$ 是多值的, 因而 z^a 也是多值的.

(2) 当 $a = n$ 为整数时, 由于
$$z^n = \mathrm{e}^{n\mathrm{Ln}z} = \mathrm{e}^{n[\ln|z| + \mathrm{i}(\arg z + 2k\pi)]} = \mathrm{e}^{n(\ln|z| + \mathrm{i}\arg z) + 2nk\pi\mathrm{i}} = \mathrm{e}^{n\ln z},$$
所以 z^n 是单值的, 这与第 1 章讲过的复数的 n 次幂一致.

当 $a = \dfrac{1}{n}$ (n 为正整数)时, 由于
$$z^{\frac{1}{n}} = \mathrm{e}^{\frac{1}{n}\ln|z| + \mathrm{i}\frac{1}{n}(\arg z + 2k\pi)} = \mathrm{e}^{\frac{1}{n}\ln|z|}\left[\cos\frac{1}{n}(\arg z + 2k\pi) + \mathrm{i}\sin\frac{1}{n}(\arg z + 2k\pi)\right],$$
所以 $z^{\frac{1}{n}}$ 具有 n 个值, 即当 $k = 0, 1, \cdots, n-1$ 时相应的各个值, 这也与第 1 章讲过的复数的 n 次方根一致. 除此而外, 一般而论, z^a 具有无穷多个值.

例 2.3.3 求 $1^{\sqrt{2}}$ 和 i^{i} 的值.

解 $1^{\sqrt{2}} = \mathrm{e}^{\sqrt{2}\mathrm{Ln}1} = \mathrm{e}^{2k\pi\mathrm{i}\sqrt{2}} = \cos(2k\pi\sqrt{2}) + \mathrm{i}\sin(2k\pi\sqrt{2})$ $(k \in \mathbf{Z})$.

$\mathrm{i}^{\mathrm{i}} = \mathrm{e}^{\mathrm{i}\mathrm{Ln}\mathrm{i}} = \mathrm{e}^{\mathrm{i}\left(\frac{\pi}{2}\mathrm{i} + 2k\pi\mathrm{i}\right)} = \mathrm{e}^{-\left(\frac{\pi}{2} + 2k\pi\right)}$ $(k \in \mathbf{Z})$.

下面讨论幂函数 $w = z^a$ 的解析性.

(1) z^n 在复平面内是单值解析函数, 2.1 节中已给出了它的求导公式.

(2) 幂函数 $z^{\frac{1}{n}} = \sqrt[n]{z}$ 是一个多值函数, 具有 n 个分支. 由于对数函数 $\mathrm{Ln}z$ 在区域 $-\pi < \arg z < \pi$ 内可以分解为无穷多个单值解析分支, 所以在区域 $-\pi < \arg z < \pi$ 内 $z^{\frac{1}{n}} = \sqrt[n]{z}$ 也可以相应地分解为 n 个单值连续分支, 这些分支在 $-\pi < \arg z < \pi$ 内是解析的, 并且 $(z^{\frac{1}{n}})' = (\sqrt[n]{z})' = (\mathrm{e}^{\frac{1}{n}\mathrm{Ln}z})' = \dfrac{1}{n}z^{\frac{1}{n}-1}$.

(3) 幂函数 $w = z^a \left(\text{除去 } a = n \text{ 与 } \dfrac{1}{n} \text{ 两种情况外}\right)$ 也是一个多值函数, 它具有无穷多个值. 同样的道理, 函数在 $-\pi < \arg z < \pi$ 内可以分解为无穷多个单值解析分支并且有 $(z^a)' = az^{a-1}$.

4. 三角函数

因为 $\mathrm{e}^{\mathrm{i}y} = \cos y + \mathrm{i}\sin y$, $\mathrm{e}^{-\mathrm{i}y} = \cos y - \mathrm{i}\sin y$, 于是通过欧拉公式可将实变量的正弦函数和余弦函数表示为

$$\sin y = \frac{e^{iy} - e^{-iy}}{2i}, \quad \cos y = \frac{e^{iy} + e^{-iy}}{2}.$$

为了使推广后的复变量的正弦、余弦函数当自变量 z 取实数时与相应的实变量正弦、余弦函数一致,我们给出如下定义.

定义 2.3.4 规定

$$\sin z = \frac{e^{iz} - e^{-iz}}{2i}, \quad \cos z = \frac{e^{iz} + e^{-iz}}{2},$$

并分别称为 z 的**正弦函数**和**余弦函数**.

这样定义的正弦函数与余弦函数有如下性质:

(1) 当 $z=x$ 为实数时,$\sin x = \frac{e^{ix} - e^{-ix}}{2i}$,$\cos x = \frac{e^{ix} + e^{-ix}}{2}$ 与实变量的正弦函数和余弦函数一致.

(2) 正弦函数与余弦函数在整个复平面上解析,并且

$$(\sin z)' = \frac{1}{2i}(e^{iz} - e^{-iz})' = \cos z, \quad (\cos z)' = \frac{1}{2}(e^{iz} + e^{-iz})' = -\sin z.$$

(3) $\sin z$ 是奇函数,$\cos z$ 是偶函数,并满足通常的三角恒等式,例如 $\sin^2 z + \cos^2 z = 1$,$\sin(z_1 + z_2) = \sin z_1 \cos z_2 + \cos z_1 \sin z_2$ 等.

(4) $\sin z$ 的零点(即 $\sin z = 0$ 的根)为 $z = k\pi (k \in \mathbf{Z})$,$\cos z$ 的零点为 $z = \left(k + \frac{1}{2}\right)\pi (k \in \mathbf{Z})$.

(5) $\sin z$ 和 $\cos z$ 是都是以 $2k\pi$ 为周期的周期函数.

(6) $\sin z$ 和 $\cos z$ 都是无界函数.事实上,有

$$\cos(iy) = \frac{e^{-y} + e^y}{2} \to +\infty \quad (y \to +\infty),$$

$$|\sin(iy)| = \left|\frac{e^y - e^{-y}}{2i}\right| \to +\infty \quad (y \to +\infty).$$

与实三角函数一样,我们可定义其他的复三角函数.

定义 2.3.5 规定 $\tan z = \frac{\sin z}{\cos z}$,$\cot z = \frac{\cos z}{\sin z}$,$\sec z = \frac{1}{\cos z}$,$\csc z = \frac{1}{\sin z}$ 分别为复数 z 的**正切函数**、**余切函数**、**正割函数**和**余割函数**.

这四个函数均在复平面上除分母为零的点外解析,并且

$$(\tan z)' = \sec^2 z, \quad (\cot z)' = -\csc^2 z,$$

$$(\sec z)' = \sec z \tan z, \quad (\csc z)' = -\csc z \cot z.$$

另外正切函数和余切函数的基本周期为 π,正割函数和余割函数的基本周期为 2π.

例 2.3.4 计算 $\cos(1+5i)$.

解 $\cos(1+5i) = \frac{e^{-5}e^i + e^5 e^{-i}}{2} = \frac{(e^{-5} + e^5)\cos 1}{2} + i\frac{(e^{-5} - e^5)\sin 1}{2}$.

定义 2.3.6 函数 $z = \cos w$ 的反函数称为**反余弦函数**,记作

$$w = \operatorname{Arccos} z.$$

由 $z = \cos w = \dfrac{1}{2}(\mathrm{e}^{\mathrm{i}w} + \mathrm{e}^{-\mathrm{i}w})$,得 $\mathrm{e}^{\mathrm{i}w}$ 的二次方程 $\mathrm{e}^{2\mathrm{i}w} - 2z\mathrm{e}^{\mathrm{i}w} + 1 = 0$,它的根为

$$\mathrm{e}^{\mathrm{i}w} = z + \sqrt{z^2 - 1},$$

两端取对数,得

$$\operatorname{Arccos} z = -\mathrm{i}\operatorname{Ln}(z + \sqrt{z^2 - 1}).$$

显然,$\operatorname{Arccos} z$ 是一个多值函数.

用同样的方法可以定义**反正弦函数**和**反正切函数**,重复上述步骤可以得到它们的表达式:

$$\operatorname{Arcsin} z = -\mathrm{i}\operatorname{Ln}(\mathrm{i}z + \sqrt{1 - z^2}),$$

$$\operatorname{Arctan} z = -\frac{\mathrm{i}}{2}\operatorname{Ln}\frac{1 + \mathrm{i}z}{1 - \mathrm{i}z},$$

这些函数也都是多值函数.

习题 2

1. 下列函数在何处可导? 在何处解析?

(1) $f(z) = x^2 - \mathrm{i}y$;   (2) $f(z) = xy^2 + \mathrm{i}x^2 y$;

(3) $f(z) = \dfrac{x+y}{x^2+y^2} + \mathrm{i}\dfrac{x-y}{x^2+y^2}$;   (4) $f(z) = \operatorname{Im}(z)$.

2. 试确定下列函数的解析区域和奇点,并求出导数.

(1) $f(z) = (z-1)^2(z^2+3)$;   (2) $f(z) = z^3 + 2\mathrm{i}z$;

(3) $f(z) = \dfrac{1}{z^2-1}$;   (4) $\dfrac{az+b}{cz+d}$ (c, d 中至少有一个不为零).

3. 如果 $f(z) = u + \mathrm{i}v$ 是一个解析函数,证明:

$$\left(\frac{\partial}{\partial x}|f(z)|\right)^2 + \left(\frac{\partial}{\partial y}|f(z)|\right)^2 = |f'(z)|^2.$$

4. 设 $my^3 + nx^2 y + \mathrm{i}(x^3 + lxy^2)$ 为解析函数,试确定 l, m, n 的值.

5. 证明柯西-黎曼方程的极坐标形式:

$$\frac{\partial u}{\partial r} = \frac{1}{r}\frac{\partial v}{\partial \theta}, \qquad \frac{\partial v}{\partial r} = -\frac{1}{r}\frac{\partial u}{\partial \theta}.$$

6. 证明:如果函数 $f(z) = u + \mathrm{i}v$ 在区域 D 内解析,并满足下列条件之一,那么 $f(z)$ 是常数.

(1) $f(z)$ 恒取实值;

(2) $\overline{f(z)}$ 在 D 内解析;

(3) $|f(z)|$ 在 D 内是一个常数；

(4) $\arg f(z)$ 在 D 内是一个常数；

(5) $au+bv=c$，其中 a,b,c 为不全为零的实常数.

7. 计算下列函数值：

(1) $e^{(2-\pi i)/3}$；　(2) $e^{1-\pi i/2}$；　(3) e^{2+i}；　(4) $e^{k\pi i}$.

8. 求出下列复数的辐角主值：

(1) e^{2-i}；　(2) e^{3+4i}；　(3) $e^{i\alpha}-e^{i\beta}\left(0\leqslant\beta\leqslant\alpha\leqslant\dfrac{\pi}{2}\right)$.

9. 求 $\mathrm{Ln}(-i)$ 和 $\mathrm{Ln}(-3+4i)$ 以及它们的主值.

10. 计算下列函数值：

(1) 1^i；　(2) $(-2)^{\sqrt{2}+i}$；　(3) $(1-i)^{1+i}$.

11. 计算下列函数值：

(1) $\cos(\pi+5i)$；　(2) $|\sin(1+i)|^2$.

12. 证明：

(1) $\cos(z_1+z_2)=\cos z_1\cos z_2-\sin z_1\sin z_2$，$\sin(z_1+z_2)=\sin z_1\cos z_2+\cos z_1\sin z_2$；

(2) $\sin^2 z+\cos^2 z=1$；

(3) $\tan 2z=\dfrac{2\tan z}{1-\tan^2 z}$；

(4) $\sin\left(\dfrac{\pi}{2}-z\right)=\cos z$，$\cos(z+\pi)=-\cos z$；

(5) $\sin 2z=2\sin z\cos z$.

13. 证明对数的下列性质：

(1) $\mathrm{Ln}(z_1 z_2)=\mathrm{Ln}(z_1)+\mathrm{Ln}(z_2)$；　(2) $\mathrm{Ln}\left(\dfrac{z_1}{z_2}\right)=\mathrm{Ln}(z_1)-\mathrm{Ln}(z_2)$.

14. 说明下列等式是否正确：

(1) $\mathrm{Ln}z^2=2\mathrm{Ln}z$；　(2) $\mathrm{Ln}\sqrt{z}=\dfrac{1}{2}\mathrm{Ln}z$.

第3章

复变函数的积分

和高等数学中的微分和积分一样,在复变函数中,复函数的微分和积分是研究函数性质的重要工具.解析函数的许多重要性质都要利用复积分来证明.例如,要证明"解析函数的导函数连续"及"解析函数的各阶导数存在"这些表面上看来只与微分有关的命题,都要用到积分.

在本章中,我们将首先介绍复变函数积分的概念、性质及其计算方法,然后介绍解析函数的柯西积分定理及其推广,接下来介绍具有重要作用的柯西积分公式及其高阶导数公式,最后讨论解析函数与调和函数的关系.

3.1 复变函数的积分及其性质

1. 复积分的定义

设 C 是平面上的一条光滑(或按段光滑)曲线.如果选定 C 的两个方向中的一个作为正方向,那么就称 C 是一条**有向曲线**.设曲线 C 的两个端点为 a 和 b,如果把从 a 到 b 的方向作为 C 的正方向,那么从 b 到 a 的方向就是 C 的负方向,并记作 C^-.在假设好曲线的起点和终点后,正方向都是指从起点到终点的方向.关于简单闭曲线,它的正方向是指当曲线上的点沿此方向前进时,曲线的内部位于左侧,即简单闭曲线的正方向和内部是相互关联的.

定义 3.1.1 设函数 $w=f(z)$ 定义在区域 D 中,C 为 D 内的一条以 a 为起点、b 为终点的光滑有向曲线.如图 3.1 所示,把曲线 C 任意分成 n 个弧段,设分点为
$$a = z_0, z_1, \cdots, z_{n-1}, z_n = b,$$
在每一弧段 $\overparen{z_{k-1}z_k}(k=1,2,\cdots,n)$ 上任取一点 ζ_k,作和式
$$S_n = \sum_{k=1}^{n} f(\zeta_k)\Delta z_k,$$
其中 $\Delta z_k = z_k - z_{k-1}$.当分点无限增多,而且这些弧段长度都趋于零时,如果和数 S_n 的极限存在,则称 $f(z)$ 沿 C(从 a 到 b)**可积**,该极限值称为 $f(z)$ 沿 C(从 a 到 b)的

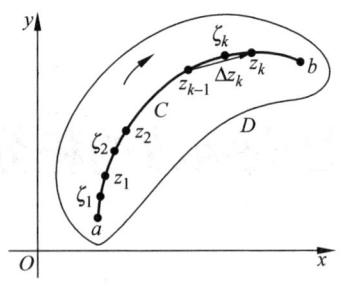

图 3.1

积分,记作

$$\int_C f(z)\mathrm{d}z = \lim_{n\to\infty}\sum_{k=1}^{n}f(\zeta_k)\Delta z_k,$$

其中 C 称为积分路径.

如果 $\int_C f(z)\mathrm{d}z$ 表示沿 C 的正方向的积分,那么 $\int_{C^-} f(z)\mathrm{d}z$ 表示沿 C 的负方向的积分. 如果 C 是由 $C_1, C_2, \cdots, C_n$ 这些光滑曲线依次相互连接而成的按段光滑曲线,则

$$\int_C f(z)\mathrm{d}z = \int_{C_1} f(z)\mathrm{d}z + \int_{C_2} f(z)\mathrm{d}z + \cdots + \int_{C_n} f(z)\mathrm{d}z.$$

2. 复积分的计算

定理 3.1.1 若函数 $f(z) = u(x,y) + \mathrm{i}v(x,y)$ 沿曲线 C 连续,则 $f(z)$ 沿 C 可积,且

$$\int_C f(z)\mathrm{d}z = \int_C (u\mathrm{d}x - v\mathrm{d}y) + \mathrm{i}\int_C (v\mathrm{d}x + u\mathrm{d}y). \tag{3.1}$$

证明 设

$$z_k = x_k + \mathrm{i}y_k, \quad x_k - x_{k-1} = \Delta x_k, \quad y_k - y_{k-1} = \Delta y_k,$$
$$\zeta_k = \xi_k + \mathrm{i}\eta_k, \quad u(\xi_k, \eta_k) = u_k, \quad v(\xi_k, \eta_k) = v_k,$$

于是

$$\begin{aligned}
S_n &= \sum_{k=1}^{n} f(\zeta_k)(z_k - z_{k-1}) \\
&= \sum_{k=1}^{n} (u_k + \mathrm{i}v_k)(\Delta x_k + \mathrm{i}\Delta y_k) \\
&= \sum_{k=1}^{n} (u_k\Delta x_k - v_k\Delta y_k) + \mathrm{i}\sum_{k=1}^{n} (u_k\Delta y_k + v_k\Delta x_k).
\end{aligned}$$

上式右端的两个和数是对应的两个第二型曲线积分的积分和数. 由于 $f(z)$ 沿曲线 C 连续,有 $u(x,y)$ 及 $v(x,y)$ 沿 C 连续,于是这两个曲线积分都是存在的. 因此,积分

$\int_C f(z)\mathrm{d}z$ 存在,且

$$\int_C f(z)\mathrm{d}z = \lim_{n \to \infty} S_n$$

$$= \lim_{n \to \infty} \sum_{k=1}^{n} (u_k \Delta x_k - v_k \Delta y_k) + \mathrm{i} \lim_{n \to \infty} \sum_{k=1}^{n} (u_k \Delta y_k + v_k \Delta x_k)$$

$$= \int_C (u\mathrm{d}x - v\mathrm{d}y) + \mathrm{i} \int_C (v\mathrm{d}x + u\mathrm{d}y).$$

公式(3.1)说明,复变函数积分的计算问题,可以化为其对应的两个二元实函数曲线积分的计算问题.

另外,如果曲线 C 可由参数方程

$$z = z(t) = x(t) + \mathrm{i}y(t), \quad t \in [\alpha, \beta]$$

来表示,则 $f(z)$ 沿 C 的积分还可由下面的公式计算:

$$\int_C f(z)\mathrm{d}z = \int_\alpha^\beta f(z(t))z'(t)\mathrm{d}t. \tag{3.2}$$

从公式(3.1)和公式(3.2)中可以看出,抛开复数的实际含义不讲,复函数积分的计算相当于将 i 看成参数的实函数的积分计算.

例 3.1.1 计算 $\int_C z\mathrm{d}z$,其中 C 为从原点到 $a+b\mathrm{i}$ 的直线段.

解 直线段 C 的参数方程可写为 $x = at$,$y = bt (0 \leqslant t \leqslant 1)$,代入积分 $\int_C z\mathrm{d}z$ 得

$$\int_C z\mathrm{d}z = \int_0^1 (at + bt\mathrm{i})(a + b\mathrm{i})\mathrm{d}t = (a + b\mathrm{i})^2 \int_0^1 t\mathrm{d}t = \frac{(a + b\mathrm{i})^2}{2}.$$

例 3.1.2 计算 $\int_C \bar{z}\mathrm{d}z$,如图 3.2 所示,其中 C 为

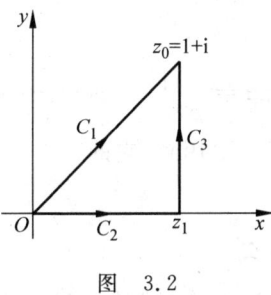

图 3.2

(1) 从原点到点 $z_0 = 1+\mathrm{i}$ 的直线段 C_1;

(2) 沿从原点到点 $z_1 = 1$ 的直线段 C_2 与从 z_1 到 z_0 的直线段 C_3 相连接组成的曲线.

解　(1) 直线段 C_1 的参数方程为 $z=(1+\mathrm{i})t$ $(0\leqslant t\leqslant 1)$，则

$$\int_{C_1}\bar{z}\mathrm{d}z=\int_0^1(t-\mathrm{i}t)(1+\mathrm{i})\mathrm{d}t=\int_0^12t\mathrm{d}t=1.$$

(2) 易见

$$\int_C\bar{z}\mathrm{d}z=\int_{C_2}\bar{z}\mathrm{d}z+\int_{C_3}\bar{z}\mathrm{d}z=\int_0^1t\mathrm{d}t+\int_0^1(1-\mathrm{i}t)\mathrm{i}\mathrm{d}t=\frac{1}{2}+\left(\frac{1}{2}+\mathrm{i}\right)=1+\mathrm{i}.$$

由例 3.1.1 和例 3.1.2 可以看出，有些复函数的积分可能和积分路径无关，有些则与积分路径有关. 我们将在 3.2 节中研究复函数的积分与路径无关的条件.

例 3.1.3（一个重要的常用积分）　计算 $\displaystyle\int_C\frac{1}{(z-a)^{n+1}}\mathrm{d}z$ $(n\in\mathbf{Z})$，其中 C 表示以 a 为圆心、ρ 为半径的圆周.

解　如图 3.3 所示，曲线 C 的参数方程为 $z-a=\rho\mathrm{e}^{\mathrm{i}\theta}(0\leqslant\theta\leqslant 2\pi)$，所以

$$\int_C\frac{1}{(z-a)^{n+1}}\mathrm{d}z=\int_0^{2\pi}\frac{\mathrm{i}\rho\mathrm{e}^{\mathrm{i}\theta}}{\rho^{n+1}\mathrm{e}^{\mathrm{i}(n+1)\theta}}\mathrm{d}\theta=\frac{\mathrm{i}}{\rho^n}\int_0^{2\pi}\mathrm{e}^{-\mathrm{i}n\theta}\mathrm{d}\theta.$$

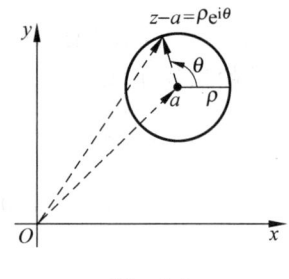

图　3.3

当 $n=0$ 时，有

$$\int_C\frac{1}{(z-a)^{n+1}}\mathrm{d}z=\mathrm{i}\int_0^{2\pi}\mathrm{d}\theta=2\pi\mathrm{i}.$$

当 $n\neq 0$ 时，有

$$\int_C\frac{1}{(z-a)^{n+1}}\mathrm{d}z=\frac{\mathrm{i}}{\rho^n}\int_0^{2\pi}(\cos n\theta-\mathrm{i}\sin n\theta)\mathrm{d}\theta=0.$$

这个结果非常重要，以后经常要用到，它的特点是积分结果与积分圆周的中心位置和半径无关.

3. 复变函数积分的基本性质

设函数 $f(z),g(z)$ 沿曲线 C 连续，则有下列与高等数学中的曲线积分类似的性质：

(1) $\displaystyle\int_C af(z)\mathrm{d}z=a\int_C f(z)\mathrm{d}z$，$a$ 是复常数；

(2) $\displaystyle\int_C [f(z) \pm g(z)] \mathrm{d}z = \int_C f(z)\mathrm{d}z \pm \int_C g(z)\mathrm{d}z$;

(3) $\displaystyle\int_{C^-} f(z)\mathrm{d}z = -\int_C f(z)\mathrm{d}z$.

定理 3.1.2(估值定理) 设函数 $f(z)$ 沿曲线 C 连续,且有正数 M 使 $|f(z)| \leqslant M$,L 为 C 的长度,则

$$\left| \int_C f(z)\mathrm{d}z \right| \leqslant \int_C |f(z)|\mathrm{d}s \leqslant ML,$$

这里 $\mathrm{d}s = |\mathrm{d}z|$ 表示弧长的微分,即 $\mathrm{d}s = \sqrt{(\mathrm{d}x)^2 + (\mathrm{d}y)^2}$.

证明 由不等式

$$\left| \sum_{k=1}^{n} f(\zeta_k)\Delta z_k \right| \leqslant \sum_{k=1}^{n} |f(\zeta_k)| |\Delta z_k| \leqslant \sum_{k=1}^{n} |f(\zeta_k)| \, \Delta s_k,$$

各部分取极限得

$$\left| \int_C f(z)\mathrm{d}z \right| \leqslant \int_C |f(z)|\mathrm{d}s \leqslant \int_C M\mathrm{d}s \leqslant ML.$$

3.2 柯西积分定理及其推广

1. 柯西积分定理

从 3.1 节的例题来看,例 3.1.1 的被积函数 $f(z) = z$ 在单连通区域 z 平面上处处解析,它沿连接起点 a 及终点 b 的任何路径 C 的积分值都相同,即积分与路径无关. 例 3.1.2 的被积函数 $f(z) = \bar{z}$ 在单连通区域 z 平面上处处不解析,而积分与连接起点 O 及终点 $1+\mathrm{i}$ 的路径 C 有关,即沿 z 平面上任何闭曲线的积分的值不一定为零,这样的结果可能与 $f(z)$ 的解析性及解析区域的单连通性有关. 例 3.1.3 的被积函数 $f(z) = \dfrac{1}{(z-a)^{n+1}}$ 只以 $z=a$ 为奇点,即在"z 平面除去一点 a"的非单连通区域内处处解析,但是当 $n=0$ 时积分 $\displaystyle\int_C \dfrac{\mathrm{d}z}{z-a} = 2\pi\mathrm{i} \neq 0$,即在此区域内积分与路径有关.

由此可见,复变函数沿闭曲线的积分是否为零,与闭曲线所围成的区域是否是单连通的和被积函数在该区域的解析性有关. 为此,我们有下面的复变函数理论中最基本的定理.

定理 3.2.1(柯西积分定理) 设函数 $f(z)$ 在 z 平面上的单连通区域内 D 解析,C 为 D 内任何一条封闭曲线,如图 3.4 所示,则

$$\int_C f(z)\mathrm{d}z = 0.$$

证明 要直接证明这个定理是比较困难的,现在附加假设条件"$f'(z)$ 在 D 内连

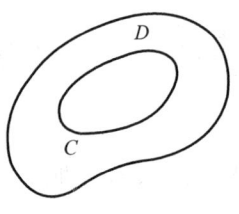

图 3.4

续". 令 $z = x + \mathrm{i}y$, $f(z) = u(x,y) + \mathrm{i}v(x,y)$, 由公式 (3.1), 有

$$\int_C f(z)\mathrm{d}z = \int_C u\,\mathrm{d}x - v\,\mathrm{d}y + \mathrm{i}\int_C v\,\mathrm{d}x + u\,\mathrm{d}y.$$

由 $f'(z)$ 在 D 内连续知, u_x, u_y, v_x, v_y 在 D 内连续, 并满足 C-R 方程 $u_x = v_y$, $u_y = -v_x$. 再由格林公式, 得

$$\int_C u\,\mathrm{d}x - v\,\mathrm{d}y = 0, \quad \int_C v\,\mathrm{d}x + u\,\mathrm{d}y = 0.$$

因此, $\int_C f(z)\mathrm{d}z = 0$.

注 "$f'(z)$ 在 D 内连续" 这个附加条件其实可由条件 "$f(z)$ 在 D 内解析" 推出, 因为 "解析函数的导函数仍是解析函数", 在 3.4 节中我们将证明这个结论.

推论 3.2.1 设函数 $f(z)$ 在 z 平面上的单连通区域 D 内解析, 则

(1) $f(z)$ 在 D 内积分与路径无关, 即对 D 内任意两点 z_0 与 z_1, 积分 $\int_{z_0}^{z_1} f(z)\mathrm{d}z$ 的值不依赖于 D 内连接起点 z_0 与终点 z_1 的曲线.

(2) $F(z) = \int_{z_0}^{z} f(\zeta)\mathrm{d}\zeta$ 在 D 内也解析, 且 $F'(z) = f(z)$.

证明 (1) 设 C_1 与 C_2 是 D 内连接起点 z_0 与终点 z_1 的任意两条曲线 (如图 3.5 所示), 则正方向曲线 C_1 与负方向曲线 C_2^- 就连接成 D 内的一条闭曲线 C. 于是, 由柯西积分定理与复变函数可按段积分的性质有

$$0 = \int_C f(z)\mathrm{d}z = \int_{C_2} f(z)\mathrm{d}z + \int_{C_2^-} f(z)\mathrm{d}z,$$

图 3.5

即

$$\int_{C_1} f(z)\mathrm{d}z - \int_{C_2} f(z)\mathrm{d}z = 0,$$

从而

$$\int_{C_1} f(z)\mathrm{d}z = \int_{C_2} f(z)\mathrm{d}z.$$

(2) 设 z 是 D 内一点,以 z 为圆心作一个含于 D 的小圆 K. 取 $|\Delta z|$ 充分小使得 $z+\Delta z$ 在 K 内. 由于积分与路径无关,则有

$$F(z+\Delta z) - F(z) = \int_{z_0}^{z+\Delta z} f(\zeta)\mathrm{d}\zeta - \int_{z_0}^{z} f(\zeta)\mathrm{d}\zeta = \int_{z}^{z+\Delta z} f(\zeta)\mathrm{d}\zeta.$$

又

$$\int_{z}^{z+\Delta z} f(z)\mathrm{d}\zeta = f(z)\int_{z}^{z+\Delta z}\mathrm{d}\zeta = f(z)\Delta z.$$

从而有

$$\frac{F(z+\Delta z)-F(z)}{\Delta z} - f(z) = \frac{1}{\Delta z}\int_{z}^{z+\Delta z} f(\zeta)\mathrm{d}\zeta - f(z)$$

$$= \frac{1}{\Delta z}\int_{z}^{z+\Delta z}[f(\zeta)-f(z)]\mathrm{d}\zeta.$$

因为 $f(z)$ 在 D 内解析,所以在 D 内连续. 因此对于任意给定的正数 $\varepsilon>0$,总能找到相应的 $\delta>0$,使得对于满足 $|\zeta-z|<\delta$ 的任何 ζ 都在 K 内,即当 $|\Delta z|<\delta$ 时总有

$$|f(\zeta)-f(z)|<\varepsilon.$$

根据积分的估值定理,有

$$\left|\frac{F(z+\Delta z)-F(z)}{\Delta z}-f(z)\right| \leqslant \frac{1}{|\Delta z|}\int_{z_0}^{z+\Delta z}|f(\zeta)-f(z)|\,\mathrm{d}s$$

$$\leqslant \frac{1}{|\Delta z|}\cdot\varepsilon\cdot|\Delta z|$$

$$= \varepsilon,$$

因此

$$\lim_{\Delta z\to 0}\frac{F(z+\Delta z)-F(z)}{\Delta z} - f(z) = 0,$$

即

$$F'(z) = f(z).$$

例 3.2.1 计算下列积分:

(1) $\int_{|z|=r}\ln(1+z)\mathrm{d}z$ $(0<r<1)$;

(2) $\int_C \frac{1}{z^2}\mathrm{d}z$,其中 C 为右半圆周 $|z|=3$,$\mathrm{Re}(z)\geqslant 0$,起点为 $-3i$,终点为 $3i$.

解 (1) 因为 $\ln(1+z)$ 的奇点为 -1,所以它在闭圆 $|z|\leqslant r$ $(0<r<1)$ 内处处解析,于是由柯西积分定理知 $\int_{|z|=r}\ln(1+z)\mathrm{d}z = 0$.

(2) 因为 $\frac{1}{z^2}$ 在单连通区域 $\left\{z\left|-\frac{3\pi}{4}<\arg z<\frac{3\pi}{4}\right.\right\}$ 内处处解析,所以由推论 3.2.1 知

$$\int_C \frac{1}{z^2} \mathrm{d}z = \frac{1}{-2+1} z^{-2+1} \Big|_{-3\mathrm{i}}^{3\mathrm{i}} = \frac{2\mathrm{i}}{3}.$$

2. 柯西积分定理的推广——复合闭路定理

下面推广柯西积分定理,即将柯西积分定理从以一条闭曲线为边界的有界单连通区域,推广到以多条闭曲线组成的"复合闭路"为边界的有界多连通区域.

定义 3.2.1 考虑 $n+1$ 条简单闭曲线 $C_0, C_1, \cdots, C_n$,其中 $C_1, C_2, \cdots, C_n$ 两两相互分离,而它们又全都在 C_0 内部.同时在 C_0 的内部且在 $C_1, C_2, \cdots, C_n$ 外部的点集构成一个有界的 $n+1$ 连通区域 D,它以 $C_0, C_1, \cdots, C_n$ 为边界.在这种情况下,称区域 D 的边界是一复合闭路

$$C = C_0 + C_1^- + C_2^- + \cdots + C_n^-,$$

它包括取正方向的 C_0,以及取负方向的 $C_1, C_2, \cdots, C_n$(图 3.6 是 $n=3$ 的情形).

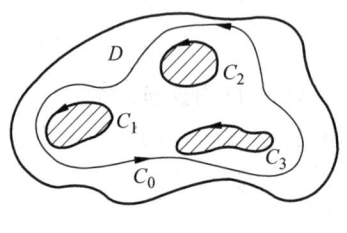

图 3.6

定理 3.2.2(复合闭路定理) 设函数 $f(z)$ 在区域 D 内解析,$C = C_0 + C_1^- + C_2^- + \cdots + C_n^-$ 是 D 内的一复合闭路,则

$$\int_C f(z) \mathrm{d}z = 0,$$

或写成

$$\int_{C_0} f(z) \mathrm{d}z = \int_{C_1} f(z) \mathrm{d}z + \cdots + \int_{C_n} f(z) \mathrm{d}z.$$

证明 取 $n+1$ 条互不相交且全在 D 内(端点除外)的光滑弧段 $L_0, L_1, L_2, \cdots, L_n$ 作为割线,用它们顺次地与 $C_0, C_1, C_2, \cdots, C_n$ 连接.设想将 D 沿割线割破,于是 D 就被分成两个单连通区域(图 3.7 是 $n=2$ 的情形),其边界各是一条闭曲线,分别记为 Γ_1 和 Γ_2.

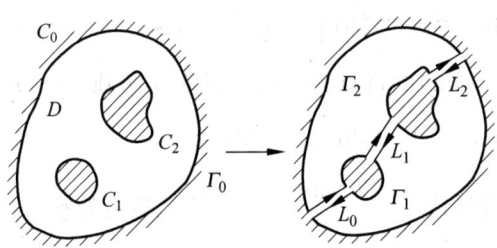

图 3.7

而由柯西积分定理,有

$$\int_{\Gamma_1} f(z)\mathrm{d}z = 0, \quad \int_{\Gamma_2} f(z)\mathrm{d}z = 0,$$

将这两个等式相加,并注意到沿着 $L_0, L_1, L_2, \cdots, L_n$ 的积分,各从相反的两个方向取了一次,在相加的过程中互相抵消. 于是,由复积分的可按段积分的性质就得到

$$\int_C f(z)\mathrm{d}z = 0,$$

或写成

$$\int_{C_0} f(z)\mathrm{d}z = \int_{C_1} f(z)\mathrm{d}z + \cdots + \int_{C_n} f(z)\mathrm{d}z.$$

例 3.2.2 计算 $\int_C \dfrac{2z-1}{z^2-z}\mathrm{d}z$ 的值,其中 C 是包含单位圆周 $|z|=1$ 在内的任何正向简单闭曲线.

解 函数 $\dfrac{2z-1}{z^2-z}$ 在复平面内除 $z_1=0$ 和 $z_2=1$ 两个奇点外处处解析. 由于 C 是包含单位圆周 $|z|=1$ 在内的正向简单闭曲线,因此它也包含这两个奇点. 如图 3.8 所示,在 C 内作两个相互分离的正向圆周 C_1 和 C_2,其中 C_1 只包含奇点 z_1,C_2 只包含奇点 z_2. 由复合闭路定理得

$$\begin{aligned}
\int_C \frac{2z-1}{z^2-z}\mathrm{d}z &= \int_C \frac{1}{z-1}\mathrm{d}z + \int_C \frac{1}{z}\mathrm{d}z \\
&= \int_{C_1} \frac{1}{z-1}\mathrm{d}z + \int_{C_2} \frac{1}{z-1}\mathrm{d}z + \int_{C_1} \frac{1}{z}\mathrm{d}z + \int_{C_2} \frac{1}{z}\mathrm{d}z \\
&= 0 + 2\pi\mathrm{i} + 2\pi\mathrm{i} + 0 = 4\pi\mathrm{i}.
\end{aligned}$$

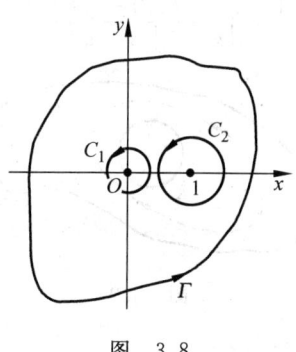

图 3.8

3.3 柯西积分公式和高阶导数公式

1. 柯西积分公式

由柯西积分定理和复合闭路定理知,如果 C 是包含 a 的一条简单闭曲线,则

$\int_C \dfrac{1}{z-a}\mathrm{d}z = 2\pi\mathrm{i}$. 显然，被积函数的分子 1 可看成一个常值函数，它在复平面上处处解析. 现在我们尝试拓展柯西积分定理的适用范围，将 1 替换成在曲线 C 内及 C 上处处解析的函数 $f(z)$，那么积分 $\int_C \dfrac{f(z)}{z-a}\mathrm{d}z$ 如何计算？为此，我们有如下定理.

定理 3.3.1（柯西积分公式） 设 $f(z)$ 在区域 D 内处处解析，C 是 D 的一条正向简单闭曲线，它的内部完全含于 D，a 是 C 内一点，则有

$$\int_C \frac{f(z)}{z-a}\mathrm{d}z = 2\pi\mathrm{i}f(a).$$

称积分 $\int_C \dfrac{f(z)}{z-a}\mathrm{d}z$ 或 $\dfrac{1}{2\pi\mathrm{i}}\int_C \dfrac{f(z)}{z-a}\mathrm{d}z$ 为**柯西型积分**.

证明 由于 $f(z)$ 在 a 处解析，任意给定 $\varepsilon > 0$，存在 $\delta(\varepsilon) > 0$，使得当 $|z-z_0| < \delta$ 时都有 $|f(z)-f(z_0)| < \varepsilon$. 由于 a 是 D 的内点，存在以 a 为圆心、以 r 为半径的圆周 K 全在 D 内，且 $r < \delta$，如图 3.9 所示. 则

$$\int_C \frac{f(z)}{z-a}\mathrm{d}z = \int_K \frac{f(z)}{z-a}\mathrm{d}z$$
$$= \int_K \frac{f(a)}{z-a}\mathrm{d}z + \int_K \frac{f(z)-f(a)}{z-a}\mathrm{d}z$$
$$= 2\pi\mathrm{i}f(a) + \int_K \frac{f(z)-f(a)}{z-a}\mathrm{d}z,$$

由定理 3.1.2 有

$$\left| \int_K \frac{f(z)-f(a)}{z-a}\mathrm{d}z \right| \leqslant \int_K \frac{|f(z)-f(a)|}{|z-a|}\mathrm{d}s \leqslant \frac{\varepsilon}{r}\int_K \mathrm{d}s = 2\pi\varepsilon,$$

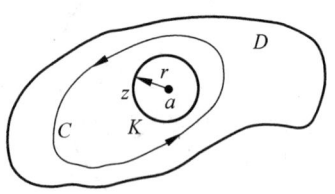

图 3.9

再由 ε 的任意性，有

$$\int_K \frac{f(z)-f(a)}{z-a}\mathrm{d}z = 0,$$

因此

$$\int_C \frac{f(z)}{z-a}\mathrm{d}z = 2\pi\mathrm{i}f(a).$$

例 3.3.1 设 C 为圆周 $|z|=2$,计算下列积分:

(1) $\int_C \dfrac{z}{(9-z^2)(z+\mathrm{i})}\mathrm{d}z$; (2) $\int_C \dfrac{\sin z}{z}\mathrm{d}z$.

解 (1) 由柯西积分公式知

$$\int_C \frac{z}{(9-z^2)(z+\mathrm{i})}\mathrm{d}z = \int_C \frac{\dfrac{z}{9-z^2}}{z-(-\mathrm{i})}\mathrm{d}z = 2\pi\mathrm{i}\left.\frac{z}{9-z^2}\right|_{z=-\mathrm{i}} = \frac{\pi}{5}.$$

(2) 由柯西积分公式知

$$\int_C \frac{\sin z}{z}\mathrm{d}z = 2\pi\mathrm{i}\sin z\Big|_{z=0} = 0.$$

在定理 3.3.1 中,如果 C 是以 a 为圆心、r 为半径的圆周,则 C 的参数方程的复数形式为 $z=a+r\mathrm{e}^{\mathrm{i}\theta}(\theta\in[0,2\pi])$,于是有下面定理.

定理 3.3.2 如果函数 $f(z)$ 在圆 $|z-a|<r$ 内处处解析(并在圆周上连续),则

$$f(a) = \frac{1}{2\pi}\int_0^{2\pi} f(a+r\mathrm{e}^{\mathrm{i}\theta})\mathrm{d}\theta.$$

其几何意义可解释为: $f(z)$ 在圆心 a 处的值等于它在圆周上所有值的平均值.

2. 解析函数的高阶导数

柯西型积分 $\int_C \dfrac{f(z)}{z-a}\mathrm{d}z$ 可以看成是例 3.1.3 中积分 $\int_C \dfrac{1}{z-a}\mathrm{d}z$ 的推广. 在本小节中,我们将推广例 3.1.3 中的另一个积分 $\int_C \dfrac{1}{(z-a)^{n+1}}\mathrm{d}z$ 到 $\int_C \dfrac{f(z)}{(z-a)^{n+1}}\mathrm{d}z$ 的情形.

定理 3.3.3 设 $f(z)$ 在区域 D 内处处解析,C 是 D 的一条正向简单闭曲线,它的内部完全含于 D,a 是 C 内一点,则有

$$f^{(n)}(a) = \frac{n!}{2\pi\mathrm{i}}\int_C \frac{f(z)}{(z-a)^{n+1}}\mathrm{d}z, \quad n=1,2,\cdots. \tag{3.3}$$

证明 我们只对 $n=1$ 的情形进行证明,即

$$\frac{1}{2\pi\mathrm{i}}\int_C \frac{f(z)}{(z-a)^2}\mathrm{d}z = f'(a).$$

对于其他自然数 n,可接着用数学归纳法证得.

根据定义有

$$f'(a) = \lim_{\Delta z \to 0} \frac{f(a+\Delta z)-f(a)}{\Delta z},$$

由柯西积分公式有

$$\frac{f(a+\Delta z)-f(a)}{\Delta z} = \frac{1}{\Delta z}\left[\frac{1}{2\pi\mathrm{i}}\int_C \frac{f(z)}{z-(a+\Delta z)}\mathrm{d}z - \frac{1}{2\pi\mathrm{i}}\int_C \frac{f(z)}{z-a}\mathrm{d}z\right]$$

$$= \frac{1}{2\pi\mathrm{i}}\int_C \frac{f(z)}{(z-a-\Delta z)(z-a)}\mathrm{d}z$$

$$= \frac{1}{2\pi i}\int_C \frac{f(z)}{(z-a)^2}dz + \frac{1}{2\pi i}\int_C \frac{\Delta z f(z)}{(z-a)^2(z-a-\Delta z)}dz.$$

设 $I = \dfrac{1}{2\pi i}\displaystyle\int_C \dfrac{\Delta z f(z)}{(z-a)^2(z-a-\Delta z)}dz$,则

$$|I| = \frac{1}{2\pi}\left|\int_C \frac{\Delta z f(z)}{(z-a)^2(z-a-\Delta z)}dz\right| \leqslant \frac{1}{2\pi}\int_C \frac{|\Delta z| \cdot |f(z)|}{|z-a|^2 \cdot |z-a-\Delta z|}ds.$$

由于 $f(z)$ 在 C 上解析,所以在 C 上连续,从而在 C 上有界.由此可知存在一个正数 M,使得在 C 上有 $|f(z)| \leqslant M$.设 d 表示 a 与 C 上各点的最短距离.取 $|\Delta z| < \dfrac{d}{2}$,则

$$|z-a| \geqslant d, \quad \left|\frac{1}{z-a}\right| \leqslant \frac{1}{d},$$

$$|z-a-\Delta z| \geqslant |z-a| - |\Delta z| > \frac{d}{2}, \quad \frac{1}{|z-a-\Delta z|} < \frac{2}{d}.$$

故 $|I| \leqslant |\Delta z|\dfrac{ML}{\pi d^3}$,其中 L 为 C 的长度.显然 $\lim\limits_{\Delta z \to 0}|I| = 0$,于是

$$f'(a) = \lim_{\Delta z \to 0}\frac{f(a+\Delta z) - f(a)}{\Delta z} = \frac{1}{2\pi i}\int_C \frac{f(z)}{(z-a)^2}dz.$$

注 设函数 $f(z)$ 在 z 平面上的区域 D 内解析,则 $f(z)$ 在 D 内具有各阶导数,并且它们也在 D 内解析.

公式(3.3)称为高阶导数公式.在记忆的时候,高阶导数公式相当于将柯西积分公式 $f(a) = \dfrac{1}{2\pi i}\displaystyle\int_C \dfrac{f(z)}{z-a}dz$ 两端对 a 求 n 次导.要知道,高阶导数公式的作用,不在于通过积分来求导,而在于通过求导来求积分.这是复变量函数区别于实变量函数的重要标志之一.

例 3.3.2 计算积分 $\displaystyle\int_C \dfrac{\cos\pi z}{(z-1)^5}dz$,其中 C 是围绕 1 的简单闭曲线.

解 因为 $\cos z$ 在 z 平面上解析,应用高阶导数公式得

$$\int_C \frac{\cos\pi z}{(z-1)^5}dz = \frac{2\pi i}{4!}(\cos\pi z)^{(4)}\bigg|_{z=1} = -\frac{\pi^5 i}{12}.$$

3.4 解析函数与调和函数

3.3 节已经证明了在区域 D 内解析的函数具有任何阶导数.因此,在区域 D 内函数的实部 u 与虚部 v 都有二阶连续偏导数.本节研究应该如何选择 u 与 v 才能使函数 $u+iv$ 在区域 D 内解析.事实上,由解析函数满足 C-R 方程可知,u 与 v 必然有紧密的内在联系.

设 $f(z)=u+iv$ 在区域 D 内解析,则由 C-R 方程

$$\frac{\partial u}{\partial x}=\frac{\partial v}{\partial y}, \quad \frac{\partial u}{\partial y}=-\frac{\partial v}{\partial x},$$

得

$$\frac{\partial^2 u}{\partial x^2}=\frac{\partial^2 v}{\partial x \partial y}, \quad \frac{\partial^2 u}{\partial y^2}=-\frac{\partial^2 v}{\partial y \partial x}.$$

因 $\frac{\partial^2 v}{\partial x \partial y}$ 与 $\frac{\partial^2 v}{\partial y \partial x}$ 在 D 内连续,它们必定相等,故在 D 内有

$$\frac{\partial^2 u}{\partial x^2}+\frac{\partial^2 u}{\partial y^2}=0.$$

同理,在 D 内有

$$\frac{\partial^2 v}{\partial x^2}+\frac{\partial^2 v}{\partial y^2}=0.$$

即 u 与 v 在 D 内满足拉普拉斯(Laplace)方程

$$\Delta u = 0, \quad \Delta v = 0.$$

这里 $\Delta=\frac{\partial^2}{\partial x^2}+\frac{\partial^2}{\partial y^2}$ 是一种运算记号,称为**拉普拉斯算子**.

定义 3.4.1 (1) 如果二元实函数 $H(x,y)$ 在区域 D 内有二阶连续偏导数,且满足拉普拉斯方程 $\Delta H=0$,则称 $H(x,y)$ 是区域 D 内的调和函数.

(2) 设 u,v 是定义在区域 D 上的两个调和函数,如果在 D 内满足 C-R 方程

$$\frac{\partial u}{\partial x}=\frac{\partial v}{\partial y}, \quad \frac{\partial u}{\partial y}=-\frac{\partial v}{\partial x},$$

则 v 称为 u 在区域 D 内的共轭调和函数(注意 v 和 u 不可交换次序).

调和函数经常出现在流体力学、电学、磁学等实际问题中.

由上面的讨论,我们已经证明了下面定理.

定理 3.4.1 若 $f(z)=u(x,y)+iv(x,y)$ 在区域 D 内解析,则在区域 D 内 $v(x,y)$ 必为 $u(x,y)$ 的共轭调和函数.

反过来,设 u,v 是在区域 D 内任意选取的两个调和函数,要想 $u+iv$ 在区域 D 内解析,u 和 v 还必须满足 C-R 方程,即 v 必须是 u 的共轭调和函数. 由此,由一个解析函数的实部 $u(x,y)$(或虚部 $v(x,y)$)就可以求出它的虚部 $v(x,y)$(或实部 $u(x,y)$),即解析函数的实部和虚部相互唯一确定(至多相差一个复常数).

假设 D 是一个单连通区域,$u(x,y)$ 是区域 D 内的调和函数,则 $u(x,y)$ 在 D 内有二阶连续偏导数,且

$$\frac{\partial^2 u}{\partial x^2}+\frac{\partial^2 u}{\partial y^2}=0,$$

即 $-\frac{\partial u}{\partial y},\frac{\partial u}{\partial x}$ 在 D 内具有一阶连续偏导,且

$$\frac{\partial}{\partial y}\left(-\frac{\partial u}{\partial y}\right) = \frac{\partial}{\partial x}\left(\frac{\partial u}{\partial x}\right).$$

由高等数学中的结论知,$-\frac{\partial u}{\partial y}\mathrm{d}x + \frac{\partial u}{\partial x}\mathrm{d}y$ 是全微分,则曲线积分

$$v(x,y) \xlongequal{\text{def}} \int_{(x_0,y_0)}^{(x,y)} -\frac{\partial u}{\partial y}\mathrm{d}x + \frac{\partial u}{\partial x}\mathrm{d}y + C \tag{3.4}$$

与路径无关,其中(x_0,y_0)是 D 内的定点,(x,y)是 D 内的动点,C 是一个任意常数.

将(3.4)式分别对 x,y 求偏导数,得

$$\frac{\partial v}{\partial x} = -\frac{\partial u}{\partial y}, \quad \frac{\partial v}{\partial y} = \frac{\partial u}{\partial x},$$

这就是 C-R 方程.由定理 2.2.1 知 $u+\mathrm{i}v$ 在 D 内解析.故得到下面定理.

定理 3.4.2 设 $u(x,y)$是在单连通区域 D 内的调和函数,则存在由(3.4)式所确定的函数 $v(x,y)$,使得 $u+\mathrm{i}v=f(z)$ 是 D 内的解析函数.

注 (1) 函数 $f(z)$在区域 D 内解析等价于在区域 D 内 $v(x,y)$是 $u(x,y)$的共轭调和函数.

(2) 任一个调和函数都可作为一个解析函数 $f(z)$ 的实部 $u(x,y)$(或虚部 $v(x,y)$),而虚部 $v(x,y)$(或实部 $u(x,y)$)可由 C-R 方程确定.

例 3.4.1 验证 $u(x,y)=y^3-3x^2y$ 是 z 平面上的调和函数,并求以 $u(x,y)$为实部的解析函数 $f(z)$,满足 $f(0)=\mathrm{i}$.

解 因在 z 平面上任一点 $z=x+\mathrm{i}y$,都有

$$u_x = -6xy, \quad u_y = 3y^2 - 3x^2,$$

$$u_{xx} = -6y, \quad u_{yy} = 6y.$$

故 $u(x,y)$在 z 平面上为调和函数.接下来用两种方法来求 $v(x,y)$的表达式.

方法一(偏积分法) 由 $v_y = u_x = -6xy$ 得

$$v = \int u_x \mathrm{d}y = -3xy^2 + g(x),$$

$$v_x = -3y^2 + g'(x),$$

再由 $v_x = -u_y$ 得

$$-3y^2 + g'(x) = -3y^2 + 3x^2,$$

故

$$g(x) = \int 3x^2 \mathrm{d}x = x^3 + c, \quad c \text{ 是实常数},$$

因此

$$v(x) = x^3 - 3xy^2 + c, \quad c \text{ 是实常数}.$$

方法二(全微分法) 由 $\mathrm{d}v = v_x \mathrm{d}x + v_y \mathrm{d}y = -u_y \mathrm{d}x + u_x \mathrm{d}y$,故

$$v(x,y) = \int_{(0,0)}^{(x,0)} (3x^2 - 3y^2)\mathrm{d}x - 6xy\,\mathrm{d}y + \int_{(x,0)}^{(x,y)} (3x^2 - 3y^2)\mathrm{d}x - 6xy\,\mathrm{d}y + c$$

$$= x^3 - 3xy^2 + c, \quad c \text{ 是实常数.}$$

由方法一或者方法二得

$$f(z) = y^3 - 3x^2 y + \mathrm{i}(x^3 - 3xy^2 + c) = \mathrm{i}(z^3 + c), \quad c \text{ 是实常数.}$$

如果 $f(0)=\mathrm{i}$, 则 $c=1, f(z)=\mathrm{i}(z^3+1)$.

习题 3

1. 沿下列路线计算积分 $\int_0^{3+\mathrm{i}} z^2 \mathrm{d}z$:

(1) 从原点到 $3+\mathrm{i}$ 的直线;

(2) 从原点沿实轴到 3,再由 3 垂直向上到 $3+\mathrm{i}$;

(3) 从原点沿虚轴到 i,再由 i 水平向右到 $3+\mathrm{i}$.

2. 分别沿 $y = x$ 和 $y = x^2$ 计算积分 $\int_0^{1+\mathrm{i}} (x^2 + \mathrm{i}y)\mathrm{d}z$.

3. 计算积分 $\int_C \dfrac{\bar{z}}{|z|}\mathrm{d}z$ 的值, 其中 C 为正向圆周 $|z|=a(>0)$.

4. 试用观察法得出下列积分的值,其中 C 为正向圆周 $|z|=1$:

(1) $\displaystyle\int_C \frac{1}{z-2}\mathrm{d}z$;   (2) $\displaystyle\int_C \frac{1}{z^2 + 2z + 4}\mathrm{d}z$;

(3) $\displaystyle\int_C \frac{1}{\cos z}\mathrm{d}z$;   (4) $\displaystyle\int_C \frac{1}{2z-1}\mathrm{d}z$;

(5) $\displaystyle\int_C z\mathrm{e}^z \mathrm{d}z$;   (6) $\displaystyle\int_C \frac{1}{(2z-\mathrm{i})(z+2)}\mathrm{d}z$.

5. 沿指定曲线的正向计算下列积分:

(1) $\displaystyle\int_C \frac{\mathrm{e}^z}{z-2}\mathrm{d}z, C: |z-2| = 1$;

(2) $\displaystyle\int_C \frac{1}{z^2 - a^2}\mathrm{d}z, C: |z-a| = a$;

(3) $\displaystyle\int_C \frac{\mathrm{e}^{\mathrm{i}z}}{z^2+1}\mathrm{d}z, C: |z-2\mathrm{i}| = \frac{3}{2}$;

(4) $\displaystyle\int_C \frac{1}{(z^2-1)(z^3-1)}\mathrm{d}z, C: |z| = r < 1$;

(5) $\displaystyle\int_C \frac{1}{(z^2+1)(z^2+4)}\mathrm{d}z, C: |z| = \frac{3}{2}$;

(6) $\displaystyle\int_C \frac{\sin z}{z}\mathrm{d}z, C: |z| = 1$;

(7) $\displaystyle\int_C \frac{\sin z}{(z-\pi)^2}\mathrm{d}z, C: |z|=4$;

(8) $\displaystyle\int_C \frac{\mathrm{e}^z}{z^5}\mathrm{d}z, C: |z|=1$.

6. 计算下列积分：

(1) $\displaystyle\int_{-\pi\mathrm{i}}^{3\pi\mathrm{i}} \mathrm{e}^{2z}\mathrm{d}z$; $\qquad\qquad$ (2) $\displaystyle\int_{-\pi\mathrm{i}}^{\pi} \sin^2 z\,\mathrm{d}z$;

(3) $\displaystyle\int_0^1 z\sin z\,\mathrm{d}z$; $\qquad\qquad$ (4) $\displaystyle\int_0^{\mathrm{i}} (z-\mathrm{i})\mathrm{e}^{-z}\mathrm{d}z$.

7. 计算下列积分：

(1) $\displaystyle\int_C \left(\frac{4}{z+1}+\frac{3}{z+2\mathrm{i}}\right)\mathrm{d}z$，其中 $C: |z|=4$ 为正向；

(2) $\displaystyle\int_C \frac{2\mathrm{i}}{z^2+1}\mathrm{d}z$，其中 $C: |z-1|=6$ 为正向；

(3) $\displaystyle\int_{C=C_1+C_2} \frac{\cos z}{z^3}\mathrm{d}z$，其中 $C_1: |z|=2$ 为正向，$C_2: |z|=3$ 为负向；

(4) $\displaystyle\int_C \frac{\mathrm{e}^z}{(z-a)^3}\mathrm{d}z$，其中 a 是 $|a|\neq 1$ 的复数，$C: |z|=1$ 为正向.

8. 由积分 $\displaystyle\int_C \frac{1}{z+2}\mathrm{d}z$ 的值证明 $\displaystyle\int_0^{\pi} \frac{1+2\cos\theta}{5+4\cos\theta}\mathrm{d}\theta = 0$，其中 $C: |z|=1$ 为正向.

9. 求积分 $\displaystyle\int_C \frac{\mathrm{e}^z}{z}\mathrm{d}z(C: |z|=1)$，从而证明 $\displaystyle\int_0^{\pi} \mathrm{e}^{\cos\theta}\cos(\sin\theta)\mathrm{d}\theta = 0$.

10. 证明：当 C 是任意不通过原点的简单闭曲线时，$\displaystyle\int_C \frac{1}{z^2}\mathrm{d}z = 0$.

11. 设 C 是不通过 α 和 $-\alpha$ 的正向简单闭曲线，α 是不等于零的复数，试就 α 和 $-\alpha$ 的不同位置，讨论计算积分 $\displaystyle\int_C \frac{z}{z^2-\alpha^2}\mathrm{d}z$ 的值.

12. 设 u 是区域 D 内的调和函数，且 $f(z)=u_x-\mathrm{i}u_y$，问 $f(z)$ 是否是 D 内的解析函数？为什么？

13. 由下列各已知调和函数求解析函数 $f(z)=u+\mathrm{i}v$：

(1) $u=(x-y)(x^2+4xy+y^2)$;

(2) $v=\dfrac{y}{x^2+y^2}, f(2)=0$;

(3) $u=2(x-1)y, f(2)=-\mathrm{i}$;

(4) $v=\arctan\dfrac{y}{x}, x>0$.

第4章

级　　数

在实变量函数中,级数是研究函数的重要工具,例如可以将某些函数表示成级数,用来计算函数的近似值.在复变函数中,级数仍然是研究和表示复变函数的重要手段.本章首先讨论如何把解析函数表示为幂级数的问题,并用级数的方法研究复变函数中的解析函数所具有的特性;其次,介绍复变函数所特有的洛朗展式,为第 5 章的留数理论做铺垫.需要指出,对于一些和高等数学中平行的结论,本章只给出结论本身,不再给出推导过程.

4.1　复数项级数

1. 复数列的极限

定义 4.1.1　设 $\{\alpha_n\}(n=1,2,\cdots)$ 是一列复数,其中 $\alpha_n=a_n+ib_n(a_n$ 和 b_n 为实数),又设 $\alpha=a+ib(a$ 和 b 为实数)为一确定的复数.如果对任意给定的 $\varepsilon>0$,总能找到一个正整数 $N(\varepsilon)$,使得当 $n>N$ 时总有 $|\alpha_n-\alpha|<\varepsilon$ 成立,则称 α 为复数列 $\{\alpha_n\}$ 当 $n\to\infty$ 时的**极限**,记作 $\lim\limits_{n\to\infty}\alpha_n=\alpha$.此时也称复数列 $\{\alpha_n\}$ **收敛**于 α.如果复数列 $\{\alpha_n\}$ 不收敛,则称 $\{\alpha_n\}$ **发散**,或者说它是**发散数列**.

定理 4.1.1　设 $\{\alpha_n\}$ 是一个复数列,则 $\lim\limits_{n\to\infty}\alpha_n=a+ib$ 当且仅当 $\lim\limits_{n\to\infty}a_n=a,\lim\limits_{n\to\infty}b_n=b$.

证明　如果 $\lim\limits_{n\to\infty}\alpha_n=a+ib$,则对任意给定的 $\varepsilon>0$,相应地能找到一个正整数 N,使得当 $n>N$ 时总有 $|(a_n+ib_n)-(a+ib)|<\varepsilon$.从而有

$$|a_n-a|\leqslant|(a_n-a)+i(b_n-b)|=|(a_n+ib_n)-(a+ib)|<\varepsilon,$$

所以 $\lim\limits_{n\to\infty}a_n=a$.同理可得 $\lim\limits_{n\to\infty}b_n=b$.

反之,如果 $\lim\limits_{n\to\infty}a_n=a,\lim\limits_{n\to\infty}b_n=b$,则对任意给定的 $\varepsilon>0$,能找到一个正整数 N,当 $n>N$ 时总有 $|a_n-a|<\dfrac{\varepsilon}{2},|b_n-b|<\dfrac{\varepsilon}{2}$.从而有

$$|\alpha_n-\alpha|=|(a_n-a)+i(b_n-b)|\leqslant|a_n-a|+|b_n-b|<\varepsilon,$$

所以 $\lim\limits_{n\to\infty}\alpha_n=\alpha$.

例 4.1.1 下列数列是否收敛? 如果收敛,求出其极限.

(1) $\alpha_n=\left(1+\dfrac{1}{n}\right)\mathrm{e}^{\mathrm{i}\frac{\pi}{n}}$;   (2) $\alpha_n=n\mathrm{cos}\,\mathrm{i}n$.

解 (1) 因为 $\alpha_n=\left(1+\dfrac{1}{n}\right)\mathrm{e}^{\mathrm{i}\frac{\pi}{n}}=\left(1+\dfrac{1}{n}\right)\left(\cos\dfrac{\pi}{n}+\mathrm{i}\sin\dfrac{\pi}{n}\right)$,故

$$a_n=\left(1+\frac{1}{n}\right)\cos\frac{\pi}{n},\quad b_n=\left(1+\frac{1}{n}\right)\sin\frac{\pi}{n}.$$

而 $\lim\limits_{n\to\infty}a_n=1,\lim\limits_{n\to\infty}b_n=0$,所以数列 $\alpha_n=\left(1+\dfrac{1}{n}\right)\mathrm{e}^{\mathrm{i}\frac{\pi}{n}}$ 收敛,且 $\lim\limits_{n\to\infty}\alpha_n=1$.

(2) 由于 $\alpha_n=n\mathrm{cos}\,\mathrm{i}n=\dfrac{n(\mathrm{e}^n+\mathrm{e}^{-n})}{2}$,当 $n\to\infty$ 时,$\alpha_n\to+\infty$,所以 $\alpha_n=n\mathrm{cos}\,\mathrm{i}n$ 发散.

2. 复数项级数

定义 4.1.2 设 $\{\alpha_n\}(n=1,2,\cdots)$ 是一个复数列,表达式

$$\sum_{n=1}^{\infty}\alpha_n=\alpha_1+\alpha_2+\cdots+\alpha_n+\cdots$$

称为**复数项无穷级数**,简称**级数**. $s_n=\alpha_1+\alpha_2+\cdots+\alpha_n$ 为级数 $\sum\limits_{n=1}^{\infty}\alpha_n$ 的前 n 项部分和,如果复数列 $\{s_n\}$ 以有限复数 s 为极限,即 $\lim\limits_{n\to\infty}s_n=s$,则称级数 $\sum\limits_{n=1}^{\infty}\alpha_n$ **收敛**于 s,s 称为级数 $\sum\limits_{n=1}^{\infty}\alpha_n$ 的和,记作 $s=\sum\limits_{n=1}^{\infty}\alpha_n$. 否则若复数列 $\{s_n\}$ 无极限,则称级数 $\sum\limits_{n=1}^{\infty}\alpha_n$ **发散**.

由定义 4.1.2 和定理 4.1.1 可得下面的定理.

定理 4.1.2 设 $\{\alpha_n=a_n+\mathrm{i}b_n\}(n=1,2,\cdots)$ 是一个复数列,则复级数 $\sum\limits_{n=1}^{\infty}\alpha_n$ 收敛的充要条件为实级数 $\sum\limits_{n=1}^{\infty}a_n$ 和 $\sum\limits_{n=1}^{\infty}b_n$ 都收敛.

推论 4.1.1(收敛的必要条件) $\sum\limits_{n=1}^{\infty}\alpha_n$ 收敛,则 $\lim\limits_{n\to\infty}\alpha_n=0$.

证明 由定理 4.1.2 可将复数项级数的审敛问题转化为实数项级数的审敛问题,而由实数项级数 $\sum\limits_{n=1}^{\infty}a_n$ 和 $\sum\limits_{n=1}^{\infty}b_n$ 收敛的必要条件 $\lim\limits_{n\to\infty}a_n=0$ 和 $\lim\limits_{n\to\infty}b_n=0$ 立得 $\lim\limits_{n\to\infty}\alpha_n=0$. 因此复数项级数 $\sum\limits_{n=1}^{\infty}\alpha_n$ 收敛的必要条件是 $\lim\limits_{n\to\infty}\alpha_n=0$.

例 4.1.2 讨论级数 $\sum\limits_{n=1}^{\infty}\left(\dfrac{1}{n}+\dfrac{\mathrm{i}}{n^2}\right)$ 和 $\sum\limits_{n=1}^{\infty}\left(\dfrac{1}{2^n}+\dfrac{\mathrm{i}}{n^2}\right)$ 的敛散性.

解 由 $\sum\limits_{n=1}^{\infty}\dfrac{1}{n}$ 发散可知 $\sum\limits_{n=1}^{\infty}\left(\dfrac{1}{n}+\dfrac{\mathrm{i}}{n^2}\right)$ 发散；由 $\sum\limits_{n=1}^{\infty}\dfrac{1}{2^n}$ 和 $\sum\limits_{n=1}^{\infty}\dfrac{1}{n^2}$ 收敛可知

$\sum\limits_{n=1}^{\infty}\left(\dfrac{1}{2^n}+\dfrac{\mathrm{i}}{n^2}\right)$ 收敛.

3. 复数项级数的绝对收敛与条件收敛

定义 4.1.3 若级数 $\sum\limits_{n=1}^{\infty}|\alpha_n|$ 收敛，则称原级数 $\sum\limits_{n=1}^{\infty}\alpha_n$ **绝对收敛**；若级数

$\sum\limits_{n=1}^{\infty}|\alpha_n|$ 发散，而级数 $\sum\limits_{n=1}^{\infty}\alpha_n$ 收敛，则称原级数 $\sum\limits_{n=1}^{\infty}\alpha_n$ **条件收敛**.

定理 4.1.3 （1）如果 $\sum\limits_{n=1}^{\infty}|\alpha_n|$ 收敛，则 $\sum\limits_{n=1}^{\infty}\alpha_n$ 也收敛，且有 $\left|\sum\limits_{n=1}^{\infty}\alpha_n\right|\leqslant\sum\limits_{n=1}^{\infty}|\alpha_n|$；

（2）级数 $\sum\limits_{n=1}^{\infty}\alpha_n$ 绝对收敛的充要条件是级数 $\sum\limits_{n=1}^{\infty}a_n$ 和 $\sum\limits_{n=1}^{\infty}b_n$ 都绝对收敛.

例 4.1.3 下列级数是否收敛？是否绝对收敛？

（1）$\sum\limits_{n=1}^{\infty}\left(\dfrac{1}{n^2}+\dfrac{\mathrm{i}}{3^n}\right)$；　（2）$\sum\limits_{n=1}^{\infty}\left[\dfrac{(-1)^n}{n}+\dfrac{\mathrm{i}}{n^2}\right]$.

解 （1）因为 $\sum\limits_{n=1}^{\infty}\dfrac{1}{n^2}$ 绝对收敛，$\sum\limits_{n=1}^{\infty}\dfrac{1}{3^n}$ 也绝对收敛，所以原级数绝对收敛.

（2）因为 $\sum\limits_{n=1}^{\infty}\dfrac{(-1)^n}{n}$ 收敛，$\sum\limits_{n=1}^{\infty}\dfrac{1}{n^2}$ 也收敛，所以原级数收敛. 但 $\sum\limits_{n=1}^{\infty}\dfrac{(-1)^n}{n}$ 为条件

收敛，故原级数条件收敛.

4.2 幂级数

1. 幂级数

定义 4.2.1 设 $\{f_n(z)\}(n=1,2,\cdots)$ 是一个复变函数序列，其中各项在区域 D 中都有定义. 表达式

$$\sum_{n=1}^{\infty}f_n(z)=f_1(z)+f_2(z)+\cdots+f_n(z)+\cdots$$

称为**复变函数项级数**. 这个级数的前 n 项和

$$s_n(z)=f_1(z)+f_2(z)+\cdots+f_n(z)$$

称为该级数的**部分和**.

如果对于 D 内一点 z_0，极限 $\lim\limits_{n\to\infty}s_n(z_0)=s(z_0)$ 存在，则称级数 $\sum\limits_{n=1}^{\infty}f_n(z)$ **在 z_0 处**

收敛,而 $s(z_0)$ 称为它的**和**. 如果级数 $\sum\limits_{n=1}^{\infty} f_n(z)$ 在 D 内处处收敛,则它的和一定是一个函数 $s(z)$,即 $s(z) = f_1(z) + f_2(z) + \cdots + f_n(z) + \cdots$,称为级数 $\sum\limits_{n=1}^{\infty} f_n(z)$ 的**和函数**.

定义 4.2.2 形如

$$\sum_{n=0}^{\infty} c_n (z-a)^n = c_0 + c_1(z-a) + c_2 (z-a)^2 + \cdots + c_n (z-a)^n + \cdots$$

的复函数项级数称为**幂级数**,其中 $a, c_0, c_1, c_2, \cdots, c_n, \cdots$ 都是复常数. 特别地,当 $a = 0$ 时,级数 $\sum\limits_{n=0}^{\infty} c_n(z-a)^n$ 就变为

$$\sum_{n=0}^{\infty} c_n z^n = c_0 + c_1 z + c_2 z^2 + \cdots + c_n z^n + \cdots.$$

定理 4.2.1(Abel 定理)

(1) 若 $\sum\limits_{n=0}^{\infty} c_n z^n$ 在 $z_1(\neq 0)$ 收敛,则它在圆 $K: |z| < |z_1|$ 内绝对收敛;

(2) 若 $\sum\limits_{n=0}^{\infty} c_n z^n$ 在某点 $z_2(\neq 0)$ 发散,则当 $|z| > |z_2|$ 时 $\sum\limits_{n=0}^{\infty} c_n z^n$ 发散.

证明 (1) 因为 $\sum\limits_{n=0}^{\infty} c_n z_1^n$ 收敛,则有 $\lim\limits_{n\to\infty} c_n z_1^n = 0$,所以存在 $M > 0$,使得对于一切 n,都有 $|c_n z_1^n| \leqslant M$. 如果 $|z| < |z_1|$,那么 $\left|\dfrac{z}{z_1}\right| = q < 1$. 于是 $|c_n z^n| \leqslant |c_n z_1^n| \cdot \left|\dfrac{z}{z_1}\right|^n \leqslant Mq^n$. 由于 $\sum\limits_{n=0}^{\infty} Mq^n$ 收敛,由正项级数的比较审敛法知 $\sum\limits_{n=0}^{\infty} |c_n z^n|$ 收敛,因此 $\sum\limits_{n=0}^{\infty} c_n z^n$ 绝对收敛.

(2) 证明留给读者.

2. 收敛圆与收敛半径及其求法

对于幂级数 $\sum\limits_{n=0}^{\infty} c_n z^n$,当 $z = 0$ 时,级数总是收敛的. 当 $z \neq 0$ 时,由 Abel 定理可知,级数的收敛性有以下三种情况:

(1) 对任意的 $z \neq 0$,幂级数 $\sum\limits_{n=0}^{\infty} c_n z^n$ 都发散. 例如级数 $\sum\limits_{n=0}^{\infty} n^n z^n$,对任意给定的 $z \neq 0$,有 $\lim\limits_{n\to\infty} n^n z^n \neq 0$,所以级数发散.

(2) 对任意的 z,幂级数 $\sum\limits_{n=0}^{\infty} c_n z^n$ 都收敛. 例如级数 $\sum\limits_{n=0}^{\infty} \dfrac{z^n}{n^n}$,对任意给定的 z,存在

正整数 n，使得 $\dfrac{|z|}{n} < \dfrac{1}{2}$，从而有 $\left|\dfrac{z^n}{n^n}\right| < \left(\dfrac{1}{2}\right)^n$，所以对任意的 z，级数绝对收敛.

(3) 既存在点 $z_1 \neq 0$ 使级数 $\sum\limits_{n=0}^{\infty} c_n z_1^n$ 收敛，又存在点 z_2 使级数 $\sum\limits_{n=0}^{\infty} c_n z_2^n$ 发散. 在这种情况下可以证明，一定存在唯一的正数 R，使得幂级数 $\sum\limits_{n=0}^{\infty} c_n z^n$ 在圆 $|z|=R$ 内绝对收敛，在圆 $|z|=R$ 外发散. 我们称 $|z|=R$ 为**收敛圆周**，称正数 R 为**收敛半径**.

注 对(1)中情形，可认为收敛半径 $R=0$；对(2)中情形，可认为收敛半径 $R=+\infty$. 另外，一个幂级数在其收敛圆周上有可能处处收敛，也可能处处发散，有可能既有收敛点也有发散点.

例 4.2.1 证明级数 $\sum\limits_{n=0}^{\infty} z^n = 1+z+z^2+\cdots+z^n+\cdots$ 在闭圆 $|z|\leqslant r<1$ 上收敛，并且 $\sum\limits_{n=0}^{\infty} z^n = \dfrac{1}{1-z}$.

证明 因为

$$s_n = 1+z+z^2+\cdots+z^n = \dfrac{1-z^n}{1-z},$$

所以当 $|z|\leqslant r<1$ 时，有

$$\lim_{n\to\infty} s_n = \lim_{n\to\infty} \dfrac{1-z^n}{1-z} = \dfrac{1}{1-z},$$

即 $\sum\limits_{n=0}^{\infty} z^n = \dfrac{1}{1-z}$.

定理 4.2.2 若幂级数 $\sum\limits_{n=0}^{\infty} c_n z^n$ 的系数满足

$$\lambda = \lim_{n\to\infty}\left|\dfrac{c_{n+1}}{c_n}\right| \quad \text{或} \quad \lambda = \lim_{n\to\infty}\sqrt[n]{|c_n|},$$

则 $\sum\limits_{n=0}^{\infty} c_n z^n$ 的收敛半径为

$$R = \begin{cases} \dfrac{1}{\lambda}, & \lambda \in (0,+\infty), \\ 0, & \lambda=+\infty, \\ +\infty, & \lambda=0. \end{cases}$$

例 4.2.2 求下列幂级数的收敛半径 R：

(1) $\sum\limits_{n=0}^{\infty} n^2 z^n$；　(2) $\sum\limits_{n=0}^{\infty} 2^n z^{2n}$.

解 (1) $\lim\limits_{n\to\infty}\left|\dfrac{c_{n+1}}{c_n}\right| = \lim\limits_{n\to\infty}\left|\dfrac{(n+1)^2}{n^2}\right| = 1$，所以 $R=\dfrac{1}{1}=1$.

(2) 令 $t=z^2$,则 $\sum_{n=0}^{\infty} 2^n z^{2n} = \sum_{n=0}^{\infty} 2^n t^n$. 对于级数 $\sum_{n=0}^{\infty} 2^n t^n$,有

$$\lim_{n\to\infty}\left|\frac{c_{n+1}}{c_n}\right| = \lim_{n\to\infty}\left|\frac{2^{n+1}}{2^n}\right| = 2,$$

所以当 $|t|<\frac{1}{2}$ 时级数收敛,当 $|t|>\frac{1}{2}$ 时级数发散,即当 $|z^2|<\frac{1}{2}$ 时级数收敛,当 $|z^2|>\frac{1}{2}$ 时级数发散,所以 $R=\sqrt{\frac{1}{2}}=\frac{\sqrt{2}}{2}$.

3. 幂级数的和函数的解析性

复幂级数也像实幂级数一样,在其收敛圆内具有下列性质(证明从略).

定理 4.2.3 (1) 幂级数 $\sum_{n=0}^{\infty} c_n(z-a)^n$ 的和函数 $f(z)$ 在其收敛圆 $K:|z-a|<R(0<R\leqslant +\infty)$ 内解析.

(2) 在收敛圆 K 内,$f(z)=\sum_{n=0}^{\infty} c_n(z-a)^n$ 可以逐项积分,且积分后的幂级数的收敛半径与原级数的收敛半径相同,即 $\int_C f(z)\mathrm{d}z = \sum_{n=0}^{\infty}\int_C c_n(z-a)^n\mathrm{d}z (C 在 K 内部)$.

(3) 在收敛圆 K 内,$f(z)=\sum_{n=0}^{\infty} c_n(z-a)^n$ 可以逐项求导至任意阶,并且求导后的幂级数的收敛半径与原级数的收敛半径相同,即 $f'(z)=\sum_{n=1}^{\infty} nc_n(z-a)^{n-1}$.

4.3 泰勒(Taylor)级数

在 4.2 节中,我们已经知道一个幂级数的和函数在它的收敛圆内是一个解析函数,现在本节要研究相反的问题,那就是一个解析函数是否能用幂级数来表达.

1. 解析函数的泰勒展式

泰勒定理 设 $f(z)$ 在区域 D 内解析,$a\in D$,若 $K:|z-a|<R$ 含在 D 内,则 $f(z)$ 在 K 内可以展成幂级数

$$f(z)=\sum_{n=0}^{\infty} c_n(z-a)^n,$$

其中系数 $c_n=\frac{f^{(n)}(a)}{n!}(n=0,1,2,\cdots)$,且展式是唯一的.

证明 如图 4.1 所示,对于任意的 $z\in K$,总有圆周 $\Gamma_\rho:|\zeta-a|=\rho(<R)$,使 z 落在 Γ_ρ 的内部.由柯西积分公式可得

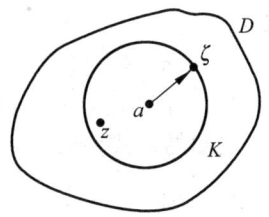

图 4.1

$$f(z) = \frac{1}{2\pi i}\int_{\Gamma_\rho} \frac{f(\zeta)}{\zeta - z}\mathrm{d}\zeta.$$

当 $\zeta \in \Gamma_\rho$ 时,有 $\left|\dfrac{z-a}{\zeta-a}\right| = \dfrac{|z-a|}{\rho} < 1$,所以

$$\frac{1}{\zeta - z} = \frac{1}{\zeta - a - (z-a)} = \frac{1}{\zeta - a} \cdot \frac{1}{1 - \dfrac{z-a}{\zeta - a}}$$

$$= \frac{1}{\zeta - a}\sum_{n=0}^{\infty}\left(\frac{z-a}{\zeta-a}\right)^n = \sum_{n=0}^{\infty}\frac{(z-a)^n}{(\zeta-a)^{n+1}}.$$

因此有

$$f(z) = \frac{1}{2\pi i}\int_{\Gamma_\rho}\frac{f(\zeta)}{\zeta - z}\mathrm{d}\zeta = \sum_{n=0}^{\infty}\left(\frac{1}{2\pi i}\int_{\Gamma_\rho}\frac{f(\zeta)}{(\zeta-a)^{n+1}}\mathrm{d}\zeta\right)(z-a)^n = \sum_{n=0}^{\infty}c_n(z-a)^n,$$

其中 $c_n = \dfrac{1}{2\pi i}\displaystyle\int_{\Gamma_\rho}\dfrac{f(\zeta)}{(\zeta-a)^{n+1}}\mathrm{d}\zeta\, (n=0,1,2,\cdots)$. 再由高阶导数公式可得

$$\frac{1}{2\pi i}\int_{\Gamma_\rho}\frac{f(\zeta)}{(\zeta-a)^{n+1}}\mathrm{d}\zeta = \frac{f^{(n)}(a)}{n!},$$

所以 $c_n = \dfrac{f^{(n)}(a)}{n!}\,(n=0,1,2,\cdots)$.

展开式的唯一性证明留给读者.

等式 $f(z) = \displaystyle\sum_{n=0}^{\infty}\dfrac{f^{(n)}(a)}{n!}(z-a)^n$ 称为 $f(z)$ 在点 a 处的**泰勒展式**,$c_n = \dfrac{f^{(n)}(a)}{n!}$

称为 $f(z)$ 在点 a 处的**泰勒系数**,$\displaystyle\sum_{n=0}^{\infty}\dfrac{f^{(n)}(a)}{n!}(z-a)^n$ 称为 $f(z)$ 在点 a 处的**泰勒级数**.

需要指出,由泰勒定理,如果函数 $f(z)$ 在 a 处解析,则 $f(z)$ 在 a 的某邻域内可以展成泰勒级数;反过来,如果 $f(z)$ 在 a 的某邻域 $|z-a| < R$ 内可以展成泰勒级数 $\displaystyle\sum_{n=0}^{\infty}c_n(z-a)^n$,则由 Abel 定理知,$\displaystyle\sum_{n=0}^{\infty}c_n(z-a)^n$ 的收敛半径大于或等于 R,从而由定理 4.2.3(1) 知,和函数 $f(z)$ 在 a 处解析.因此,函数 $f(z)$ 在 a 处解析和 $f(z)$ 在 a 的某邻域内可以展成泰勒级数是两种相互等价的说法.

2. 一些初等函数的泰勒展式

一些初等函数的泰勒展开方法,一般不直接利用系数公式计算泰勒系数,而是利用一些已知展开式来间接展开,称之为间接法.下面给出几个初等函数的泰勒展式,它们的形式与高等数学中大家所熟知的形式一致.

(1) $e^z = 1 + z + \dfrac{z^2}{2!} + \cdots + \dfrac{z^n}{n!} + \cdots, \ |z| < +\infty$;

(2) $\sin z = z - \dfrac{z^3}{3!} + \dfrac{z^5}{5!} + \cdots + (-1)^k \dfrac{z^{2k+1}}{(2k+1)!} + \cdots, \ |z| < +\infty$;

(3) $\cos z = 1 - \dfrac{z^2}{2!} + \dfrac{z^4}{4!} + \cdots + (-1)^k \dfrac{z^{2k}}{(2k)!} + \cdots, \ |z| < +\infty$.

例 4.3.1 将函数 $\ln(1+z)$ 在 $z=0$ 处展为幂级数.

解 函数 $\ln(1+z)$ 在 $|z|<1$ 内处处解析,它可在 $|z|<1$ 内展开为 z 的幂级数.又因为 $[\ln(1+z)]' = \dfrac{1}{1+z}$,而 $\dfrac{1}{1+z} = \displaystyle\sum_{n=0}^{\infty} (-1)^n z^n$,所以在 $|z|<1$ 内,任取一条从 0 到 z 的积分曲线 C,将上式两端沿曲线 C 积分可得 $\displaystyle\int_0^z \dfrac{1}{1+z} dz = \displaystyle\sum_{n=0}^{\infty} \int_0^z (-1)^n z^n dz$,即

$$\ln(1+z) = \sum_{n=0}^{\infty} \frac{(-1)^n}{n+1} z^{n+1}, \quad |z|<1.$$

例 4.3.2 把函数 $\dfrac{1}{(1+z)^2}$ 展开为 z 的幂级数.

解 函数 $\dfrac{1}{(1+z)^2}$ 只有一个奇点 $z=-1$,所以 $\dfrac{1}{(1+z)^2}$ 可在 $|z|<1$ 内展为 z 的幂级数.又

$$\frac{1}{1+z} = \sum_{n=0}^{\infty} (-1)^n z^n, \quad |z|<1,$$

将上式两边求导可得

$$\frac{-1}{(1+z)^2} = \sum_{n=1}^{\infty} (-1)^n n z^n, \quad |z|<1,$$

即

$$\frac{1}{(1+z)^2} = \sum_{n=1}^{\infty} (-1)^{n+1} n z^n, \quad |z|<1.$$

4.4 洛朗(Laurent)展式

在 4.3 节中我们已经看到,一个在以 a 为中心的圆域内解析的函数 $f(z)$,可以在该圆域内展开成 $z-a$ 的幂级数.如果 $f(z)$ 在 a 处不解析,那么在 a 的邻域内就不

能用 $z-a$ 的幂级数来表示. 但是这种情况在实际问题中却经常遇到. 因此, 在本节中将讨论在以 a 为中心的圆环域内的解析函数的幂级数表示法, 并以此为工具为后文讨论解析函数在孤立奇点的邻域内的性质及计算留数奠定必要的基础.

1. 双边级数

定义 4.4.1 形如

$$\sum_{n=-\infty}^{+\infty} c_n (z-a)^n = \cdots + \frac{c_{-n}}{(z-a)^n} + \cdots + \frac{c_{-1}}{z-a} + c_0$$
$$+ c_1(z-a) + \cdots + c_n(z-a)^n + \cdots$$

的级数称为**双边幂级数**, 或仅称为**双边级数**.

注 (1) 若当 $n \leqslant -1$ 时, $c_n = 0$, 则该级数就是幂级数.

(2) 对于点 z, 若 $\sum_{n=0}^{+\infty} c_n (z-a)^n$ 收敛, 且和函数为 $f_1(z)$, 同时 $\sum_{n=-\infty}^{-1} c_n (z-a)^n$ 也收敛, 且和函数为 $f_2(z)$, 则称级数在点 z 处收敛, 且和函数为 $f_1(z) + f_2(z)$.

(3) 对于幂级数 $\sum_{n=0}^{+\infty} c_n (z-a)^n$, 有收敛圆 $|z-a| < R$. 对于级数 $\sum_{n=-\infty}^{-1} c_n (z-a)^n$, 令 $\zeta = \frac{1}{z-a}$, 则它变为

$$c_{-1}\zeta + c_{-2}\zeta^2 + \cdots + c_{-n}\zeta^n + \cdots.$$

该级数也有一个收敛圆, 设它为 $|\zeta| < \frac{1}{r}$. 于是, 当 $0 \leqslant r < R \leqslant +\infty$ 时, $\sum_{n=-\infty}^{+\infty} c_n (z-a)^n$ 有收敛圆环域 $H: r < |z-a| < R$; 否则称该级数处处发散.

2. 洛朗定理

接下来讨论圆环域内的解析函数是否能展为级数.

洛朗定理 在圆环域 $H: r < |z-a| < R (0 \leqslant r < R \leqslant +\infty)$ 内的解析函数 $f(z)$ 必可展成双边级数

$$f(z) = \sum_{n=-\infty}^{+\infty} c_n (z-a)^n,$$

其中 $c_n = \frac{1}{2\pi i} \int_\Gamma \frac{f(\zeta)}{(\zeta-a)^{n+1}} d\zeta, \Gamma: |z-a| = \rho (r < \rho < R)$, 并且展式是唯一的.

证明 如图 4.2 所示, 对于任意的 $z \in H$, 总有圆周 $\Gamma_1: |\zeta-a| = \rho_1 (r < \rho_1 < R)$ 和圆周 $\Gamma_2: |\zeta-a| = \rho_2 (r < \rho_2 < R)$ (不妨设 $\rho_1 < \rho_2$), 使 z 落在 $\Gamma_2 + \Gamma_1^-$ 的内部, 于是

$$f(z) = \frac{1}{2\pi i} \int_{\Gamma_2+\Gamma_1^-} \frac{f(\zeta)}{\zeta-z} d\zeta = \frac{1}{2\pi i} \int_{\Gamma_2} \frac{f(\zeta)}{\zeta-z} d\zeta - \frac{1}{2\pi i} \int_{\Gamma_1} \frac{f(\zeta)}{\zeta-z} d\zeta$$
$$= \frac{1}{2\pi i} \int_{\Gamma_2} \frac{f(\zeta)}{\zeta-z} d\zeta + \frac{1}{2\pi i} \int_{\Gamma_1} \frac{f(\zeta)}{z-\zeta} d\zeta.$$

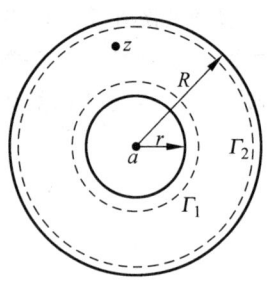

图 4.2

关于 $\dfrac{1}{2\pi\mathrm{i}}\displaystyle\int_{\varGamma_2}\dfrac{f(\zeta)}{\zeta-z}\mathrm{d}\zeta$，对于变量 $\zeta\in\varGamma_2$，有 $\left|\dfrac{z-a}{\zeta-a}\right|=\dfrac{|z-a|}{\rho_2}<1$. 因此

$$\frac{1}{\zeta-z}=\frac{1}{\zeta-a-(z-a)}=\frac{1}{\zeta-a}\cdot\frac{1}{1-\dfrac{z-a}{\zeta-a}}=\sum_{n=0}^{+\infty}\frac{(z-a)^n}{(\zeta-a)(\zeta-a)^n}.$$

所以 $\dfrac{f(\zeta)}{\zeta-z}=\displaystyle\sum_{n=0}^{+\infty}\dfrac{f(\zeta)}{(\zeta-a)^{n+1}}(z-a)^n$，因此

$$\frac{1}{2\pi\mathrm{i}}\int_{\varGamma_2}\frac{f(\zeta)}{\zeta-z}\mathrm{d}\zeta=\sum_{n=0}^{+\infty}\left(\frac{1}{2\pi\mathrm{i}}\int_{\varGamma_2}\frac{f(\zeta)}{(\zeta-a)^{n+1}}\mathrm{d}\zeta\right)(z-a)^n=\sum_{n=0}^{+\infty}c_n(z-a)^n,$$

其中 $c_n=\dfrac{1}{2\pi\mathrm{i}}\displaystyle\int_{\varGamma_2}\dfrac{f(\zeta)}{(\zeta-a)^{n+1}}\mathrm{d}\zeta$.

关于 $\dfrac{1}{2\pi\mathrm{i}}\displaystyle\int_{\varGamma_1}\dfrac{f(\zeta)}{z-\zeta}\mathrm{d}\zeta$，对于变量 $\zeta\in\varGamma_1$，有 $\left|\dfrac{\zeta-a}{z-a}\right|=\dfrac{\rho_1}{|z-a|}<1$. 因此

$$\frac{1}{z-\zeta}=\frac{1}{z-a-(\zeta-a)}=\frac{1}{z-a}\cdot\frac{1}{1-\dfrac{\zeta-a}{z-a}}=\sum_{n=1}^{+\infty}\frac{(\zeta-a)^{n-1}}{(z-a)(z-a)^{n-1}},$$

即 $\dfrac{1}{z-\zeta}=\displaystyle\sum_{n=1}^{+\infty}\dfrac{(z-a)^{-n}}{(\zeta-a)^{-n+1}}$，所以 $\dfrac{f(\zeta)}{z-\zeta}=\displaystyle\sum_{n=1}^{+\infty}\dfrac{f(\zeta)}{(\zeta-a)^{-n+1}}(z-a)^{-n}$. 因此

$$\frac{1}{2\pi\mathrm{i}}\int_{\varGamma_1}\frac{f(\zeta)}{z-\zeta}\mathrm{d}\zeta=\sum_{n=1}^{+\infty}\left(\frac{1}{2\pi\mathrm{i}}\int_{\varGamma_1}\frac{f(\zeta)}{(\zeta-a)^{-n+1}}\mathrm{d}\zeta\right)(z-a)^{-n}=\sum_{n=1}^{+\infty}c_{-n}(z-a)^{-n},$$

其中 $c_{-n}=\dfrac{1}{2\pi\mathrm{i}}\displaystyle\int_{\varGamma_1}\dfrac{f(\zeta)}{(\zeta-a)^{-n+1}}\mathrm{d}\zeta$. 从而

$$f(z)=\frac{1}{2\pi\mathrm{i}}\int_{\varGamma_2}\frac{f(\zeta)}{\zeta-z}\mathrm{d}\zeta+\frac{1}{2\pi\mathrm{i}}\int_{\varGamma_1}\frac{f(\zeta)}{z-\zeta}\mathrm{d}\zeta=\sum_{n=0}^{+\infty}c_n(z-a)^n+\sum_{n=1}^{+\infty}c_{-n}(z-a)^{-n}.$$

由复合闭路定理知，上式中 c_n 和 c_{-n} 可统一表示为 $c_n=\dfrac{1}{2\pi\mathrm{i}}\displaystyle\int_{\varGamma}\dfrac{f(\zeta)}{(\zeta-a)^{n+1}}\mathrm{d}\zeta$，其中 $\varGamma:|z-a|=\rho(r<\rho<R)$. 因此

$$f(z)=\sum_{n=-\infty}^{+\infty}c_n(z-a)^n.$$

展开式的唯一性证明留给读者.

等式 $f(z) = \sum\limits_{n=-\infty}^{\infty} c_n (z-a)^n$ 称为 $f(z)$ 在圆环域 H 内的**洛朗展式**,$c_n = \dfrac{1}{2\pi i}\displaystyle\int_\Gamma \dfrac{f(\zeta)}{(\zeta-a)^{n+1}}\mathrm{d}\zeta$ 称为 $f(z)$ 在圆环域 H 内的**洛朗系数**.

例 4.4.1 求 $f(z) = \dfrac{1}{(z-1)(z-2)}$ 在下列区域内的洛朗展式.

(1) $|z| < 1$; (2) $1 < |z| < 2$; (3) $2 < |z| < +\infty$.

解 先把 $f(z)$ 表达成部分分式

$$f(z) = \frac{1}{z-2} - \frac{1}{z-1}.$$

(1) $f(z) = \dfrac{1}{1-z} - \dfrac{1}{2-z} = \dfrac{1}{1-z} - \dfrac{1}{2}\cdot\dfrac{1}{1-\dfrac{z}{2}} = \sum\limits_{n=0}^{+\infty}\left(1 - \dfrac{1}{2^{n+1}}\right)z^n$;结果中没

有 z 的负幂项,原因是 $f(z)$ 在 $z = 0$ 处是解析的.

(2) $f(z) = -\dfrac{1}{z-1} - \dfrac{1}{2-z} = -\dfrac{1}{z}\cdot\dfrac{1}{1-\dfrac{1}{z}} - \dfrac{1}{2}\cdot\dfrac{1}{1-\dfrac{z}{2}}$

$\qquad = -\sum\limits_{n=0}^{+\infty}\dfrac{1}{z^{n+1}} - \sum\limits_{n=0}^{+\infty}\dfrac{1}{2^{n+1}}z^n.$

(3) $f(z) = \dfrac{1}{z-2} - \dfrac{1}{z-1} = \dfrac{1}{z}\cdot\dfrac{1}{1-\dfrac{2}{z}} - \dfrac{1}{z}\cdot\dfrac{1}{1-\dfrac{1}{z}} = \dfrac{1}{z}\sum\limits_{n=0}^{+\infty}\dfrac{2^n}{z^n} - \dfrac{1}{z}\sum\limits_{n=0}^{+\infty}\dfrac{1}{z^n}$

$\qquad = \sum\limits_{n=1}^{+\infty}\dfrac{2^n - 1}{z^{n+1}}.$

例 4.4.2 将函数 $f(z) = \dfrac{1}{(z-1)(z-2)}$ 在圆环域 $0 < |z-1| < 1$ 和 $0 < |z-2| < 1$

内展开成洛朗级数.

解 在 $0 < |z-1| < 1$ 内,有

$$f(z) = \frac{1}{z-1}\cdot\frac{1}{z-2} = \frac{-1}{z-1}\cdot\frac{1}{1-(z-1)}$$

$$= \frac{-1}{z-1}\sum\limits_{n=0}^{+\infty}(z-1)^n = -\sum\limits_{n=0}^{+\infty}(z-1)^{n-1}.$$

在 $0 < |z-2| < 1$ 内,有

$$f(z) = \frac{1}{z-2}\cdot\frac{1}{z-1} = \frac{1}{z-2}\cdot\frac{1}{1+(z-2)}$$

$$= \frac{1}{z-2}\sum\limits_{n=0}^{+\infty}(-1)^n(z-2)^n = \sum\limits_{n=0}^{+\infty}(-1)^n(z-2)^{n-1}.$$

3. 洛朗展式的应用

设函数 $f(z)$ 在以 a 为中心的圆环域 $H:R_1<|z-a|<R_2$ 内处处解析(注意 a 不一定是 $f(z)$ 的奇点),则 $f(z)$ 在 H 内可展开成洛朗级数 $f(z)=\sum\limits_{n=-\infty}^{+\infty}c_n(z-a)^n$. 设 C 是 H 内围绕 a 的一简单闭曲线,则

$$\int_C f(z)\mathrm{d}z=\int_C\sum_{n=-\infty}^{+\infty}c_n(z-a)^n\mathrm{d}z=\sum_{n=-\infty}^{+\infty}\int_C c_n(z-a)^n\mathrm{d}z$$
$$=\sum_{n=-\infty}^{-2}\int_C c_n(z-a)^n\mathrm{d}z+\int_C\frac{c_{-1}}{z-a}\mathrm{d}z+\sum_{n=0}^{+\infty}\int_C c_n(z-a)^n\mathrm{d}z$$
$$=2\pi\mathrm{i}c_{-1}.$$

即 $f(z)$ 在 H 内沿曲线 C 的积分只与 $f(z)$ 在 H 内的洛朗展开式的 -1 次方项的系数有关,与其他系数无关.

例 4.4.3　求下列积分的值:

$$(1)\int_{|z|=3}\frac{1}{z(z+1)(z+4)}\mathrm{d}z;\qquad(2)\int_{|z|=2}\frac{z\mathrm{e}^{\frac{1}{z}}}{1-z}\mathrm{d}z.$$

解　(1) 函数 $f(z)=\dfrac{1}{z(z+1)(z+4)}$ 在圆环域 $1<|z|<4$ 内处处解析,积分曲线 $|z|=3$ 在此圆环域内,所以 $f(z)$ 在此圆环域内的洛朗展式的系数 c_{-1} 乘以 $2\pi\mathrm{i}$ 就是所求积分的值.

由于在圆环域 $1<|z|<4$ 内,有

$$f(z)=\frac{1}{4z}-\frac{1}{3(z+1)}+\frac{1}{12(z+4)}=\frac{1}{4z}-\frac{1}{3z\left(1+\dfrac{1}{z}\right)}+\frac{1}{48\left(1+\dfrac{z}{4}\right)},$$

所以 $c_{-1}=\dfrac{1}{4}-\dfrac{1}{3}+0=-\dfrac{1}{12}$,从而

$$\int_{|z|=3}\frac{1}{z(z+1)(z+4)}\mathrm{d}z=2\pi\mathrm{i}\left(-\frac{1}{12}\right)=-\frac{\pi\mathrm{i}}{6}.$$

(2) 函数 $f(z)=\dfrac{z\mathrm{e}^{\frac{1}{z}}}{1-z}$ 在圆环域 $1<|z|<+\infty$ 内处处解析,积分曲线 $|z|=2$ 在此圆环域内,所以 $f(z)$ 在此圆环域内的洛朗展式的系数 c_{-1} 乘以 $2\pi\mathrm{i}$ 就是所求积分的值.

由于在圆环域 $1<|z|<+\infty$ 内,有

$$f(z)=\frac{\mathrm{e}^{\frac{1}{z}}}{-\left(1-\dfrac{1}{z}\right)}=-\left(1+\frac{1}{z}+\frac{1}{z^2}+\cdots\right)\left(1+\frac{1}{z}+\frac{1}{2!z^2}+\cdots\right),$$

故 $c_{-1}=-2$,从而

$$\int_{|z|=2} \frac{z\mathrm{e}^{\frac{1}{z}}}{1-z}\mathrm{d}z = 2\pi\mathrm{i}(-2) = -4\pi\mathrm{i}.$$

习题 4

1. 下列复数列是否收敛？若收敛，求出其极限.

(1) $\alpha_n = \dfrac{1}{n} + \dfrac{\mathrm{i}}{2^n}$;　　　　　　(2) $\alpha_n = \dfrac{1-n\mathrm{i}}{1+n\mathrm{i}}$;

(3) $\alpha_n = \mathrm{e}^{-n\pi\mathrm{i}}$;　　　　　　(4) $\alpha_n = \dfrac{1}{n^2}\mathrm{e}^{-\frac{n\pi}{3}\mathrm{i}}$.

2. 判定下列级数是否收敛？若收敛，是绝对收敛还是条件收敛？

(1) $\displaystyle\sum_{n=0}^{\infty}\frac{\mathrm{i}^n}{n^2}$;　　　　　(2) $\displaystyle\sum_{n=0}^{\infty}\left(\frac{1}{2^n}+\frac{(-1)^n}{n}\mathrm{i}\right)$;

(3) $\displaystyle\sum_{n=0}^{\infty}\frac{(1-2\mathrm{i})^n}{3^n}$;　　　　　(4) $\displaystyle\sum_{n=0}^{\infty}(1+\mathrm{i})^n$.

3. 下列说法是否正确？为什么？

(1) 每一个幂级数在它的收敛圆周上处处收敛；

(2) 每一个幂级数的和函数在收敛圆内可能有奇点；

(3) 每一个在 z_0 处连续的函数一定可以在 z_0 的邻域内展开成泰勒级数.

4. 求下列幂级数的收敛半径：

(1) $\displaystyle\sum_{n=0}^{\infty}\frac{n!z^n}{2^n}$;　　(2) $\displaystyle\sum_{n=0}^{\infty}(1-2\mathrm{i})^n z^n$;　　(3) $\displaystyle\sum_{n=1}^{\infty}\mathrm{e}^{-\frac{\pi}{n}\mathrm{i}}z^n$;

(4) $\displaystyle\sum_{n=1}^{\infty}\frac{(n!)^2}{n^n}z^n$;　　(5) $\displaystyle\sum_{n=0}^{\infty}\frac{n}{n+1}(z-\mathrm{i})^n$;　　(6) $\displaystyle\sum_{n=1}^{\infty}\left(\frac{z}{\ln\mathrm{i}n}\right)^n$.

5. 设幂级数 $\displaystyle\sum_{n=0}^{\infty}c_n(z+1)^n$ 在 $z=2$ 收敛而在 $z=-1+3\mathrm{i}$ 发散，求该幂级数的收敛半径.

6. 不把下列函数展开成 z 的幂级数，指出它们的收敛半径：

(1) $\dfrac{1}{1+z^3}$;　　　　(2) $\dfrac{1}{(1+z^2)^2}$;　　　　(3) e^{z^2};

(4) $\cos z^2$;　　　　(5) $\mathrm{e}^{\frac{z}{z-1}}$;　　　　(6) $\sin\dfrac{1}{1-z}$.

7. 求下列函数在给定点 z_0 处的泰勒展开式，并指出它们的收敛半径：

(1) $\dfrac{1}{z}, z_0=-1$;　　　　(2) $\dfrac{z-1}{z+1}, z_0=1$;

(3) $\dfrac{z}{(z+1)(z+2)}, z_0=2$;　　　(4) $\dfrac{1}{4-3z}, z_0=1+\mathrm{i}$;

(5) $\sin z, z_0 = 2$;　　　　　　　　　　(6) $\tan z, z_0 = 0$.

8. 把下列函数在指定的圆环域内展开成洛朗级数：

(1) $\dfrac{1}{z+1}, 0 < |z-1| < 2$ 及 $3 < |z-2| < +\infty$；

(2) $\dfrac{1}{z(1-z)^2}, 0 < |z| < 1$ 及 $0 < |z-1| < 1$；

(3) $\dfrac{1}{(z-1)(z-2)}, 0 < |z-1| < 1$ 及 $1 < |z-2| < +\infty$；

(4) $\dfrac{1}{z^2(z-i)}$, 在以 i 为中心的圆环域内.

9. 设 C 是正向圆周 $|z| = 3$, 求下列 $f(z)$ 的积分 $\displaystyle\int_C f(z)\mathrm{d}z$:

(1) $f(z) = \dfrac{1}{z(z+2)}$;　　　　　　(2) $f(z) = \dfrac{z+2}{z(z+1)}$;

(3) $f(z) = \dfrac{1}{z(z+1)^2}$;　　　　　　(4) $f(z) = \dfrac{z}{(z+1)(z+2)}$.

10. 试求积分 $\displaystyle\int_C \left(\sum_{n=-2}^{+\infty} z^n \right) \mathrm{d}z$ 的值, 其中 C 为单位圆周 $|z| = 1$ 内的任意一条不经过原点的简单闭曲线.

留数理论及其应用

留数在复变函数论及实际应用中都是非常重要的,它和计算闭曲线积分有密切关系.在本章中,我们将以第 4 章中介绍的洛朗级数为工具,先对解析函数的孤立奇点进行分类,再对它在孤立奇点的邻域内的性质进行研究,然后引入留数的概念并研究计算留数的方法,最后给出留数在计算实积分中的应用.

5.1 孤立奇点

孤立奇点是解析函数的奇点中最简单但又最重要的一类.以解析函数的洛朗展式为工具,我们能够在孤立奇点的去心邻域内充分研究一个解析函数的性质.

定义 5.1.1 若 a 为函数 $f(z)$ 的奇点,且 $f(z)$ 在 a 的某个去心邻域 $0<|z-a|<R$ 内解析,则称 a 为 $f(z)$ 的一个**孤立奇点**.

例如,函数 $\dfrac{1}{z}$,$e^{\frac{1}{z}}$ 都以 $z=0$ 为孤立奇点,但是对于函数 $f(z)=\dfrac{1}{\sin\dfrac{1}{z}}$,$z=0$ 却不

是它的孤立奇点(请读者自行验证).

定义 5.1.2 对于 $f(z)$ 的孤立奇点 a,设 $f(z)$ 在 a 的去心邻域 $0<|z-a|<R$ 内的洛朗展式为

$$f(z) = \sum_{n=0}^{+\infty} c_n(z-a)^n + \sum_{n=1}^{+\infty} c_{-n}(z-a)^{-n},$$

则称 $\displaystyle\sum_{n=0}^{+\infty} c_n(z-a)^n$ 为 $f(z)$ 在点 a 处的**正则部分**;$\displaystyle\sum_{n=1}^{+\infty} c_{-n}(z-a)^{-n}$ 为 $f(z)$ 在点 a 处的**主要部分**.

(1) 如果 $f(z)$ 在点 a 处的主要部分为零,则称 a 为 $f(z)$ 的**可去奇点**.

(2) 如果 $f(z)$ 在点 a 处的主要部分为有限多项,如

$$\frac{c_{-m}}{(z-a)^m} + \frac{c_{-(m-1)}}{(z-a)^{m-1}} + \cdots + \frac{c_{-1}}{z-a}, \quad c_{-m} \neq 0,$$

则称 a 为 $f(z)$ 的 **m 阶极点**.

(3) 如果 $f(z)$ 在点 a 处的主要部分为无穷多项,则称 a 为 $f(z)$ 的**本性奇点**.

由以上定义可知,$z=0$ 分别是 $\dfrac{\sin z}{z}$ 的可去奇点,是 $\dfrac{1}{z^2}$ 的二阶极点,是 $\mathrm{e}^{\frac{1}{z}}$ 的本性奇点.

接下来分别讨论三类孤立奇点的特征.

1. 可去奇点

定理 5.1.1 点 a 为 $f(z)$ 的可去奇点的充要条件是 $\lim\limits_{z \to a} f(z) = c_0 (c_0 \neq \infty)$.

证明 首先,设 a 为 $f(z)$ 的可去奇点,则在 a 的某一去心邻域内,有

$$f(z) = \sum_{n=0}^{+\infty} c_n (z-a)^n = c_0 + c_1(z-a) + \cdots,$$

所以 $\lim\limits_{z \to a} f(z) = c_0 \neq \infty$. 其次,设 $\lim\limits_{z \to a} f(z) = c_0 (c_0 \neq \infty)$,则 $f(z)$ 在 a 的某去心邻域 K:$0 < |z-a| < R$ 内以某正数 M 为界. 考虑 $f(z)$ 在点 z 处的主要部分的系数

$$c_{-n} = \frac{1}{2\pi \mathrm{i}} \int_{\Gamma} \frac{f(\xi)}{(\xi-a)^{-n+1}} \mathrm{d}\xi, \quad n = 1, 2, \cdots, \Gamma: |\xi-a| = \rho, 0 < \rho < R,$$

则有

$$|c_{-n}| \leqslant \frac{1}{2\pi} \frac{M}{\rho^{-n+1}} 2\pi\rho = M\rho^n \to 0, \quad \rho \to 0.$$

因此 $c_{-1} = c_{-2} = \cdots = 0$,即 a 为 $f(z)$ 的可去奇点.

注 如果 a 为 $f(z)$ 的可去奇点,不论 $f(z)$ 原来在 a 处是否有定义,如果令 $f(a) = c_0$,那么函数 $f(z)$ 就变成了在 a 点处解析的函数. 正是因为这个原因,a 才称为 $f(z)$ 的可去奇点.

2. 极点

在研究极点的性质之前,首先给出函数零点的概念,然后讨论零点与极点的关系.

定义 5.1.3 设函数 $f(z)$ 在 a 处解析,且 $f(a) = 0$,若存在正整数 m 满足

(1) $f(a) = f'(a) = \cdots = f^{(m-1)}(a) = 0$,而 $f^{(m)}(a) \neq 0$;

或者等价地,有

(2) $f(z)$ 在 a 处可表示成 $f(z) = (z-a)^m \varphi(z)$,其中 $\varphi(z)$ 在 a 处解析且 $\varphi(a) \neq 0$,则称 a 为 $f(z)$ 的 **m 阶零点**.

接下来讨论零点与极点的关系.

定理 5.1.2 设 a 为函数 $f(z)$ 的孤立奇点,则 a 为 $f(z)$ 的 m 阶极点当且仅当 a 为函数 $\dfrac{1}{f(z)}$ 的 m 阶零点.

证明 必要性 如果 a 为 $f(z)$ 的 m 阶极点,则在 a 的某去心邻域内有

$$f(z) = \frac{c_{-m}}{(z-a)^m} + \cdots + \frac{c_{-1}}{z-a} + c_0 + c_1(z-a) + \cdots$$

$$= \frac{c_{-m} + c_{-m+1}(z-a) + \cdots + c_{-1}(z-a)^{m-1} + c_0(z-a)^m + \cdots}{(z-a)^m}$$

$$= \frac{h(z)}{(z-a)^m},$$

其中 $c_{-m} \neq 0, h(z) = c_{-m} + c_{-m+1}(z-a) + c_{-m+2}(z-a)^2 + \cdots$ 为幂级数的和函数. 显然 $h(z)$ 在 a 点处解析,且 $h(a) = c_{-m} \neq 0$,从而 $\frac{1}{h(z)}$ 在 a 点处也解析且 $\frac{1}{h(a)} \neq 0$. 因此,点 a 为函数 $\frac{1}{f(z)}$ 的 m 阶零点.

充分性 如果点 a 为函数 $\frac{1}{f(z)}$ 的 m 阶零点,则 $\frac{1}{f(z)} = (z-a)^m \varphi(z)$,其中 $\varphi(z)$ 在 a 点处解析且 $\varphi(a) \neq 0$. 由此,当 $z \neq a$ 时,$f(z) = (z-a)^{-m} \psi(z)$,其中 $\psi(z) = \frac{1}{\varphi(z)}$ 在 a 处解析且 $\psi(z) \neq 0$. 所以 a 为 $f(z)$ 的 m 阶极点.

例 5.1.1 求下列函数 $f(z) = \frac{z - \sin z}{z^6}$ 的奇点并判断其类别.

解 显然 $f(z)$ 只有一个孤立奇点 $z = 0$. 设 $g(z) = z - \sin z$,则
$$g(0) = 0, \quad g'(0) = (1 - \cos z)|_{z=0} = 0,$$
$$g''(0) = \sin z|_{z=0} = 0, \quad g'''(0) = \cos z|_{z=0} = 1 \neq 0,$$
从而 $z = 0$ 是 $g(z)$ 的三阶零点,因此 $z = 0$ 是 $f(z)$ 的三阶极点.

定理 5.1.3 函数 $f(z)$ 的孤立奇点 a 为极点的充要条件是 $\lim\limits_{z \to a} f(z) = \infty$.

证明 a 为 $f(z)$ 的极点等价于 a 为 $\frac{1}{f(z)}$ 的零点,也等价于 $\lim\limits_{z \to a} f(z) = \infty$.

3. 本性奇点

由定理 5.1.1 和定理 5.1.3 可证得下面定理.

定理 5.1.4 函数 $f(z)$ 的孤立奇点 a 为本性奇点的充要条件是当 z 趋于 a 时 $f(z)$ 无极限,即 $f(z)$ 既不趋于有限值也不趋于 ∞.

5.2 留数

1. 留数的定义及留数定理

定义 5.2.1 设点 a 为函数 $f(z)$ 的孤立奇点,即 $f(z)$ 在点 a 的某个去心邻域 $0 < |z-a| < R$ 内解析,则称积分
$$\frac{1}{2\pi i} \int_\Gamma f(z)\mathrm{d}z, \quad \Gamma: |z-a| = \rho, \quad 0 < \rho < R$$

为 $f(z)$ 在点 a 处的**留数**,记为 $\text{Res}[f(z),a]$.

注 如果 a 为 $f(z)$ 的孤立奇点,设在点 a 的去心邻域 $0<|z-a|<R$ 内,有

$$f(z) = \sum_{n=-\infty}^{+\infty} c_n (z-a)^n.$$

因为 $c_n = \dfrac{1}{2\pi i}\displaystyle\int_{\Gamma} \dfrac{f(z)}{(z-a)^{n+1}}dz$,所以 $\text{Res}[f(z),a] = \dfrac{1}{2\pi i}\displaystyle\int_{\Gamma} f(z)dz = c_{-1}$.

定理 5.2.1(留数定理) 设函数 $f(z)$ 在区域 D 内除有限个孤立奇点 a_1,$a_2,\cdots,a_n$ 外处处解析,C 是 D 内包围诸奇点的一条正向简单闭曲线,则

$$\int_C f(z)dz = 2\pi i \sum_{k=1}^{n} \text{Res}[f(z),a_k].$$

证明 如图 5.1 所示,对每个 a_k 作一个以 a_k 为圆心的小圆周 Γ_k,这样 Γ_1,$\Gamma_2,\cdots,\Gamma_n$ 与 C 组成一复合闭曲线.由复合闭路定理可得

$$\int_C f(z)dz = \sum_{k=1}^{n}\int_{\Gamma_k} f(z)dz = 2\pi i \sum_{k=1}^{n} \text{Res}[f(z),a_k].$$

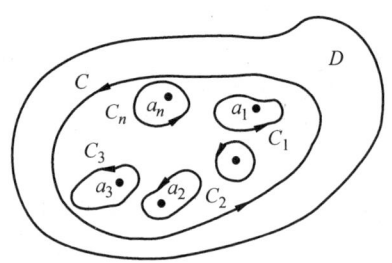

图 5.1

留数定理的重要意义在于它可把复变函数沿闭曲线的积分转化为计算被积函数在孤立奇点处的留数.由于一般被积函数在相应的区域中只有少数几个孤立奇点,求这些孤立奇点的留数相对较容易,因此留数定理是计算复变函数沿闭曲线的积分的非常有效的方法.

2. 留数的计算

如果 a 是 $f(z)$ 的可去奇点,则 $\text{Res}[f(z),a]=0$;如果 a 是 $f(z)$ 的本性奇点,则往往只能用把 $f(z)$ 在 a 处展成洛朗级数的方法来求 $\text{Res}[f(z),a]$;如果 a 是 $f(z)$ 的极点,则我们有如下规则计算 $\text{Res}[f(z),a]$.

规则 I 如果 a 是 $f(z)$ 的一阶极点,则 $\text{Res}[f(z),a]=\lim\limits_{z\to a}(z-a)f(z)$.

规则 II 如果 a 为 $f(z)$ 的 m 阶极点,则

$$\text{Res}[f(z),a] = \frac{1}{(m-1)!}\lim_{z\to a}[(z-a)^m f(z)]^{(m-1)}.$$

证明 由于 a 为 $f(z)$ 的 m 阶极点,存在在点 a 处解析的函数 $\varphi(z)$,使得 $f(z)=\dfrac{\varphi(z)}{(z-a)^m}(\varphi(a)\neq0)$,于是由高阶导数公式得

$$\mathrm{Res}[f(z),a]=\frac{1}{2\pi\mathrm{i}}\int_\Gamma f(z)\mathrm{d}z=\frac{1}{2\pi\mathrm{i}}\int_\Gamma\frac{\varphi(z)}{(z-a)^m}\mathrm{d}z=\frac{\varphi^{(m-1)}(a)}{(m-1)!}$$

$$=\frac{1}{(m-1)!}\lim_{z\to a}\left[(z-a)^m f(z)\right]^{(m-1)}.$$

推论 5.2.1 如果 a 为 $f(z)$ 的二阶极点,则 $\mathrm{Res}[f(z),a]=\lim\limits_{z\to a}\left[(z-a)^2 f(z)\right]'$.

规则 Ⅲ 设 $f(z)=\dfrac{P(z)}{Q(z)}$,若 $P(z)$ 与 $Q(z)$ 均在点 a 处解析,且 $P(a)\neq0$,$Q(a)=0$,$Q'(a)\neq0$,则 $\mathrm{Res}[f(z),a]=\dfrac{P(a)}{Q'(a)}$.

证明 由定理条件可知 a 为 $f(z)=\dfrac{P(z)}{Q(z)}$ 的一阶极点,故

$$\mathrm{Res}[f(z),a]=\lim_{z\to a}\frac{P(z)}{Q(z)}(z-a)=\lim_{z\to a}\frac{P(z)}{\dfrac{Q(z)-Q(a)}{z-a}}=\frac{P(a)}{Q'(a)}.$$

显然规则 Ⅰ 和规则 Ⅲ 都是计算一阶极点的留数的方法,但是同一个积分分别使用规则 Ⅰ 和规则 Ⅲ 来计算,其过程和简洁程度有所不同,见例 5.2.1 和例 5.2.2.

例 5.2.1 计算积分 $\displaystyle\int_{|z|=2}\frac{z\mathrm{e}^z}{z^2-1}\mathrm{d}z$.

解 由于 $f(z)=\dfrac{z\mathrm{e}^z}{z^2-1}$ 有两个一阶极点 ±1,它们都在圆周 $|z|=2$ 内,所以

$$\int_{|z|=2}\frac{z\mathrm{e}^z}{z^2-1}\mathrm{d}z=2\pi\mathrm{i}\{\mathrm{Res}[f(z),1]+\mathrm{Res}[f(z),-1]\}.$$

由规则 Ⅰ,有

$$\mathrm{Res}[f(z),1]=\lim_{z\to1}(z-1)\frac{z\mathrm{e}^z}{z^2-1}=\lim_{z\to1}\frac{z\mathrm{e}^z}{z+1}=\frac{\mathrm{e}}{2},$$

$$\mathrm{Res}[f(z),-1]=\lim_{z\to-1}(z+1)\frac{z\mathrm{e}^z}{z^2-1}=\lim_{z\to-1}\frac{z\mathrm{e}^z}{z-1}=\frac{\mathrm{e}^{-1}}{2}.$$

或由规则 Ⅲ,有

$$\mathrm{Res}[f(z),1]=\frac{z\mathrm{e}^z}{2z}\bigg|_{z=1}=\frac{\mathrm{e}}{2},$$

$$\mathrm{Res}[f(z),-1]=\frac{z\mathrm{e}^z}{2z}\bigg|_{z=-1}=\frac{\mathrm{e}^{-1}}{2}.$$

因此,$\displaystyle\int_{|z|=2}\frac{z\mathrm{e}^z}{z^2-1}\mathrm{d}z=\pi\mathrm{i}(\mathrm{e}+\mathrm{e}^{-1})$.

例 5.2.2 计算积分 $\int_{|z|=2} \dfrac{z}{z^4-1}\mathrm{d}z$.

解 由于 $f(z)=\dfrac{z}{z^4-1}$ 的四个一阶极点 ± 1 和 $\pm\mathrm{i}$ 都在圆周 $|z|=2$ 内,所以

$$\int_{|z|=2} \frac{z}{z^4-1}\mathrm{d}z = 2\pi\mathrm{i}\{\operatorname{Res}[f(z),1]+\operatorname{Res}[f(z),-1]$$
$$+\operatorname{Res}[f(z),\mathrm{i}]+\operatorname{Res}[f(z),-\mathrm{i}]\}.$$

由规则Ⅲ,$\dfrac{P(z)}{Q'(z)}=\dfrac{z}{4z^3}=\dfrac{1}{4z^2}$,因此

$$\int_{|z|=2} \frac{z}{z^4-1}\mathrm{d}z = 2\pi\mathrm{i}\left(\frac{1}{4}+\frac{1}{4}-\frac{1}{4}-\frac{1}{4}\right)=0.$$

从例 5.2.1 和例 5.2.2 的计算过程可以看出,规则Ⅰ和规则Ⅲ适用范围有所不同.如果被积函数的分母是多项式的因式分解的形式,则推荐运用规则Ⅰ;如果是一般形式,则可运用规则Ⅲ.

例 5.2.3 计算 $f(z)=\dfrac{z-\sin z}{z^6}$ 在 $z=0$ 处的留数.

解 由例 5.1.1,$f(z)=\dfrac{z-\sin z}{z^6}$ 在 $|z|=1$ 内仅有一个三阶极点 $z=0$,则由规则Ⅱ,有

$$\operatorname{Res}\left[\frac{z-\sin z}{z^6},0\right] = \frac{1}{(3-1)!}\lim_{z\to 0}\left(z^3\cdot\frac{z-\sin z}{z^6}\right)''$$
$$=\frac{1}{2}\lim_{z\to 0}\left(\frac{z-\sin z}{z^3}\right)''$$
$$=\frac{1}{2}\lim_{z\to 0}\left(\frac{3\sin z-z\cos z-2z}{z^4}\right)'$$
$$=\frac{1}{2}\lim_{z\to 0}\frac{(z^2-12)\sin z+6z(\cos z+1)}{z^5}.$$

利用洛必达法则进行计算,得

$$\operatorname{Res}\left[\frac{z-\sin z}{z^6},0\right] = \frac{1}{2}\lim_{z\to 0}\frac{-4z\sin z+(z^2-6)\cos z+6}{5z^4}$$
$$=\frac{1}{2}\lim_{z\to 0}\frac{-(z^2-2)\sin z-2z\cos z}{20z^3}$$
$$=-\frac{1}{40}\lim_{z\to 0}\frac{z^2\cos z}{3z^2}=-\frac{1}{5!}.$$

上面的过程显然非常繁杂,但是如果将 $z=0$ 看成 $f(z)$ 的六阶极点,则

$$\operatorname{Res}\left[\frac{z-\sin z}{z^6},0\right] = \frac{1}{(6-1)!}\lim_{z\to 0}\left(z^6\cdot\frac{z-\sin z}{z^6}\right)^{(5)}$$
$$=\frac{1}{5!}\lim_{z\to 0}(z-\sin z)^{(5)}=\frac{1}{5!}\lim_{z\to 0}(-\cos z)=-\frac{1}{5!}.$$

例 5.2.3 说明,为了简化过程,低阶极点可以看作高阶极点来进行计算,因为规则 Ⅱ 并没有 $c_{-m}\neq0$ 的限制条件.

3. 函数在无穷远点处的留数

定义 5.2.2 设函数 $f(z)$ 在圆环域 $R<|z|<+\infty$ 内解析,C 是该圆环域内围绕原点的任意一条正向简单闭曲线,则积分

$$\frac{1}{2\pi\mathrm{i}}\int_{C^-}f(z)\mathrm{d}z$$

是一个定值,它与 C 的形状无关. 我们称此定值为 $f(z)$ 在∞**点处的留数**,记作

$$\mathrm{Res}[f(z),\infty]=\frac{1}{2\pi\mathrm{i}}\int_{C^-}f(z)\mathrm{d}z.$$

下面的定理在计算留数和积分时很有用.

定理 5.2.2(扩充复平面上的留数定理) 若函数 $f(z)$ 在扩充复平面上除有限个点 $a_1,a_2,\cdots,a_n$ 和∞点外处处解析,则 $f(z)$ 在点 $a_1,a_2,\cdots,a_n$ 处和∞点处的留数之和为零.

证明 取圆心在原点、半径充分大的圆周 C,使所有有限奇点 $a_1,a_2,\cdots,a_n$ 均含在其内,于是

$$\mathrm{Res}[f(z),\infty]+\sum_{k=1}^{n}\mathrm{Res}[f(z),a_k]=\frac{1}{2\pi\mathrm{i}}\int_{C^-}f(z)\mathrm{d}z+\frac{1}{2\pi\mathrm{i}}\int_{C}f(z)\mathrm{d}z=0.$$

关于在无穷远点的留数计算,我们有如下规则.

规则 Ⅳ $\mathrm{Res}[f(z),\infty]=-\mathrm{Res}\left[f\left(\frac{1}{z}\right)\frac{1}{z^2},0\right].$

证明 设 $C:|z|=\rho$ 为半径足够大的正向简单闭曲线,使得 $f(z)$ 的所有有限奇点都在 C 内. 令 $z=\dfrac{1}{\zeta}$,并设 $z=\rho\mathrm{e}^{\mathrm{i}\theta}$,$\zeta=r\mathrm{e}^{\mathrm{i}\alpha}$,则 $\rho=\dfrac{1}{r}$,$\theta=-\alpha$,于是

$$\mathrm{Res}[f(z),\infty]=\frac{1}{2\pi\mathrm{i}}\int_{C^-}f(z)\mathrm{d}z$$

$$=\frac{1}{2\pi\mathrm{i}}\int_{0}^{-2\pi}f(\rho\mathrm{e}^{\mathrm{i}\theta})\rho\mathrm{i}\mathrm{e}^{\mathrm{i}\theta}\mathrm{d}\theta$$

$$=\frac{1}{2\pi\mathrm{i}}\int_{0}^{2\pi}f\left(\frac{1}{r\mathrm{e}^{\mathrm{i}\alpha}}\right)\frac{\mathrm{i}}{r\mathrm{e}^{\mathrm{i}\alpha}}(-\mathrm{d}\alpha)$$

$$=-\frac{1}{2\pi\mathrm{i}}\int_{0}^{2\pi}f\left(\frac{1}{r\mathrm{e}^{\mathrm{i}\alpha}}\right)\frac{1}{(r\mathrm{e}^{\mathrm{i}\alpha})^2}\mathrm{d}(r\mathrm{e}^{\mathrm{i}\alpha})$$

$$=-\frac{1}{2\pi\mathrm{i}}\int_{|\zeta|=\frac{1}{\rho}}f\left(\frac{1}{\zeta}\right)\frac{1}{\zeta^2}\mathrm{d}\zeta,$$

其中 $|\zeta|=\dfrac{1}{\rho}$ 为正向.

由于 $f(z)$ 在 $\rho<|z|<+\infty$ 内解析,从而 $f\left(\dfrac{1}{\zeta}\right)$ 在 $0<|\zeta|<\dfrac{1}{\rho}$ 内解析,因此

$f\left(\dfrac{1}{\zeta}\right)\dfrac{1}{\zeta^2}$ 在 $|\zeta|<\dfrac{1}{\rho}$ 内除 $\zeta=0$ 外处处解析. 由留数定理得

$$\frac{1}{2\pi\mathrm{i}}\int_{|\zeta|=\frac{1}{\rho}} f\left(\frac{1}{\zeta}\right)\frac{\mathrm{i}}{\zeta^2}\mathrm{d}\zeta = \mathrm{Res}\left[f\left(\frac{1}{\zeta}\right)\frac{1}{\zeta^2},0\right].$$

因此,$\mathrm{Res}[f(z),\infty]=-\mathrm{Res}\left[f\left(\dfrac{1}{z}\right)\dfrac{1}{z^2},0\right].$

推论 5.2.2　对于积分 $\displaystyle\int_C f(z)\mathrm{d}z$,如果被积函数 $f(z)$ 的所有有限奇点都在 C 内,则 $\displaystyle\int_C f(z)\mathrm{d}z = 2\pi\mathrm{i}\,\mathrm{Res}\left[f\left(\dfrac{1}{z}\right)\dfrac{1}{z^2},0\right].$

证明　设 $a_1,a_2,\cdots,a_n$ 是被积函数 $f(z)$ 的所有有限奇点,则由扩充复平面上的留数定理得

$$\mathrm{Res}[f(z),\infty] + \sum_{k=1}^{n}\mathrm{Res}[f(z),a_k] = 0.$$

由留数定理得

$$\int_C f(z)\mathrm{d}z = 2\pi\mathrm{i}\sum_{k=1}^{n}\mathrm{Res}[f(z),a_k] = -2\pi\mathrm{i}\,\mathrm{Res}[f(z),\infty].$$

再由规则 IV 得

$$\int_C f(z)\mathrm{d}z = 2\pi\mathrm{i}\,\mathrm{Res}\left[f\left(\frac{1}{z}\right)\frac{1}{z^2},0\right].$$

例 5.2.4　计算 $I = \displaystyle\int_{|z|=2}\dfrac{z^{15}}{(z^2+1)^2(z^4+2)^3}\mathrm{d}z.$

解　被积函数 $f(z)=\dfrac{z^{15}}{(z^2+1)^2(z^4+2)^3}$ 的所有有限奇点都在 $|z|=2$ 内,因此由推论 5.2.2 得

$$I = 2\pi\mathrm{i}\,\mathrm{Res}\left[f\left(\frac{1}{z}\right)\frac{1}{z^2},0\right].$$

而

$$f\left(\frac{1}{z}\right)\frac{1}{z^2} = \frac{\dfrac{1}{z^{15}}}{\left(\dfrac{1}{z^2}+1\right)^2\left(\dfrac{1}{z^4}+2\right)^3}\cdot\frac{1}{z^2} = \frac{1}{z(1+z^2)^2(1+2z^4)^3},$$

它以 $z=0$ 为一阶极点. 因此

$$I = 2\pi\mathrm{i}\,\mathrm{Res}\left[\frac{1}{z(1+z^2)^2(1+2z^4)^3},0\right] = 2\pi\mathrm{i}\lim_{z\to0}\frac{1}{(1+z^2)^2(1+2z^4)^3} = 2\pi\mathrm{i}.$$

5.3　留数在定积分计算中的应用

一些相对复杂的实函数的定积分用高等数学的方法往往难以直接计算,我们可以设法将其转化为复变函数沿闭曲线上的积分,然后再利用留数定理进行计算. 下面

介绍怎样用留数求几种特殊形式的定积分的值.

1. $\int_0^{2\pi} R(\cos\theta,\sin\theta)\mathrm{d}\theta$ **型积分,其中** $R(\cos\theta,\sin\theta)$ **表示关于** $\cos\theta,\sin\theta$ **的有理多项式函数**

令 $z=\mathrm{e}^{i\theta}$,则 $\mathrm{d}z=i\mathrm{e}^{i\theta}\mathrm{d}\theta=iz\mathrm{d}\theta$,且

$$\cos\theta=\frac{\mathrm{e}^{i\theta}+\mathrm{e}^{-i\theta}}{2}=\frac{z+z^{-1}}{2},\quad \sin\theta=\frac{\mathrm{e}^{i\theta}-\mathrm{e}^{-i\theta}}{2i}=\frac{z-z^{-1}}{2i}.$$

当 θ 由 0 变到 2π 时,z 恰好沿单位圆周 $|z|=1$ 的正方向绕行一周. 因此有

$$\int_0^{2\pi}R(\cos\theta,\sin\theta)\mathrm{d}\theta=\int_{|z|=1}R\left(\frac{z+z^{-1}}{2},\frac{z-z^{-1}}{2i}\right)\frac{\mathrm{d}z}{iz}.$$

例 5.3.1 计算积分 $I=\int_0^{2\pi}\dfrac{\mathrm{d}\theta}{1-2p\cos\theta+p^2}$ $(0<|p|<1)$.

解 令 $z=\mathrm{e}^{i\theta}$,则 $\mathrm{d}z=iz\mathrm{d}\theta$,且

$$\cos\theta=\frac{\mathrm{e}^{i\theta}+\mathrm{e}^{-i\theta}}{2}=\frac{z+z^{-1}}{2}=\frac{z^2+1}{2z}.$$

因为

$$1-2p\cos\theta+p^2=1-\frac{pz^2+p}{z}+p^2$$

$$=\frac{-pz^2+(p^2+1)z-p}{z}$$

$$=-\frac{p}{z}\left(z-\frac{1}{p}\right)(z-p),$$

所以

$$I=-\frac{1}{ip}\int_{|z|=1}\frac{1}{\left(z-\dfrac{1}{p}\right)(z-p)}\mathrm{d}z$$

$$=-\frac{1}{ip}\cdot 2\pi i\mathrm{Res}\left[\frac{1}{\left(z-\dfrac{1}{p}\right)(z-p)},p\right]$$

$$=-\frac{2\pi}{p}\cdot\frac{1}{\left(p-\dfrac{1}{p}\right)}=\frac{2\pi}{1-p^2}.$$

例 5.3.2 计算积分 $I=\int_0^{2\pi}\dfrac{\cos x}{5-4\cos x}\mathrm{d}x$.

解 令 $z=\mathrm{e}^{ix}$,则 $\mathrm{d}z=iz\mathrm{d}x$,且 $\cos x=\dfrac{z^2+1}{2z}$. 则

$$I=\int_{|z|=1}\frac{\dfrac{z+z^{-1}}{2}}{5-4\left(\dfrac{1+z^2}{2z}\right)}\cdot\frac{\mathrm{d}z}{iz}$$

$$= \frac{1}{i} \int_{|z|=1} \frac{\dfrac{z+z^{-1}}{2}}{5z-2(1+z^2)} dz$$

$$= \frac{i}{4} \int_{|z|=1} \frac{z^2+1}{\left(z-\dfrac{1}{2}\right)(z-2)z} dz.$$

被积函数 $f(z)$ 在 $|z|=1$ 内有两个一阶极点 $z=0$ 和 $z=\dfrac{1}{2}$，于是

$$\text{Res}[f(z),0] = \lim_{z \to 0} \frac{z^2+1}{\left(z-\dfrac{1}{2}\right)(z-2)} = 1,$$

$$\text{Res}\left[f(z),\frac{1}{2}\right] = \lim_{z \to \frac{1}{2}} \frac{z^2+1}{z(z-2)} = -\frac{5}{3},$$

故由留数定理有

$$I = \frac{i}{4} \cdot 2\pi i \left(1 - \frac{5}{3}\right) = \frac{\pi}{3}.$$

2. $\int_{-\infty}^{+\infty} \dfrac{P(x)}{Q(x)} dx$ **型积分，其中** $\dfrac{P(x)}{Q(x)}$ **是既约有理多项式函数，** $Q(x)$ **的次数比** $P(x)$ **至少高二次，且** $Q(x)=0$ **无实数解**

定理 5.3.1 $\int_{-\infty}^{+\infty} \dfrac{P(x)}{Q(x)} dx = 2\pi i \sum_{k=1}^{n} \text{Res}\left[\dfrac{P(z)}{Q(z)}, a_k\right]$，其中 $a_1, a_2, \cdots, a_n$ 是 $\dfrac{P(z)}{Q(z)}$ 在复平面上半平面的所有有限孤立奇点.

证明 设 $f(x) = \dfrac{P(x)}{Q(x)}$，$a_1, a_2, \cdots, a_n$ 为 $f(z)$ 在复平面上半平面的所有有限孤立奇点. 如图 5.2 所示，作附加积分线 C_R（半径为 R 的上半圆周），使它和 $[-R, R]$ 组成一闭曲线，并且当 R 充分大时，可以使得 $a_1, a_2, \cdots, a_n$ 全落在该闭曲线内.

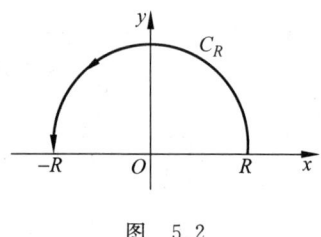

图 5.2

由留数定理可知

$$\int_{-R}^{R} f(x)dx + \int_{C_R} f(z)dz = 2\pi i \sum_{i=1}^{n} \text{Res}[f(z), a_k].$$

令 $R \to +\infty$，则有

$$\int_{-\infty}^{+\infty} f(x)\mathrm{d}x = 2\pi\mathrm{i}\sum_{i=1}^{n}\mathrm{Res}[f(z),a_k] - \lim_{R\to+\infty}\int_{C_R} f(z)\mathrm{d}z.$$

下面只需证明,当 $R\to+\infty$ 时 $\left|\int_{C_R} f(z)\mathrm{d}z\right|\to 0$. 为此不妨设

$$f(z) = \frac{z^n + a_1 z^{n-1} + \cdots + a_n}{z^m + b_1 z^{m-1} + \cdots + b_m}, \quad m-n \geqslant 2,$$

则

$$|f(z)| = \frac{1}{|z|^{m-n}} \cdot \frac{|1+a_1 z^{-1}+\cdots+a_n z^{-n}|}{|1+b_1 z^{-1}+\cdots+b_m z^{-m}|}$$

$$\leqslant \frac{1}{|z|^{m-n}} \cdot \frac{1+|a_1 z^{-1}+\cdots+a_n z^{-n}|}{1-|b_1 z^{-1}+\cdots+b_m z^{-m}|}.$$

由于在积分曲线上 $|z|=R$,当 R 充分大时,一定有

$$|a_1 z^{-1}+\cdots+a_n z^{-n}|<\frac{1}{3}, \quad |b_1 z^{-1}+\cdots+b_m z^{-m}|<\frac{1}{3};$$

此时

$$|f(z)|<\frac{1}{|z|^2}\cdot\frac{1+\frac{1}{3}}{1-\frac{1}{3}}=\frac{2}{|z|^2}.$$

因此

$$\left|\int_{C_R} f(z)\mathrm{d}z\right|\leqslant\int_{C_R}|f(z)|\mathrm{d}s\leqslant\int_{C_R}\frac{2}{|z|^2}\mathrm{d}s=\frac{2}{R^2}2\pi R=\frac{4\pi}{R}.$$

所以,当 $R\to+\infty$ 时, $\left|\int_{C_R} f(z)\mathrm{d}z\right|\to 0$.

例 5.3.3 计算积分 $\int_0^{+\infty}\frac{x^2}{(x^2+1)(x^2+4)}\mathrm{d}x.$

解 因为被积函数是偶函数,所以

$$I = \int_0^{+\infty}\frac{x^2}{(x^2+1)(x^2+4)}\mathrm{d}x = \frac{1}{2}\int_{-\infty}^{+\infty}\frac{x^2}{(x^2+1)(x^2+4)}\mathrm{d}x.$$

令 $f(z)=\frac{z^2}{(z^2+1)(z^2+4)}$,则 $f(z)$ 在上半平面仅有两个一阶极点 $z=\mathrm{i}$ 和 $z=2\mathrm{i}$,且

$$\mathrm{Res}[f(z),\mathrm{i}] = \frac{z^2}{(z+\mathrm{i})(z^2+4)}\Big|_{z=\mathrm{i}}=-\frac{1}{6\mathrm{i}},$$

$$\mathrm{Res}[f(z),2\mathrm{i}] = \frac{z^2}{(z^2+1)(z+2\mathrm{i})}\Big|_{z=2\mathrm{i}}=\frac{1}{3\mathrm{i}}.$$

所以

$$I = \frac{1}{2}\int_{-\infty}^{+\infty}\frac{x^2}{(x^2+1)(x^2+4)}\mathrm{d}x = \frac{1}{2}\cdot 2\pi\mathrm{i}(\mathrm{Res}[f(z),\mathrm{i}]+\mathrm{Res}[f(z),2\mathrm{i}])=\frac{\pi}{6}.$$

3. $\displaystyle\int_{-\infty}^{+\infty}\frac{P(x)}{Q(x)}\mathrm{e}^{\mathrm{i}mx}\mathrm{d}x(m>0)$ 型积分,其中 $\dfrac{P(x)}{Q(x)}$ 是既约有理多项式函数,$Q(x)$ 的次数比 $P(x)$ 至少高一次,且 $Q(x)=0$ 无实数解

定理 5.3.2 $\displaystyle\int_{-\infty}^{+\infty}\frac{P(x)}{Q(x)}\mathrm{e}^{\mathrm{i}mx}\mathrm{d}x=2\pi\mathrm{i}\sum_{k=1}^{n}\mathrm{Res}\left[\frac{P(z)}{Q(z)}\mathrm{e}^{\mathrm{i}mz},a_k\right]$,其中 $a_1,a_2,\cdots,a_n$ 是 $\dfrac{P(z)}{Q(z)}$ 在复平面上半平面的所有有限孤立奇点.

证明   设 $f(x)=\dfrac{P(x)}{Q(x)}$,$a_1,a_2,\cdots,a_n$ 为 $f(z)$ 在复平面上半平面的所有有限孤立奇点.同定理 5.3.1,如图 5.3 所示,作附加积分线 C_R(半径为 R 的上半圆周),使它和 $[-R,R]$ 组成一闭曲线,并且当 R 充分大时,可以使得 $a_1,a_2,\cdots,a_n$ 全落在该闭曲线内,则

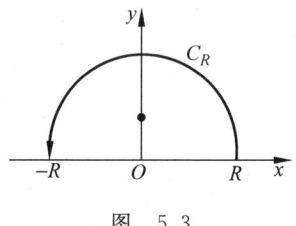

图   5.3

$$\int_{-\infty}^{+\infty}f(x)\mathrm{d}x=2\pi\mathrm{i}\sum_{i=1}^{n}\mathrm{Res}[f(z),a_k]-\lim_{R\to+\infty}\int_{C_R}f(z)\mathrm{d}z.$$

同定理 5.3.1,当 R 充分大时,必有 $\left|\dfrac{P(z)}{Q(z)}\right|\leqslant\dfrac{2}{|z|}$,且

$$\left|\int_{C_R}\mathrm{e}^{\mathrm{i}mz}\mathrm{d}z\right|\leqslant\int_{C_R}\left|\frac{P(z)}{Q(z)}\right|\cdot|\mathrm{e}^{\mathrm{i}mz}|\mathrm{d}s\leqslant\int_{C_R}\frac{2}{R}\cdot|\mathrm{e}^{\mathrm{i}mz}|\mathrm{d}s$$

$$=\frac{2}{R}\int_{C_R}\mathrm{e}^{-my}\mathrm{d}s=2\int_{0}^{\pi}\mathrm{e}^{-mR\sin\theta}\mathrm{d}\theta$$

$$=4\int_{0}^{\frac{\pi}{2}}\mathrm{e}^{-mR\sin\theta}\mathrm{d}\theta\leqslant4\int_{0}^{\frac{\pi}{2}}\mathrm{e}^{-mR\frac{2\theta}{\pi}}\mathrm{d}\theta$$

$$=\frac{2\pi}{mR}(1-\mathrm{e}^{-mR}).$$

因此,当 $R\to+\infty$ 时 $\left|\displaystyle\int_{C_R}f(z)\mathrm{d}z\right|\to 0$.

推论 5.3.1   设 $\dfrac{P(x)}{Q(x)}$ 满足定理 5.3.2 的条件,$m>0$,则

$$\int_{-\infty}^{+\infty}\frac{P(x)}{Q(x)}\cos mx\,\mathrm{d}x=\mathrm{Re}\left[\int_{-\infty}^{+\infty}\frac{P(x)}{Q(x)}\mathrm{e}^{\mathrm{i}mx}\mathrm{d}x\right],$$

$$\int_{-\infty}^{+\infty} \frac{P(x)}{Q(x)} \sin mx \, \mathrm{d}x = \mathrm{Im}\left[\int_{-\infty}^{+\infty} \frac{P(x)}{Q(x)} \mathrm{e}^{\mathrm{i}mx} \, \mathrm{d}x\right].$$

例 5.3.4 计算积分 $\int_0^{+\infty} \frac{\cos mx}{1+x^2} \mathrm{d}x \ (m > 0)$.

解 因为被积函数是偶函数,所以 $\int_0^{+\infty} \frac{\cos mx}{1+x^2} \mathrm{d}x = \frac{1}{2}\int_{-\infty}^{+\infty} \frac{\cos mx}{1+x^2} \mathrm{d}x$. 又

$$\int_{-\infty}^{+\infty} \frac{\mathrm{e}^{\mathrm{i}mx}}{1+x^2} \mathrm{d}x = 2\pi \mathrm{i}\mathrm{Res}\left[\frac{\mathrm{e}^{\mathrm{i}mz}}{1+z^2}, \mathrm{i}\right] = 2\pi \mathrm{i} \cdot \frac{\mathrm{e}^{-m}}{2\mathrm{i}} = \pi \mathrm{e}^{-m},$$

因此,

$$\int_0^{+\infty} \frac{\cos mx}{1+x^2} \mathrm{d}x = \frac{1}{2}\mathrm{Re}(\pi \mathrm{e}^{-m}) = \frac{\pi}{2}\mathrm{e}^{-m}.$$

例 5.3.5 计算积分 $\int_{-\infty}^{+\infty} \frac{\cos x}{(x^2+1)(x^2+9)} \mathrm{d}x$.

解 令 $f(z) = \frac{\mathrm{e}^{\mathrm{i}z}}{(z^2+1)(z^2+9)}$,则 $f(z)$ 在上半平面仅有两个一阶极点 $z=\mathrm{i}$ 和 $z=3\mathrm{i}$. 又

$$\mathrm{Res}[f(z), \mathrm{i}] = \frac{\mathrm{e}^{\mathrm{i}z}}{(z+\mathrm{i})(z^2+9)}\bigg|_{z=\mathrm{i}} = \frac{\mathrm{e}^{-1}}{16\mathrm{i}},$$

$$\mathrm{Res}[f(z), 3\mathrm{i}] = \frac{\mathrm{e}^{\mathrm{i}z}}{(z^2+1)(z+3\mathrm{i})}\bigg|_{z=3\mathrm{i}} = -\frac{\mathrm{e}^{-3}}{48\mathrm{i}}.$$

从而

$$\int_{-\infty}^{+\infty} \frac{\mathrm{e}^{\mathrm{i}x}}{(x^2+1)(x^2+9)} \mathrm{d}x = 2\pi \mathrm{i}(\mathrm{Res}[f(z), \mathrm{i}] + \mathrm{Res}[f(z), 3\mathrm{i}])$$

$$= \frac{\pi}{24\mathrm{e}^3}(3\mathrm{e}^2 - 1).$$

所以

$$\int_{-\infty}^{+\infty} \frac{\cos x}{(x^2+1)(x^2+9)} \mathrm{d}x = \mathrm{Re}\left(\frac{\pi(3\mathrm{e}^2-1)}{24\mathrm{e}^3}\right) = \frac{\pi(3\mathrm{e}^2-1)}{24\mathrm{e}^3}.$$

上面所讨论的被积函数在积分路径上没有奇点,而对于积分路径上有奇点的一些函数的积分,也可进行类似的讨论.

例 5.3.6 计算 Dirichlet 积分 $\int_0^{+\infty} \frac{\sin x}{x} \mathrm{d}x$ 的值.

解 因为 $\frac{\sin x}{x}$ 是偶函数,所以

$$\int_0^{+\infty} \frac{\sin x}{x} \mathrm{d}x = \frac{1}{2}\int_{-\infty}^{+\infty} \frac{\sin x}{x} \mathrm{d}x = \frac{1}{2}\mathrm{Im}\left(\int_{-\infty}^{+\infty} \frac{\mathrm{e}^{\mathrm{i}x}}{x} \mathrm{d}x\right).$$

接下来考虑函数 $\frac{\mathrm{e}^{\mathrm{i}z}}{z}$ 沿图 5.4 所示的闭曲线上的积分.

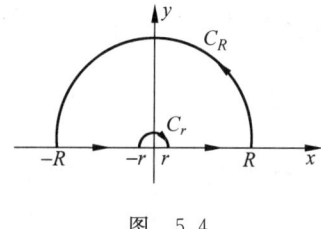

图　5.4

由柯西积分定理可知

$$\int_{C_R}\frac{\mathrm{e}^{\mathrm{i}z}}{z}\mathrm{d}z+\int_{-R}^{-r}\frac{\mathrm{e}^{\mathrm{i}x}}{x}\mathrm{d}x+\int_{C_r}\frac{\mathrm{e}^{\mathrm{i}z}}{z}\mathrm{d}z+\int_{r}^{R}\frac{\mathrm{e}^{\mathrm{i}x}}{x}\mathrm{d}x=0,$$

$$\int_{-\infty}^{+\infty}\frac{\mathrm{e}^{\mathrm{i}x}}{x}\mathrm{d}x=\lim_{r\to0}\left(\int_{-R}^{-r}\frac{\mathrm{e}^{\mathrm{i}x}}{x}\mathrm{d}x+\int_{r}^{R}\frac{\mathrm{e}^{\mathrm{i}x}}{x}\mathrm{d}x\right)=-\lim_{R\to+\infty}\int_{C_R}\frac{\mathrm{e}^{\mathrm{i}z}}{z}\mathrm{d}z-\lim_{r\to0}\int_{C_r}\frac{\mathrm{e}^{\mathrm{i}z}}{z}\mathrm{d}z.$$

其中 C_R 及 C_r 分别表示上半圆周 $z=R\mathrm{e}^{\mathrm{i}\theta}$ 及 $z=r\mathrm{e}^{\mathrm{i}\theta}(0\leqslant\theta\leqslant\pi,r<R)$. 由定理 5.3.2 的证明过程可得

$$\lim_{R\to+\infty}\int_{C_R}\frac{\mathrm{e}^{\mathrm{i}z}}{z}\mathrm{d}z=0.$$

对于 $\int_{C_r}\frac{\mathrm{e}^{\mathrm{i}z}}{z}\mathrm{d}z$,由于

$$\frac{\mathrm{e}^{\mathrm{i}z}}{z}=\frac{1}{z}+\mathrm{i}-\frac{z}{2!}+\cdots+\frac{\mathrm{i}^n z^{n-1}}{n!}+\cdots=\frac{1}{z}+\varphi(z),$$

其中 $\varphi(z)=\mathrm{i}-\dfrac{z}{2!}+\cdots+\dfrac{\mathrm{i}^n z^{n-1}}{n!}+\cdots$ 在 $z=0$ 处解析,且 $\varphi(0)=\mathrm{i}$,因而当 $|z|$ 充分小时可使 $|\varphi(z)|\leqslant2$,从而 $\lim\limits_{r\to0}\int_{C_r}\varphi(z)\mathrm{d}z=0$. 于是

$$\lim_{r\to0}\int_{C_r}\frac{\mathrm{e}^{\mathrm{i}z}}{z}\mathrm{d}z=\lim_{r\to0}\int_{C_r}\frac{1}{z}\mathrm{d}z+\lim_{r\to0}\int_{C_r}\varphi(z)\mathrm{d}z=\lim_{r\to0}\int_{\pi}^{0}\frac{1}{r\mathrm{e}^{\mathrm{i}\theta}}\mathrm{i}r\mathrm{e}^{\mathrm{i}\theta}\mathrm{d}\theta+0=-\pi\mathrm{i}.$$

因此

$$\int_{0}^{+\infty}\frac{\sin x}{x}\mathrm{d}x=\frac{1}{2}\mathrm{Im}\left(\int_{-\infty}^{+\infty}\frac{\mathrm{e}^{\mathrm{i}x}}{x}\mathrm{d}x\right)=\frac{1}{2}\mathrm{Im}(\pi\mathrm{i})=\frac{\pi}{2}.$$

习题 5

1. 求下列函数的有限奇点,并确定它们的类别,对于极点,要讨论它为几阶极点.

(1) $\dfrac{z-1}{z(z^2+4)^2}$；

(2) $\dfrac{1-\mathrm{e}^z}{1+\mathrm{e}^z}$；

(3) $\dfrac{1}{(z^2+\mathrm{i})^3}$；

(4) $\dfrac{1-\cos z}{z^2}$；

(5) $\dfrac{1}{\mathrm{e}^z-1}$；

(6) $\dfrac{1}{\mathrm{e}^z-1}-\dfrac{1}{z}$.

2. 函数 $f(z),g(z)$ 分别以 $z=a$ 为 m 阶极点及 n 阶极点,试问 $z=a$ 为 $f(z)+g(z),f(z)g(z)$ 及 $\dfrac{f(z)}{g(z)}$ 的什么点?

3. 设函数 $f(z)$ 不恒为零且以 $z=a$ 为解析点或极点,函数 $g(z)$ 以 $z=a$ 为本性奇点.试证:$z=a$ 是 $g(z)\pm f(z),g(z)f(z)$ 及 $\dfrac{g(z)}{f(z)}$ 的本性奇点.

4. 求函数 $f(z)=z\mathrm{e}^{\frac{3}{z}}$ 在 $z=0$ 处的留数并计算积分 $\displaystyle\int_{|z|=4}z\mathrm{e}^{\frac{3}{z}}\mathrm{d}z$.

5. 求下列函数 $f(z)$ 在指定点的留数:

(1) $\dfrac{z+2}{(z-1)(z+1)^2}$ 在 $z=\pm 1,\infty$;

(2) $\dfrac{1}{\sin z}$ 在 $z=n\pi$ $(n=0,\pm 1,\cdots)$;

(3) $\dfrac{1-\mathrm{e}^z}{z^3}$ 在 $z=0,\infty$;

(4) $\mathrm{e}^{\frac{1}{z-1}}$ 在 $z=1,\infty$.

6. 计算下列积分:

(1) $\displaystyle\int_{|z|=2}\dfrac{5z-2}{z(z-1)}\mathrm{d}z$;

(2) $\displaystyle\int_{|z|=1}\dfrac{1}{z\sin z}\mathrm{d}z$;

(3) $\displaystyle\int_{|z|=2}\dfrac{z}{(z^2+1)(z-1)^2}\mathrm{d}z$;

(4) $\displaystyle\int_{|z|=1}\dfrac{\mathrm{d}z}{(z-a)^n(z-b)^n}$ $(|a|<1,|b|<1$ 且 $a\ne b,n\in\mathbf{N})$.

7. 计算下列各积分值:

(1) $I=\displaystyle\int_0^{2\pi}\dfrac{\mathrm{d}\theta}{a+\cos\theta}(a>1)$;

(2) $\displaystyle\int_0^{2\pi}\dfrac{\sin^2\theta}{5+4\sin\theta}\mathrm{d}\theta$;

(3) $\displaystyle\int_0^{2\pi}\dfrac{\sin\theta}{5+2\sin\theta}\mathrm{d}\theta$;

(4) $\displaystyle\int_0^{2\pi}\dfrac{1}{2-\cos\theta}\mathrm{d}\theta$.

8. 求下列积分的值:

(1) $\displaystyle\int_{-\infty}^{+\infty}\dfrac{1}{(x^2+4)(x+1)}\mathrm{d}x$;

(2) $\displaystyle\int_{-\infty}^{+\infty}\dfrac{\cos x\mathrm{d}x}{x^2+4x+5}$;

(3) $\displaystyle\int_0^{+\infty}\dfrac{\mathrm{d}x}{(x^2+1)^2}$;

(4) $\displaystyle\int_0^{+\infty}\dfrac{x\sin x}{x^2+1}\mathrm{d}x$;

(5) $\displaystyle\int_0^{+\infty}\dfrac{\cos x\mathrm{d}x}{(x^2+1)^2}$;

(6) $\displaystyle\int_{-\infty}^{+\infty}\dfrac{\cos x\mathrm{d}x}{(x^2+1)(x^2+9)}$.

第6章

*共 形 映 射

从第 2 章起,我们通过导数、积分和级数等概念以及它们的性质与运算,着重讨论了解析函数的性质和应用.本章将从集合的角度对解析函数的性质和应用进行讨论.

在第 1 章中,我们已经讲过函数 $w = f(z)$ 从集合的角度,可以看做把 z 平面上的一个点集 G(定义域中的集合)变成 w 平面上的一个点集 H(函数值的集合)的映射.对于解析函数来说,我们还必须对它所构成的映射做一些具体的研究,因为这种映射在实际问题中,例如流体力学和电学中都有重要的应用.

本章首先分析解析函数所构成的映射的特性,引出共形映射这一重要概念.共形映射的重要性,在于它能把在较复杂区域上所讨论的问题转化到简单区域上去讨论;然后,进一步研究分式线性映射和几个初等函数所构成的共形映射的性质.

6.1 共形映射的概念

我们已经知道,z 平面上的一条有向连续曲线 C 可以用参数方程
$$z = z(t), \quad \alpha \leqslant t \leqslant \beta$$
来表示,它的正向取为 t 增大时点 z 移动的方向,$z(t)$ 为一连续函数.

如果 $z'(t_0) \neq 0 (\alpha < t_0 < \beta)$,那么 $z'(t_0)$ 是一个向量(把起点取为 z_0,以下不一一说明),它与 C 相切于 $z_0 = z(t_0)$.

事实上,如果我们规定:通过 C 上两点 P_0 与 P 的割线 P_0P 的正向对应于参数 t 增大的方向,那么这个方向与表示
$$\frac{z(t_0 + \Delta t) - z(t_0)}{\Delta t}$$
的向量的方向相同,这里 $z(t_0 + \Delta t)$ 与 $z(t_0)$ 分别为点 P 与 P_0 所对应的复数(如图 6.1 所示).我们知道,当点 P 沿 C 无限趋向于点 P_0 时,割线 P_0P 的极限位置就是 C 上点 P_0 处的切线.因此,导数

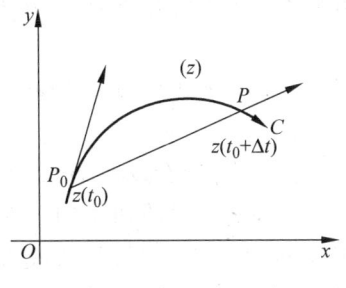

图　6.1

$$z'(t_0) = \lim_{\Delta t \to 0} \frac{z(t_0 + \Delta t) - z(t_0)}{\Delta t}$$

所表示的向量与 C 相切于点 $z_0 = z(t_0)$，且方向与 C 的正向一致. 如果规定这个向量的方向作为 C 上点 z_0 处的切线的正向，则有

（1）$\mathrm{Arg}\, z'(t_0)$ 就是曲线 C 上点 z_0 处的切线的正向与 x 轴正向之间的夹角；

（2）相交于一点的两条曲线 C_1 与 C_2 正向之间的夹角就是 C_1 与 C_2 在交点处的两条切线正向之间的夹角.

下面将运用上述论断和规定来讨论解析函数的导数的几何意义，并由此引出共形映射这一重要概念.

1. 解析函数的导数的几何意义

设函数 $w = f(z)$ 在区域 D 内解析，z_0 为 D 内一点，且 $f'(z_0) \neq 0$. 又设 C 是 z 平面上通过点 z_0 的一条有向光滑曲线，它的参数方程是

$$z = z(t), \quad \alpha \leqslant t \leqslant \beta,$$

且有 $\alpha < t_0 < \beta$ 使得 $z_0 = z(t_0)$，$z'(t_0) \neq 0$. 如图 6.2 所示，映射 $w = f(z)$ 就将曲线 C 映射成 w 平面上通过点 $w_0 = f(z_0)$ 的一条有向光滑曲线 Γ，它的参数方程是

$$w = f[z(t)], \quad \alpha \leqslant t \leqslant \beta.$$

根据复合函数求导法则，有

$$w'(t_0) = f'(z_0) \cdot z'(t_0) \neq 0.$$

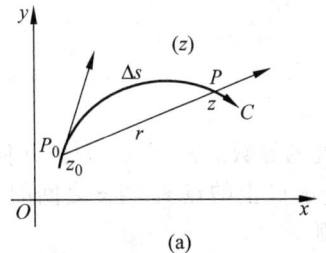
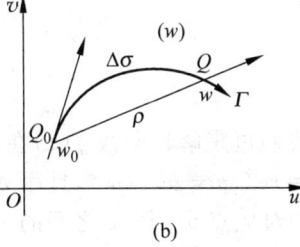

(a)　　　　　　　　　　　　(b)

图　6.2

因此,在 Γ 上点 w_0 处也存在切线,且切线的正向与(w 平面的)实轴正向之间的夹角是

$$\mathrm{Arg}\,w'(t_0) = \mathrm{Arg}\,f'(z_0) + \mathrm{Arg}\,z'(t_0),$$

或改写成

$$\mathrm{Arg}\,w'(t_0) - \mathrm{Arg}\,z'(t_0) = \mathrm{Arg}\,f'(z_0). \tag{6.1}$$

如果将原来的切线的正向与映射过后的切线的正向之间的夹角理解为曲线 C 经过 $w = f(z)$ 映射后在 z_0 处的转动角,那么(6.1)式表明:

(1) 导数 $f'(z_0) \neq 0$ 的辐角 $\mathrm{Arg}\,f'(z_0)$ 是曲线 C 经过 $w = f(z)$ 映射后在 z_0 处的转动角;

(2) 转动角的大小和方向跟曲线 C 的形状和方向无关.

所以,这种映射具有转动角的不变性.

现在假设曲线 C_1 与 C_2 相交于点 z_0,它们的参数方程分别是 $z = z_1(t)$ 与 $z = z_2(t)\,(\alpha \leqslant t \leqslant \beta)$,并且 $z_0 = z_1(t_0) = z_2(t'_0)$,$z'_1(t_0) \neq 0$,$z'_2(t'_0) \neq 0\,(\alpha < t_0, t'_0 < \beta)$. 又设映射 $w = f(z)$ 将 C_1 与 C_2 分别映射成相交于点 $w_0 = f(z_0)$ 的曲线 Γ_1 和 Γ_2,它们的参数方程为 $w = w_1(t)$ 与 $w = w_2(t)\,(\alpha \leqslant t \leqslant \beta)$. 由(6.1)式,有

$$\mathrm{Arg}\,w'_1(t_0) - \mathrm{Arg}\,z'_1(t_0) = \mathrm{Arg}\,w'_2(t'_0) - \mathrm{Arg}\,z'_2(t'_0),$$

即

$$\mathrm{Arg}\,w'_2(t'_0) - \mathrm{Arg}\,w'_1(t_0) = \mathrm{Arg}\,z'_2(t'_0) - \mathrm{Arg}\,z'_1(t_0). \tag{6.2}$$

等式两端分别是 Γ_1 和 Γ_2 以及 C_1 与 C_2 之间的夹角.因此,(6.2)式表明:相交于点 z_0 的任意两条曲线 C_1 与 C_2 之间的夹角,在其大小和方向上都等同于经过 $w = f(z)$ 映射后,和 C_1 与 C_2 对应的曲线 Γ_1 和 Γ_2 之间的夹角(如图 6.3 所示).映射的这种具有保持两曲线间夹角的大小和方向不变的特性称为**保角性**.

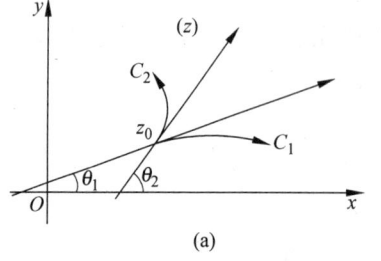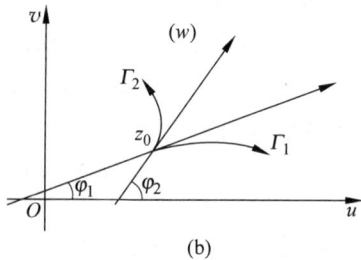

图 6.3

接下来,我们再来解释函数 $f(z)$ 在 z_0 处的导数的模 $|f'(z_0)|$ 的几何意义.

设 $z - z_0 = r\mathrm{e}^{\mathrm{i}\theta}$,$w - w_0 = \rho\mathrm{e}^{\mathrm{i}\varphi}$,且用 Δs 表示 C 上的点 z_0 与 z 之间的一段弧长,用 $\Delta\sigma$ 表示 Γ 上的对应点 w_0 与 w 之间的一段弧长. 由

$$\frac{w - w_0}{z - z_0} = \frac{f(z) - f(z_0)}{z - z_0} = \frac{\rho\mathrm{e}^{\mathrm{i}\varphi}}{r\mathrm{e}^{\mathrm{i}\theta}} = \frac{\Delta\sigma}{\Delta s} \cdot \frac{\rho}{\Delta\sigma} \cdot \frac{\Delta s}{r}\mathrm{e}^{\mathrm{i}(\varphi-\theta)}$$

得

$$|f'(z_0)| = \lim_{z \to z_0} \frac{\Delta\sigma}{\Delta s}.$$

这个极限称为曲线 C 在 z_0 处的伸缩率.这表明:模 $|f'(z_0)|$ 是经过映射 $w = f(z)$ 后,通过点 z_0 的任何曲线 C 在 z_0 处的伸缩率,它与曲线 C 的形状及方向无关,所以这种映射又具有**伸缩率不变性**.

综上所述,我们有下面的定理:

定理 6.1.1　设函数 $w = f(z)$ 在区域 D 内解析, z_0 为 D 内一点,且 $f'(z_0) \neq 0$,那么映射 $w = f(z)$ 在 z_0 处具有如下性质:

(1) 保角性,即通过 z_0 的两条曲线之间的夹角和经过映射后所得的两条曲线间的夹角在大小和方向上保持不变;

(2) 伸缩率不变性,即通过 z_0 的任何一条曲线的伸缩率均为 $|f'(z_0)|$,与其形状和方向无关.

2. 共形映射的概念

定义 6.1.1　设函数 $w = f(z)$ 在 z_0 的某邻域内是一一的,并在 z_0 处具有保角性和伸缩率不变性,那么称映射 $w = f(z)$ 在 z_0 处是**共形的**,或称 $w = f(z)$ 在 z_0 处是**共形映射**.如果映射 $w = f(z)$ 在 D 内每一点处都是共形的,那么称 $w = f(z)$ 是**区域 D 内的共形映射**.

由定理 6.1.1,如果函数 $w = f(z)$ 在 z_0 处解析,且 $f'(z_0) \neq 0$,那么映射 $w = f(z)$ 在 z_0 处是共形的,而且 $\mathrm{Arg}f'(z_0)$ 表示这个映射在 z_0 处的转动角, $|f'(z_0)|$ 表示伸缩率.如果解析函数 $w = f(z)$ 在区域 D 内处处有 $f'(z_0) \neq 0$,那么映射 $w = f(z)$ 是区域 D 内的共形映射.

下面解释定理 6.1.1 的几何意义,由此反映共形映射这个名称的由来.

设函数 $w = f(z)$ 在区域 D 内解析, z_0 为 D 内一点,且 $f'(z_0) \neq 0, w_0 = f(z_0)$.在 D 内作一以 z_0 为一个顶点的小三角形,在映射 $w = f(z)$ 下,得到一个以 w_0 为一个顶点的小曲边三角形.定理 6.1.1 告诉我们,这两个小三角形的对应角相等,对应边长度之比近似地等于 $|f'(z_0)|$,所以这两个小三角形近似地相似.又因为伸缩率 $|f'(z_0)|$ 是比值

$$\frac{|f(z) - f(z_0)|}{|z - z_0|} = \frac{|w - w_0|}{|z - z_0|}$$

的极限,所以 $|f'(z_0)|$ 可近似地用 $\dfrac{|w - w_0|}{|z - z_0|}$ 表示,由此可以看出映射 $w = f(z)$ 也将很小的圆 $|z - z_0| = \delta$ 近似地映射成 w 平面中的圆.

6.2 分式线性映射

1. 三种基本变换

（1）平移变换 $w = z + b$.

因为复数相加可以转化为向量相加，所以在映射 $w = z + b$ 下，z 沿向量 b 的方向平移一段距离 $|b|$ 后，就得到了 w.

（2）旋转与伸缩变换 $w = az(a \neq 0)$.

设 $a = \lambda \mathrm{e}^{\mathrm{i}\alpha}$，把 z 先旋转一个角度 α，再将 z 伸长（或缩短）到 λ 倍后，就得到了 w.

（3）倒数变换 $w = \dfrac{1}{z}$.

首先研究关于已知圆周的对称点的问题.

设已知圆周 C 为 $|z - z_0| = r$. 如果

$$|z_2 - z_0| \cdot |z_1 - z_0| = r^2 \qquad \text{且} \qquad \mathrm{Arg}(z_2 - z_0) = \mathrm{Arg}(z_1 - z_0),$$

或者等价地，有

$$z_2 - z_0 = \frac{r^2}{\overline{z_1 - z_0}}$$

成立，则称 z_1, z_2 是关于圆周 C 的一对**对称点**（如图 6.4 所示）. 规定，无穷远点关于圆周 C 的对称点是其圆心.

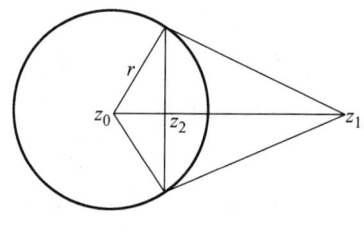

图 6.4

现将 $w = \dfrac{1}{z}$ 分解为两个映射 $w_1 = \dfrac{1}{\overline{z}}$ 和 $w = \overline{w_1}$. 因为 $w_1 = \dfrac{1}{\overline{z}}$，所以 z 与 w_1 关于圆周 $|z| = 1$ 对称；而 w_1 与 w 关于实轴对称. 所以要从 z 作出 $w = \dfrac{1}{z}$，要先作出 z 关于圆周 $|z| = 1$ 的对称点 w_1，再作出 w_1 的关于实轴的对称点，此即为所求的 w. 在扩充复平面上，根据无穷远点的性质，可规定：$z = \infty$ 映射成 $w = 0$；若把 $w = \dfrac{1}{z}$ 改写成 $z = \dfrac{1}{w}$，则当 $w = \infty$ 时 $z = 0$. 于是在扩充复平面上，映射 $w = \dfrac{1}{z}$ 是一一对应的.

对于倒数变换 $w=\dfrac{1}{z}$,因为 $w'=-\dfrac{1}{z^2}$,故当 $z\neq 0,\infty$ 时,w' 存在且不为零,所以除去 $z=0$ 和 $z=\infty$ 外,映射 $w=\dfrac{1}{z}$ 是保角的.如果规定:两条曲线在 $z=\infty$ 处的夹角,等于它们在映射 $w=\dfrac{1}{z}$ 下,两条曲线在 $w=0$ 处的夹角,于是该映射在 $z=\infty$ 处是保角的.同样,由 $z=\dfrac{1}{w}$ 在 $w=\infty$ 保角知,$w=\dfrac{1}{z}$ 在 $z=0$ 处是保角的.因此,映射 $w=\dfrac{1}{z}$ 在扩充复平面上处处保角.

下面讨论倒数映射 $w=\dfrac{1}{z}$ 的保圆性.

令 $z=x+\mathrm{i}y$,代入 $w=\dfrac{1}{z}=u+\mathrm{i}v$ 中得

$$u=\frac{x}{x^2+y^2}, \quad v=\frac{-y}{x^2+y^2}$$

或

$$x=\frac{u}{u^2+v^2}, \quad y=\frac{-v}{u^2+v^2}.$$

因此,映射 $w=\dfrac{1}{z}$ 将方程

$$a(x^2+y^2)+bx+cy+d=0$$

变成方程

$$d(u^2+v^2)+bu-cv+a=0.$$

可见,映射 $w=\dfrac{1}{z}$ 将圆周变为圆周(当 $a\neq 0,d\neq 0$ 时);或将圆周变成直线(当 $a\neq 0,d=0$ 时);或将直线变成圆周(当 $a=0,d\neq 0$ 时);或将直线变成直线(当 $a=0,d=0$ 时).如果把直线看成是半径无穷大的圆周,那么映射 $w=\dfrac{1}{z}$ 将圆周映射为圆周,这称为**保圆性**.

2. 分式线性映射的性质

分式线性映射是共形映射中比较简单但又非常重要的一类映射,它是由

$$w=\frac{az+b}{cz+d} \quad (ad-bc\neq 0)$$

来定义的,其中 a,b,c,d 是常数.为了保证映射的保角性,$ad-bc\neq 0$ 的限制是必要的,否则由于

$$\frac{\mathrm{d}w}{\mathrm{d}z}=\frac{ad-bc}{(cz+d)^2},$$

将有 $\dfrac{\mathrm{d}w}{\mathrm{d}z}=0$，这时 w 恒等于常数，它将整个 z 平面映射成 w 平面上的一个固定点.

有时候，为了叙述的方便和简洁，常用 $w=L(z)$ 表示分式线性映射的一般形式.

分式线性映射又称为双线性映射，它是德国数学家默比乌斯首先研究的，所以也称为默比乌斯映射. 这是因为由 $w=\dfrac{az+b}{cz+d}$ 可得

$$cwz+dw-az-b=0.$$

该式对于 w 或者 z 都是线性的.

由 $w=\dfrac{az+b}{cz+d}$ 得，$z=\dfrac{-dw+b}{cw-a}$ 且 $(-a)(-d)-bc\neq 0$. 所以分式线性映射的逆映射也是一个分式线性映射. 另外容易验证，两个分式线性映射的复合仍是一个分式线性映射.

对于一个一般形式的分式线性映射 $w=\dfrac{az+b}{cz+d}$，经过适当的变形整理得

$$w=\left(b-\dfrac{ad}{c}\right)\dfrac{1}{cz+d}+\dfrac{a}{c}.$$

设 $\zeta_1=cz+d,\zeta_2=\dfrac{1}{\zeta_1}$，那么

$$w=A\zeta_2+B,\quad A=b-\dfrac{ad}{c},\quad B=\dfrac{a}{c},$$

即每一个分式线性映射都是平移变换、旋转和伸缩变换、倒数变换的复合.

由于在扩充复平面上，三种基本变换都是具有保圆性和保角性的一一映射，因此分式线性映射在扩充复平面上也是具有保圆性和保角性的一一映射. 另外，分式线性映射还具有保对称性，我们来看下面的定理.

定理 6.2.1   点 z_1,z_2 是关于圆周 $C:|z-z_0|=r$ 的一对对称点的充要条件是经过 z_1,z_2 的任意圆周 Γ 与 C 正交.

证明   如果 C 是直线；或者 C 是有限圆周，而 z_1,z_2 中有一个是 ∞，则定理显然成立. 下面就 C 是有限圆周，且 z_1,z_2 都是有限点的情形加以证明.

必要性   设点 z_1,z_2 是关于圆周 $C:|z-z_0|=r$ 的一对对称点，而 Γ 是经过 z_1，z_2 的任一圆周. 如果 Γ 是直线，由对称性知，Γ 必过 C 的圆心，从而 Γ 与 C 正交. 如果 Γ 是一个有限圆周，从 z_0 作 Γ 的切线，设切点为 z'，如图 6.5 所示. 由平面几何中的切割线定理，得

$$|z'-z_0|^2=|z_1-z_0|\cdot|z_2-z_0|=r^2.$$

因而 $|z'-z_0|=r$，这表明 z' 在圆周 C 上，而 Γ 的切线就是 C 的半径，因此 Γ 与 C 正交.

充分性   过 z_1,z_2 作一有限圆周 Γ. 由于 Γ 与 C 正交，设其中一个交点为 z'，则圆周 Γ 在 z' 的切线必过 C 的圆心 z_0，如图 6.5 所示. 显然，z_1,z_2 位于这切线的同一

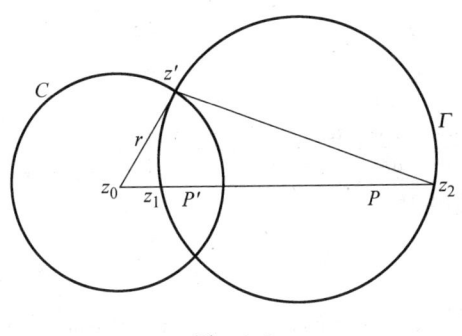

图 6.5

侧. 又由所设条件, 过 z_1, z_2 的直线也与 C 正交, 所以过 z_1, z_2 的直线通过 z_0 点, 即 z_1, z_2 在从 z_0 出发的同一条射线上, 再由切割线定理有

$$|z_1 - z_0| \cdot |z_2 - z_0| = |z' - z_0|^2 = r^2,$$

这说明 z_1, z_2 关于圆周 C 对称.

定理 6.2.2 分式线性映射把关于某一圆周的对称点变为关于该圆周的像圆周的对称点.

证明 设 $w = L(z)$ 是一个分式线性映射. 设 z_1, z_2 是 z 平面上关于圆周 C 的对称点, Γ' 是 w 平面中经过 $w_1 = L(z_1)$ 与 $w_2 = L(z_2)$ 的任一圆周. 由一一对应性和保圆性, 存在经过 z_1 与 z_2 的圆周 Γ 使得 Γ' 是 Γ 的像. 由于 Γ 与 C 正交, 而分式线性映射具有保角性, 所以 Γ' 与 C'(C 的像)也必正交. 由 Γ' 的任意性, w_1 与 w_2 关于 C' 对称.

3. 唯一决定的分式线性映射

在三维欧氏空间中, 我们知道不在同一条直线上的三个点可唯一确定一个平面. 在复变函数中, 对于分式线性映射也有类似的结论.

定理 6.2.3 设分式线性映射将 z 平面上三个相异点 z_1, z_2, z_3 指定为三个相异点 w_1, w_2, w_3, 则此分式线性映射就被唯一确定, 并且可以写成

$$\frac{w - w_1}{w - w_2} \cdot \frac{w_3 - w_2}{w_3 - w_1} = \frac{z - z_1}{z - z_2} \cdot \frac{z_3 - z_2}{z_3 - z_1}. \tag{6.3}$$

证明 设 $w = \dfrac{az + b}{cz + d}(ad - bc \neq 0)$, 它将 z_1, z_2, z_3 指定为 w_1, w_2, w_3, 有

$$w_k = \frac{az_k + b}{cz_k + d}, \quad k = 1, 2, 3,$$

因而有

$$w - w_k = \frac{(z - z_k)(ad - bc)}{(cz + d)(cz_k + d)}, \quad k = 1, 2,$$

及

$$w_3 - w_k = \frac{(z_3 - z_k)(ad - bc)}{(cz_3 + d)(cz_k + d)}, \quad k = 1, 2,$$

由此得到

$$\frac{w - w_1}{w - w_2} \cdot \frac{w_3 - w_2}{w_3 - w_1} = \frac{z - z_1}{z - z_2} \cdot \frac{z_3 - z_2}{z_3 - z_1},$$

这就是所求的分式线性映射.

如果有另外一个分式线性映射 $w = \frac{\alpha z + \beta}{\gamma z + \delta}$,也把 z_1, z_2, z_3 指定为 w_1, w_2, w_3,那么重复上面的步骤,在消去常数 $\alpha, \beta, \gamma, \delta$ 后,最后得到的仍然是(6.3)式.因此,(6.3)式就是由三对互异的对应点唯一确定的分式线性映射.

例 6.2.1   求将 $2, i, -2$ 对应地变成 $-1, i, 1$ 的分式线性映射.

解   所求分式线性映射为

$$\frac{w - (-1)}{w - i} \cdot \frac{1 - i}{1 - (-1)} = \frac{z - 2}{z - i} \cdot \frac{-2 - i}{-2 - 2},$$

整理得

$$w = \frac{z - 6i}{3iz - 2}.$$

接下来讨论分式线性映射作用在圆域上的情形.设 C 是 z 平面上的一个圆周,C' 是 C 在 w 平面上的像.则容易证明,分式线性映射 $w = L(z)$ 将 C 的内部整体映射成为 C' 的内部或者外部;也就是说,$w = L(z)$ 不可能将 C 内部的一部分映射到 C' 的内部,而另一部分映射到 C' 外部.由于分时线性映射的这个特点,它在处理边界为圆弧或直线的区域的映射中具有很大的作用.下面的几个例子就是反映这个事实的重要特例.

例 6.2.2   求把上半 z 平面共形映射成上半 w 平面的分式线性映射.

解   把上半 z 平面共形映射成上半 w 平面的分式线性映射可以写成

$$w = \frac{az + b}{cz + d},$$

其中 a, b, c, d 是实数,且满足条件 $ad - bc > 0$.

事实上,所述映射将实轴映射成实轴,且当 z 为实数时,有

$$\frac{dw}{dz} = \frac{ad - bc}{(cz + d)^2} > 0,$$

即实轴变成实轴是同向的,因此上半 z 平面共形映射成上半 w 平面.

当然,这也可以直接由下面的推导看出:

$$\mathrm{Im}\, w = \frac{1}{2i}(w - \bar{w}) = \frac{1}{2i}\left(\frac{az + b}{cz + d} - \frac{a\bar{z} + b}{c\bar{z} + d}\right)$$

$$= \frac{1}{2i} \cdot \frac{ad - bc}{|cz + d|^2}(z - \bar{z}) = \frac{ad - bc}{|cz + d|^2}\mathrm{Im}(z).$$

例 6.2.3　求将上半平面 $\mathrm{Im}(z)>0$ 共形映射成单位圆 $|w|<1$ 的分式线性映射,并使上半平面一点 $z=a(\mathrm{Im}(a)>0)$ 变为 $w=0$.

解　根据分式线性映射保对称点的性质,点 a 关于实轴的对称点 $\bar{a}$ 应该变到 $w=0$ 关于单位圆周的对称点 $w=\infty$,如图 6.6 所示. 因此,这个映射应当具有形式

$$w=k\frac{z-a}{z-\bar{a}},$$

其中 k 是常数.

将 $z=0$ 代入上式得到单位圆周上的一点 $w=k\dfrac{a}{\bar{a}}$. 因此

$$1=|k|\left|\frac{a}{\bar{a}}\right|=|k|.$$

所以,可以令 $k=\mathrm{e}^{\mathrm{i}\beta}$($\beta$ 是实数),最后得到所要求的映射为

$$w=\mathrm{e}^{\mathrm{i}\beta}\frac{z-a}{z-\bar{a}},\quad \mathrm{Im}(a)>0,$$

其中 β 为实参数.

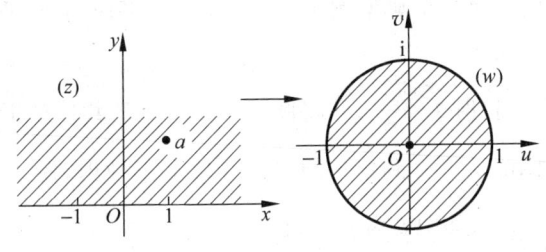

图　6.6

例 6.2.4　求将单位圆 $|z|<1$ 共形映射成单位圆 $|w|<1$ 的分式线性映射,并使一点 $z=a(|a|<1)$ 变成 $w=0$.

解　根据分式线性映射保对称点的性质,点 a 关于单位圆周 $|z|=1$ 的对称点 $a^*=\dfrac{1}{\bar{a}}$(不妨假设 $a\neq0$),应该变成 $w=0$ 关于单位圆周 $|w|=1$ 的对称点 $w=\infty$,如图 6.7 所示. 因此所求变换具有形式

$$w=k\frac{z-a}{z-a^*},$$

整理得

$$w=k_1\frac{z-a}{1-\bar{a}z},$$

其中 k_1 是常数.

由于分式线性映射将圆周映射成圆周,故可取 $z=1$,它的像是单位圆周 $|w|=1$ 上的点. 于是 $|k_1|=1$(注意 $|1-a|=|\overline{1-a}|=|1-\bar{a}|$),因此可令 $k_1=\mathrm{e}^{\mathrm{i}\beta}$($\beta$ 是实

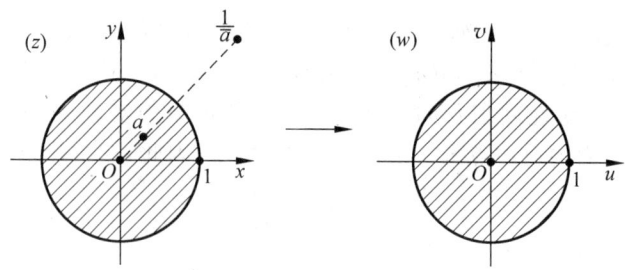

图　6.7

数). 最后得到所求的映射为

$$w = \mathrm{e}^{\mathrm{i}\beta} \frac{z-a}{1-\bar{a}z},$$

其中 β 为实参数. 注意到, 当 $a=0$ 时, 上式也满足题设要求.

例 6.2.5　求将上半 z 平面共形映射成圆 $|w-w_0|<R$ 的一个分式线性映射, 使符合条件 $L(\mathrm{i})=w_0$, $L'(\mathrm{i})>0$.

解　为了能应用上述几个典型例子的结果, 在 z 平面与 w 平面间插入一个"中间"平面——ξ 平面.

首先, 作分式线性映射 $\xi=\dfrac{w-w_0}{R}$ 将圆 $|w-w_0|<R$ 共形映射成单位圆 $|\xi|<1$. 其次, 作出上半平面 $\mathrm{Im}(z)>0$ 到单位圆 $|\xi|<1$ 的共形映射, 使 $z=\mathrm{i}$ 变成 $\xi=0$, 此分式线性映射为 $\xi=\mathrm{e}^{\mathrm{i}\theta}\dfrac{z-\mathrm{i}}{z+\mathrm{i}}$, 其中 θ 为实参数.

复合上述两个分式线性映射得

$$\frac{w-w_0}{R} = \mathrm{e}^{\mathrm{i}\theta} \frac{z-\mathrm{i}}{z+\mathrm{i}},$$

它将上半 z 平面共形映射成圆 $|w-w_0|<R$, 把 i 变成 w_0, 如图 6.8 所示. 再由条件 $L'(\mathrm{i})>0$ 得

$$\frac{1}{R} \frac{\mathrm{d}w}{\mathrm{d}z}\bigg|_{z=\mathrm{i}} = \mathrm{e}^{\mathrm{i}\theta} \frac{z+\mathrm{i}-z+\mathrm{i}}{(z+\mathrm{i})^2}\bigg|_{z=\mathrm{i}} = \mathrm{e}^{\mathrm{i}\theta} \frac{1}{2\mathrm{i}},$$

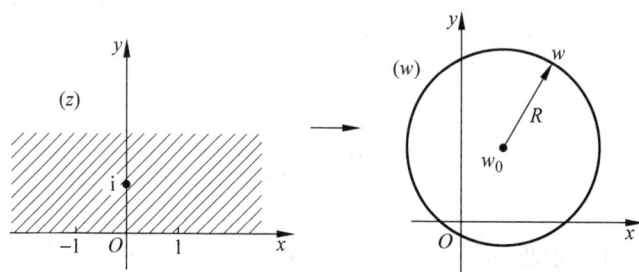

图　6.8

即

$$L'(\mathrm{i}) = R\mathrm{e}^{\mathrm{i}\theta} \cdot \frac{1}{2\mathrm{i}} = \frac{R}{2}\mathrm{e}^{\mathrm{i}\left(\theta - \frac{\pi}{2}\right)},$$

于是

$$\theta - \frac{\pi}{2} = 0, \quad \theta = \frac{\pi}{2}, \quad \mathrm{e}^{\mathrm{i}\theta} = \mathrm{i}.$$

因此,所求分式线性映射为

$$w = R\mathrm{i}\,\frac{z - \mathrm{i}}{z + \mathrm{i}} + w_0.$$

6.3 一些初等函数所构成的共形映射

1. 幂函数 $w = z^n$(n 是大于 1 的自然数)

该函数在 z 平面内处处可导,且当 $z \neq 0$ 时,$\dfrac{\mathrm{d}w}{\mathrm{d}z} \neq 0$. 所以,$w = z^n$ 在 z 平面内除去原点的区域内是共形映射.

为了讨论该映射在 $z = 0$ 处的性质,令 $z = r\mathrm{e}^{\mathrm{i}\theta}$,$w = \rho\mathrm{e}^{\mathrm{i}\varphi}$,则 $\rho = r^n$,$\varphi = n\theta$. 由此可见,在 $w = z^n$ 映射下,z 平面上的单位圆周 $|z| = r$ 变成单位圆周 $|w| = r^n$. 特别地,单位圆周 $|z| = 1$ 映射成 w 平面中的圆周 $|w| = 1$;射线 $\theta = \theta_0$ 映射成射线 $\varphi = n\theta_0$;正实轴 $\theta = 0$ 映射成正实轴 $\varphi = 0$;角形域 $0 < \theta < \theta_0 \left(< \dfrac{2\pi}{n}\right)$ 映射成角形域 $0 < \varphi < n\theta_0$. 从而,当 $n \geqslant 2$ 时,映射 $w = z^n$ 在 $z = 0$ 处不具有保角性.

因此,幂函数 $w = z^n$ 所构成的映射的特点是:把以原点为顶点的角形域映射成以原点为顶点的角形域,但是张角变成原来的 n 倍. 在以后,如果要把角形域映射成角形域,我们经常使用幂函数.

例 6.3.1 求把角形域 $0 < \arg z < \dfrac{\pi}{4}$ 映射成单位圆 $|w| < 1$ 的一个映射.

解 由上面的讨论知,$\zeta = z^4$ 可将角形域 $0 < \arg z < \dfrac{\pi}{4}$ 映射成上半平面;而由例 6.2.3 知,映射 $w = \dfrac{\zeta - \mathrm{i}}{\zeta + \mathrm{i}}$ 可将上半平面映射成单位圆 $|w| < 1$. 因此所求的一个映射为

$$w = \frac{z^4 - \mathrm{i}}{z^4 + \mathrm{i}}.$$

2. 指数函数 $w = \mathrm{e}^z$

由于在 z 平面上,函数 $w = \mathrm{e}^z$ 处处解析,因此 $w = \mathrm{e}^z$ 所构成的映射是一个 z 平面

上的共形映射.

设 $z=x+\mathrm{i}y,w=\rho\mathrm{e}^{\mathrm{i}\varphi}$,则 $\rho=\mathrm{e}^x,\varphi=y$. 由此可知,$z$ 平面上的直线 $x=c(c$ 为常数)被映射成 w 平面上的圆周 $\rho=\mathrm{e}^c$;而直线 $y=d(d$ 为常数)则被映射成射线 $\varphi=d$;带形域 $0<\mathrm{Im}(z)<a$ 被映射成角形域 $0<\arg w<a$. 特别地,带形域 $0<\mathrm{Im}(z)<2\pi$ 映射成沿正实轴剪开的 w 平面 $0<\arg w<2\pi$,它们之间的点是一一对应的.

因此,指数函数 $w=\mathrm{e}^z$ 所构成的映射的特点是:把水平的带形域 $0<\mathrm{Im}(z)<a$ 映射成角形域 $0<\arg w<a$. 在以后,如果要把带形域映射成角形域,我们常常使用指数函数.

例 6.3.2 求把带形域 $0<\mathrm{Im}(z)<\pi$ 映射成单位圆 $|w|<1$ 的一个映射.

解 由上面的讨论知,映射 $\zeta=\mathrm{e}^z$ 将所给的带形域 $0<\mathrm{Im}(z)<\pi$ 映射成为 ζ 平面的上半平面 $\mathrm{Im}(\zeta)>0$. 而根据例 6.2.3,映射 $w=\dfrac{\zeta-\mathrm{i}}{\zeta+\mathrm{i}}$ 把上半 ζ 平面映射成为单位圆 $|w|<1$. 因此,所求的一个映射为

$$w=\frac{\mathrm{e}^z-\mathrm{i}}{\mathrm{e}^z+\mathrm{i}}.$$

3. 儒可夫斯基函数 $w=\dfrac{1}{2}\left(z+\dfrac{a^2}{z}\right)$

该函数在复平面上除 $z=0$ 外处处解析. 由于 $w'=\dfrac{1}{2}\left(1-\dfrac{a^2}{z^2}\right)$,因此映射除 $z=0$ 和 $z=\pm a$ 是处处共形的.

函数 $w=\dfrac{1}{2}\left(z+\dfrac{a^2}{z}\right)$ 经过计算和整理得

$$\frac{w-a}{w+a}=\left(\frac{z-a}{z+a}\right)^2,$$

它可看作是由映射

$$\zeta=\frac{z-a}{z+a},\quad t=\zeta^2,\quad \frac{w-a}{w+a}=t$$

复合而成.

如图 6.9 所示,先考虑第一个映射 $\zeta=\dfrac{z-a}{z+a}$,它把点 $z=a$ 和 $z=-a$ 分别映射成 $\zeta=0$ 和 $\zeta=\infty$,从而把经过 $z=a$ 和 $z=-a$ 的圆周 C 映射成经过 $\zeta=0$ 的直线. 当 z 取实数时 ζ 也取实数. 这时,由于 $\dfrac{\mathrm{d}\zeta}{\mathrm{d}z}=\dfrac{2a}{(z+a)^2}>0$,所以当 z 点沿实轴由 $z=a$ 向右移动时,点 ζ 沿实轴由 $\zeta=0$ 也向右移动. 因此,这个映射把圆周 C 的外部映射成包含正实轴的 ζ 半平面;同时,根据保角性,这个半平面的边界直线的倾斜角等于 C 在 $z=a$ 处的倾斜角 α.

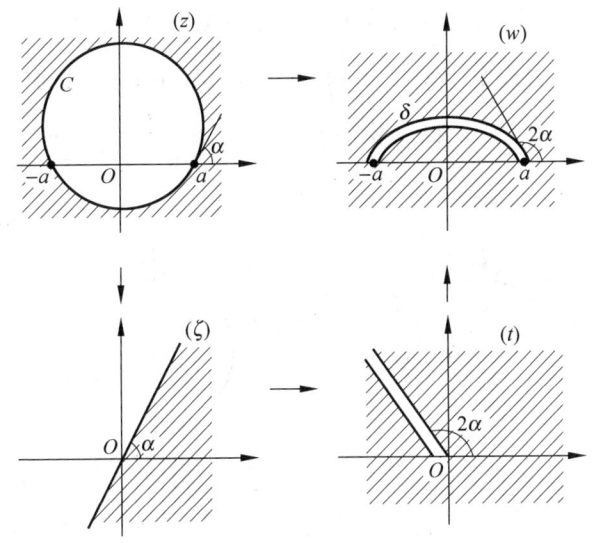

图 6.9

第二个映射 $t=\zeta^2$，它把 ζ 半平面映射成沿射线 $\arg t=2\alpha$ 剪开的 t 平面.

第三个映射 $\dfrac{w-a}{w+a}=t$ 或者 $w=a\dfrac{1+t}{1-t}$，它把上述剪开了的 t 平面映射成沿连接点 $w=a$ 与 $w=-a$ 的圆弧割开的 w 平面.

根据以上讨论，由于上述的三个映射在讨论的区域内都是一一对应的，因此有以下结论：

映射 $w=\dfrac{1}{2}\left(z+\dfrac{a^2}{z}\right)$ 将一个通过点 $z=a$ 与 $z=-a$ 的圆周 C 的外部一一对应地、共形地映射成除去一个连接点 $w=a$ 与 $w=-a$ 的圆弧 δ 的扩充平面. 当 C 为圆周 $|z|=a$ 时，δ 将退化成线段 $-a\leqslant \mathrm{Re}(w)\leqslant a$，$\mathrm{Im}(w)=0$.

由此可知，当 $a=1$ 时，映射 $w=\dfrac{1}{2}\left(z+\dfrac{1}{z}\right)$ 将单位圆外部 $|z|>1$ 一一对应地、共形映射成具有割痕 $[-1,1]$ 的扩充平面. 再根据图形和函数的对称性，映射 $w=\dfrac{1}{2}\left(z+\dfrac{1}{z}\right)$ 同样也将单位圆内部 $|z|<1$ 一一对应地、共形映射成具有割痕 $[-1,1]$ 的扩充平面. 而且进一步可以验证，$w=\dfrac{1}{2}\left(z+\dfrac{1}{z}\right)$ 将上半单位圆 $|z|<1$，$\mathrm{Im}(z)>0$ 映射成为下半平面 $\mathrm{Im}(w)<0$；将下半单位圆 $|z|<1$，$\mathrm{Im}(z)<0$ 映射成为上半平面 $\mathrm{Im}(w)>0$.

例 6.3.3 求把上半个单位圆 $|z|<1$，$\mathrm{Im}(z)>0$ 映射成单位圆 $|w|<1$ 的一个映射.

解 如图 6.10 所示,首先,用儒可夫斯基函数 $\zeta=\dfrac{1}{2}\left(z+\dfrac{1}{z}\right)$ 将上半个单位圆 $|z|<1,\mathrm{Im}(z)>0$ 映射成下半平面 $\mathrm{Im}(\zeta)<0$;其次,用 $\eta=-\zeta$ 将下半平面 $\mathrm{Im}(\zeta)<0$ 映射成上半平面 $\mathrm{Im}(\eta)>0$;第三,由例 6.2.5 知,映射 $w=\dfrac{\eta-\mathrm{i}}{\eta+\mathrm{i}}$ 将上半平面 $\mathrm{Im}(\eta)>0$ 映射成单位圆 $|w|<1$.

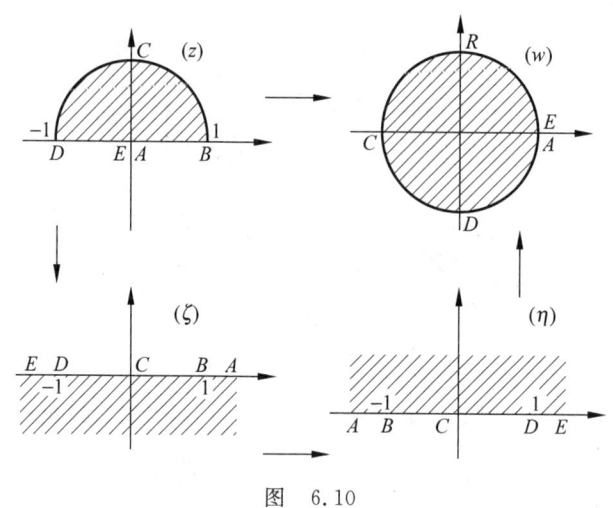

图 6.10

将这些复合起来,即得所求的一个映射为

$$w=\frac{z^2+2\mathrm{i}z+1}{z^2-2\mathrm{i}z+1}.$$

习题 6

1. 求 $w=z^2$ 在 $z=\mathrm{i}$ 处的伸缩率和转动角;该映射将上半圆域 $|z|<R,\mathrm{Im}(z)>0$ 映射成什么图形?

2. 在映射 $w=\mathrm{i}z$ 下,下列图形被映射成什么图形?

(1) 以 $z_1=\mathrm{i},z_2=-1,z_3=1$ 为顶点的三角形; (2) 圆域 $|z-1|\leqslant1$.

3. 映射 $w=z+\dfrac{1}{z}$ 把圆周 $|z|=c$ 映射成什么曲线?

4. 求将单位圆 $|z|<1$ 映射成圆域 $|w-1|<1$ 的分式线性映射.

5. 求将单位圆 $|z|<R$ 映射成圆域 $|w|<1$ 的分式线性映射.

6. 求将上半平面 $\mathrm{Im}(z)>0$ 映射成圆域 $|w|<1$ 的分式线性映射 $w=f(z)$,并且满足

(1) $f(\mathrm{i})=0,f(-1)=1$；(2) $f(\mathrm{i})=0,\arg f'(\mathrm{i})=0$；(3) $f(1)=1,f(\mathrm{i})=\dfrac{1}{\sqrt{5}}$.

7. 求把点 $1,\mathrm{i},-\mathrm{i}$ 分别映射成 $w=1,0,-1$ 的分式线性映射,并求该映射把单位圆 $|z|<1$ 映射成什么?

8. 求把右半平面 $\mathrm{Re}(z)>0$ 映射成单位圆 $|w|<1$ 的一个映射.

第7章

Fourier 变换

7.1　Fourier 变换的概念

1. Fourier 积分

为了给出 Fourier 变换的概念,我们需先给出下面的 Fourier 积分定理.

Fourier 积分定理　若 $f(t)$ 在 $(-\infty,+\infty)$ 上满足下列条件:

(1) $f(t)$ 在任一有限区间上满足 Dirichlet 条件;

(2) $f(t)$ 在无限区间 $(-\infty,+\infty)$ 上绝对可积(即积分 $\displaystyle\int_{-\infty}^{+\infty}|f(t)|\,\mathrm{d}t$ 收敛),

则有

$$f(t)=\frac{1}{2\pi}\int_{-\infty}^{+\infty}\left[\int_{-\infty}^{+\infty}f(\tau)\mathrm{e}^{-\mathrm{j}\omega\tau}\mathrm{d}\tau\right]\mathrm{e}^{\mathrm{j}\omega t}\,\mathrm{d}\omega \tag{7.1}$$

成立,而左端的 $f(t)$ 在它的间断点 t 处,应以 $\dfrac{f(t+0)+f(t-0)}{2}$ 来代替.

这个定理的条件是充分的,它的证明要用到较多的基础理论,这里从略.

(7.1)式称为函数 $f(t)$ 的 **Fourier 积分公式**,它是 Fourier 积分公式的复指数形式,利用 Euler 公式,可将它转化为三角形式.因为

$$f(t)=\frac{1}{2\pi}\int_{-\infty}^{+\infty}\left[\int_{-\infty}^{+\infty}f(\tau)\mathrm{e}^{-\mathrm{j}\omega\tau}\mathrm{d}\tau\right]\mathrm{e}^{\mathrm{j}\omega t}\,\mathrm{d}\omega=\frac{1}{2\pi}\int_{-\infty}^{+\infty}\left[\int_{-\infty}^{+\infty}f(\tau)\mathrm{e}^{\mathrm{j}\omega(t-\tau)}\mathrm{d}\tau\right]\mathrm{d}\omega$$

$$=\frac{1}{2\pi}\int_{-\infty}^{+\infty}\left[\int_{-\infty}^{+\infty}f(\tau)\cos\omega(t-\tau)\mathrm{d}\tau+\mathrm{j}\int_{-\infty}^{+\infty}f(\tau)\sin\omega(t-\tau)\mathrm{d}\tau\right]\mathrm{d}\omega,$$

考虑到积分 $\displaystyle\int_{-\infty}^{+\infty}f(\tau)\sin\omega(t-\tau)\mathrm{d}\tau$ 是 ω 的奇函数,就有

$$\int_{-\infty}^{+\infty}\left[\int_{-\infty}^{+\infty}f(\tau)\sin\omega(t-\tau)\mathrm{d}\tau\right]\mathrm{d}\omega=0,$$

从而

$$f(t)=\frac{1}{2\pi}\int_{-\infty}^{+\infty}\left[\int_{-\infty}^{+\infty}f(\tau)\cos\omega(t-\tau)\mathrm{d}\tau\right]\mathrm{d}\omega.$$

又考虑到积分 $\int_{-\infty}^{+\infty} f(\tau)\cos\omega(t-\tau)\mathrm{d}\tau$ 是 ω 的偶函数,上式又可写为

$$f(t) = \frac{1}{\pi}\int_0^{+\infty}\left[\int_{-\infty}^{+\infty} f(\tau)\cos\omega(t-\tau)\mathrm{d}\tau\right]\mathrm{d}\omega. \tag{7.2}$$

这便是 $f(t)$ 的 **Fourier 积分公式的三角形式.**

在实际应用中,常常要考虑奇函数和偶函数的 Fourier 积分公式.

当 $f(t)$ 为奇函数时,利用三角函数的和差公式,(7.2)式可写为

$$f(t) = \frac{1}{\pi}\int_0^{+\infty}\left[\int_{-\infty}^{+\infty} f(\tau)\left(\cos\omega t\cos\omega\tau + \sin\omega t\sin\omega\tau\right)\mathrm{d}\tau\right]\mathrm{d}\omega.$$

由于 $f(t)$ 为奇函数,则 $f(\tau)\cos\omega\tau$ 和 $f(\tau)\sin\omega\tau$ 分别是关于 τ 的奇函数和偶函数. 因此

$$f(t) = \frac{2}{\pi}\int_0^{+\infty}\left[\int_0^{+\infty} f(\tau)\sin\omega\tau\mathrm{d}\tau\right]\sin\omega t\,\mathrm{d}\omega. \tag{7.3}$$

当 $f(t)$ 为偶函数时,同理可得

$$f(t) = \frac{2}{\pi}\int_0^{+\infty}\left[\int_0^{+\infty} f(\tau)\cos\omega\tau\mathrm{d}\tau\right]\cos\omega t\,\mathrm{d}\omega. \tag{7.4}$$

(7.3)式和(7.4)式分别称为 $f(t)$ 的 **Fourier 正弦积分公式**和 **Fourier 余弦积分公式.**

特别地,如果 $f(t)$ 仅在 $(0,+\infty)$ 上有定义,且满足 Fourier 积分存在定理的条件,可以采用奇延拓或偶延拓的方法,得到 $f(t)$ 相应的 Fourier 正弦积分公式或 Fourier 余弦积分公式.

例 7.1.1　求函数 $f(t)=\begin{cases}1, & |t|<1, \\ 0, & \text{其他}\end{cases}$ 的 Fourier 积分表达式.

解　根据 Fourier 积分公式的复数形式(7.1),有

$$f(t) = \frac{1}{2\pi}\int_{-\infty}^{+\infty}\left[\int_{-\infty}^{+\infty} f(\tau)\mathrm{e}^{-\mathrm{j}\omega\tau}\mathrm{d}\tau\right]\mathrm{e}^{\mathrm{j}\omega t}\mathrm{d}\omega = \frac{1}{2\pi}\int_{-\infty}^{+\infty}\left[\int_{-1}^{1}(\cos\omega\tau - \mathrm{j}\sin\omega\tau)\mathrm{d}\tau\right]\mathrm{e}^{\mathrm{j}\omega t}\mathrm{d}\omega$$

$$= \frac{1}{\pi}\int_{-\infty}^{+\infty}\left(\int_0^1\cos\omega\tau\mathrm{d}\tau\right)\mathrm{e}^{\mathrm{j}\omega t}\mathrm{d}\omega = \frac{1}{\pi}\int_{-\infty}^{+\infty}\frac{\sin\omega}{\omega}(\cos\omega t + \mathrm{j}\sin\omega t)\mathrm{d}\omega$$

$$= \frac{2}{\pi}\int_0^{+\infty}\frac{\sin\omega\cos\omega t}{\omega}\mathrm{d}\omega, \quad t\neq\pm 1,$$

当 $t=\pm 1$ 时,$f(t)$ 应以 $\dfrac{f(\pm 1+0)+f(\pm 1-0)}{2} = \dfrac{1}{2}$ 代替.

我们也可以根据 Fourier 积分公式的三角形式(7.2)式来计算. 事实上,由于 $f(t)$ 为偶函数,还可以根据 Fourier 余弦积分公式获得结果. 读者不妨计算和比较一下.

根据上述的结果,由 Fourier 积分定理,有

$$\frac{2}{\pi}\int_0^{+\infty}\frac{\sin\omega\cos\omega t}{\omega}\mathrm{d}\omega = \begin{cases} f(t), & t\neq\pm 1, \\ \dfrac{1}{2}, & t=\pm 1, \end{cases}$$

即

$$\int_0^{+\infty} \frac{\sin\omega\cos\omega t}{\omega}\mathrm{d}\omega = \begin{cases} \dfrac{\pi}{2}, & |t|<1, \\[2mm] \dfrac{\pi}{4}, & |t|=1, \\[2mm] 0, & |t|>1. \end{cases}$$

据此也可看出,利用 $f(t)$ 的 Fourier 积分表达式可以推证一些反常积分的结果. 在上式中,当 $t=0$ 时,就得到著名的 Dirichlet 积分:

$$\int_0^{+\infty} \frac{\sin\omega}{\omega}\mathrm{d}\omega = \frac{\pi}{2}.$$

2. Fourier 变换的概念

定义 7.1.1 若函数 $f(t)$ 在 $(-\infty,+\infty)$ 上满足 Fourier 积分定理的条件,则称函数

$$F(\omega) = \int_{-\infty}^{+\infty} f(t)\mathrm{e}^{-\mathrm{j}\omega t}\mathrm{d}t \tag{7.5}$$

为 $f(t)$ 的 **Fourier 变换**,而称函数

$$f(t) = \frac{1}{2\pi}\int_{-\infty}^{+\infty} F(\omega)\mathrm{e}^{\mathrm{j}\omega t}\mathrm{d}\omega \tag{7.6}$$

为 $F(\omega)$ 的 **Fourier 逆变换**.

根据定义 7.1.1 和 (7.1) 式可以看出,$f(t)$ 和 $F(\omega)$ 通过指定的积分运算可以相互表达. (7.5) 式叫做 $f(t)$ 的 **Fourier 变换式**,可记为

$$F(\omega) = \mathcal{F}[f(t)].$$

$F(\omega)$ 叫做 $f(t)$ 的**像函数**. (7.6) 式叫做 $F(\omega)$ 的 **Fourier 逆变换式**,可记为

$$f(t) = \mathcal{F}^{-1}[F(\omega)].$$

$f(t)$ 叫做 $F(\omega)$ 的**像原函数**.

可以说像函数 $F(\omega)$ 和像原函数 $f(t)$ 构成了一个 Fourier 变换对,它们有相同的奇偶性,请读者自行证明.

当 $f(t)$ 为奇函数时,从 (7.3) 式出发,则

$$F_s(\omega) = \int_0^{+\infty} f(t)\sin\omega t\,\mathrm{d}t \tag{7.7}$$

叫做 $f(t)$ 的 **Fourier 正弦变换式**(简称为**正弦变换**),而

$$f(t) = \frac{2}{\pi}\int_0^{+\infty} F_s(\omega)\sin\omega t\,\mathrm{d}\omega \tag{7.8}$$

叫做 $F(\omega)$ 的 **Fourier 正弦逆变换式**(简称为**正弦逆变换**).

当 $f(t)$ 为偶函数时,从 (7.4) 式出发,则

$$F_c(\omega) = \int_0^{+\infty} f(t)\cos\omega t\,\mathrm{d}t \tag{7.9}$$

叫做 $f(t)$ 的 **Fourier 余弦变换式**（简称为**余弦变换**），而

$$f(t) = \frac{2}{\pi} \int_0^{+\infty} F_c(\omega) \cos\omega t \, \mathrm{d}\omega \tag{7.10}$$

叫做 $F(\omega)$ 的 **Fourier 余弦逆变换式**（简称为**余弦逆变换**）.

3. 频谱函数

在频谱分析中，$f(t)$ 的 Fourier 变换 $F(\omega)$ 又称为 $f(t)$ 的**频谱函数**，而频谱函数的模 $|F(\omega)|$ 称为 $f(t)$ 的**振幅频谱**（亦简称为**频谱**）. 对一个时间函数 $f(t)$ 作 Fourier 变换，就是求这个时间函数的频谱函数.

在物理学和工程技术中，将会出现很多非周期函数，我们经常遇到的一些函数及其 Fourier 变换（或频谱）列于附录 A 中，以备读者查用.

例 7.1.2 求矩形脉冲 $f(t) = \begin{cases} E, & -\dfrac{\tau}{2} < t < \dfrac{\tau}{2}, \\ 0, & \text{其他} \end{cases}$ 的频谱函数.

解 如图 7.1 所示，根据 Fourier 变换的定义，有

$$F(\omega) = \int_{-\infty}^{+\infty} f(t) \mathrm{e}^{-\mathrm{j}\omega t} \, \mathrm{d}t = \int_{-\frac{\tau}{2}}^{\frac{\tau}{2}} E \mathrm{e}^{-\mathrm{j}\omega t} \, \mathrm{d}t = \int_{-\frac{\tau}{2}}^{\frac{\tau}{2}} E(\cos\omega t - \mathrm{j}\sin\omega t) \, \mathrm{d}t$$

$$= 2 \int_0^{\frac{\tau}{2}} E\cos\omega t \, \mathrm{d}t = \frac{2E}{\omega} \sin\frac{\omega\tau}{2}.$$

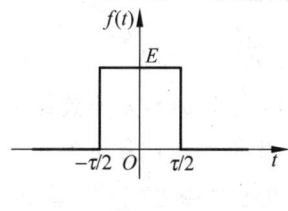

图 7.1

例 7.1.3 求指数衰减函数 $f(t) = \begin{cases} 0, & t < 0, \\ \mathrm{e}^{-\beta t}, & t \geqslant 0 \end{cases}$ $(\beta > 0)$ 的频谱函数.

解 根据 Fourier 变换的定义，有

$$F(\omega) = \int_{-\infty}^{+\infty} f(t) \mathrm{e}^{-\mathrm{j}\omega t} \, \mathrm{d}t = \int_0^{+\infty} \mathrm{e}^{-\beta t} \mathrm{e}^{-\mathrm{j}\omega t} \, \mathrm{d}t = \int_0^{+\infty} \mathrm{e}^{-(\beta+\mathrm{j}\omega)t} \, \mathrm{d}t = \frac{1}{\beta + \mathrm{j}\omega}.$$

例 7.1.4 求函数 $f(t) = \begin{cases} \sin t, & 0 < t \leqslant \pi, \\ 0, & t > \pi \end{cases}$ 的正弦变换和余弦变换.

解 根据 (7.7) 式，$f(t)$ 的正弦变换为

$$F_s(\omega) = \int_0^{+\infty} f(t) \sin\omega t \, \mathrm{d}t = \int_0^{\pi} \sin t \sin\omega t \, \mathrm{d}t = \frac{\sin\omega\pi}{1 - \omega^2}.$$

根据 (7.9) 式，$f(t)$ 的余弦变换为

$$F_c(\omega) = \int_0^{+\infty} f(t)\cos\omega t\,\mathrm{d}t = \int_0^{\pi} \sin t\cos\omega t\,\mathrm{d}t = \frac{1-\cos\omega\pi}{1-\omega^2}.$$

可以发现,在半无限区间上的同一函数 $f(t)$,其正弦变换和余弦变换的结果是不同的.

7.2 单位脉冲函数及其 Fourier 变换

1. 单位脉冲函数的定义

在物理和工程技术中,常常会碰到单位脉冲函数.因为有许多物理现象具有脉冲性质,如在电学中,要研究线性电路受具有脉冲性质的电势作用后所产生的电流;在力学中,要研究机械系统受冲击力作用后的运动情况等.研究此类问题就会产生单位脉冲函数.

在原来电流为零的电路中,某一瞬时(设为 $t=0$)进入一单位电量的脉冲,现在要确定电路上的电流 $i(t)$.以 $q(t)$ 表示上述电路中到时刻 t 为止通过导体截面的电荷函数(即累积电量),则

$$q(t) = \begin{cases} 0, & t \leqslant 0, \\ 1, & t > 0. \end{cases}$$

由于电流是电荷函数对时间的变化率,即

$$i(t) = \frac{\mathrm{d}q(t)}{\mathrm{d}t} = \lim_{\Delta t \to 0} \frac{q(t+\Delta t) - q(t)}{\Delta t},$$

当 $t \neq 0$ 时,$i(t)=0$;当 $t=0$ 时,由于 $q(t)$ 是不连续的,从而在普通导数的意义下,$q(t)$ 在这一点处导数不存在.如果形式地计算这个导数,则得

$$i(0) = \lim_{\Delta t \to 0} \frac{q(0+\Delta t) - q(0)}{\Delta t} = \lim_{\Delta t \to 0} \frac{1}{\Delta t} = \infty.$$

所以

$$i(t) = \begin{cases} \infty, & t = 0, \\ 0, & t \neq 0. \end{cases}$$

这就表明,在通常意义下的函数类中找不到一个函数能够用来表示上述电路的电流,为了描述这种电路上的电流,引进一个函数,称为**单位脉冲函数**或 **Dirac 函数**,简记成 δ-函数.有了这种函数,对于许多集中于一点或一瞬时的量,例如点电荷、点热源、集中于一点的质量以及脉冲技术中的非常窄的脉冲等,就能够像处理连续分布的量那样,以统一的方式加以解决.

δ-函数是一个广义函数,在 $t=0$ 处它没有普通意义下的"函数值",所以,它不能用通常意义下"值的对应关系"来定义.

在数学上,δ-函数定义为

$$\delta_\epsilon(t) = \begin{cases} 0, & t < 0, \\ \dfrac{1}{\epsilon}, & 0 \leqslant t \leqslant \epsilon, \\ 0, & t > \epsilon \end{cases}$$

的弱极限(如图 7.2 所示). 即对于任何一个无穷次可微的函数 $f(t)$,有

$$\int_{-\infty}^{+\infty} \delta(t)f(t)\mathrm{d}t = \lim_{\epsilon \to 0}\int_{-\infty}^{+\infty}\delta_\epsilon(t)f(t)\mathrm{d}t, \tag{7.11}$$

这样的 $\delta(t)$ 称为 δ-函数.

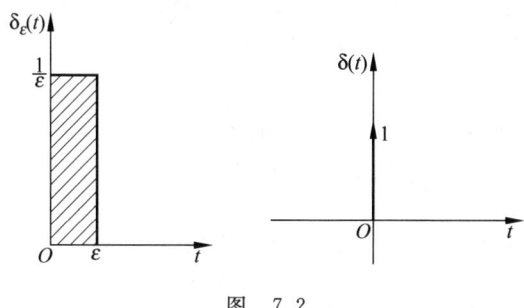

图 7.2

2. 单位脉冲函数的性质

(1) $\displaystyle\int_{-\infty}^{+\infty}\delta(t)\mathrm{d}t = 1.$

证明 由 δ-函数的定义,当取 $f(t)=1$ 时,有

$$\int_{-\infty}^{+\infty}\delta(t)\mathrm{d}t = \lim_{\epsilon \to 0}\int_{-\infty}^{+\infty}\delta_\epsilon(t)\mathrm{d}t = \lim_{\epsilon \to 0}\int_0^\epsilon \frac{1}{\epsilon}\mathrm{d}t = 1, \quad \epsilon > 0.$$

在有些工程书上,将 δ-函数用一个长度等于 1 的有向线段来表示(如图 7.3 所示). 这个线段的长度表示 δ-函数的积分值,称为 δ-函数的强度.

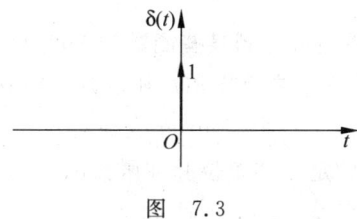

图 7.3

(2) δ-函数的筛选性质:若 $f(t)$ 为无穷次可微的函数,则有

$$\int_{-\infty}^{+\infty}\delta(t)f(t)\mathrm{d}t = f(0),$$

$$\int_{-\infty}^{+\infty}\delta(t-t_0)f(t)\mathrm{d}t = f(t_0).$$

证明　由 δ-函数的定义,有

$$\int_{-\infty}^{+\infty}\delta(t)f(t)\mathrm{d}t=\lim_{\varepsilon\to 0}\int_{-\infty}^{+\infty}\delta_{\varepsilon}(t)f(t)\mathrm{d}t=\lim_{\varepsilon\to 0}\int_{0}^{\varepsilon}\frac{1}{\varepsilon}f(t)\mathrm{d}t=\lim_{\varepsilon\to 0}\frac{1}{\varepsilon}\int_{0}^{\varepsilon}f(t)\mathrm{d}t,$$

由于 $f(t)$ 是无穷次可微函数,显然 $f(t)$ 是连续函数,由洛必达法则,有

$$\int_{-\infty}^{+\infty}\delta(t)f(t)\mathrm{d}t=\lim_{\varepsilon\to 0}\frac{1}{\varepsilon}\int_{0}^{\varepsilon}f(t)\mathrm{d}t=\lim_{\varepsilon\to 0}f(\varepsilon)=f(0).$$

同理可证, $\displaystyle\int_{-\infty}^{+\infty}\delta(t-t_0)f(t)\mathrm{d}t=f(t_0).$

由 δ-函数的筛选性质可知,尽管 δ-函数本身没有普通意义下的函数值,但它与任何一个无穷次可微函数 $f(t)$ 的乘积在 $(-\infty,+\infty)$ 上的积分都对应着一个确定的数.

(3) δ-函数是偶函数,即 $\delta(t)=\delta(-t)$.

(4) δ-函数是单位阶跃函数的导数,即

$$\int_{-\infty}^{t}\delta(\tau)\mathrm{d}\tau=u(t),\frac{\mathrm{d}}{\mathrm{d}t}u(t)=\delta(t),\text{其中 } u(t)=\begin{cases}0,&t<0,\\1,&t>0\end{cases}\text{为}\textbf{单位阶跃函数}.$$

(5) 若 a 为非零实常数,则 $\delta(at)=\dfrac{1}{|a|}\delta(t)$.

(6) 若 $f(t)$ 为无穷次可微的函数,则有

$$\int_{-\infty}^{+\infty}\delta'(t)f(t)\mathrm{d}t=-f'(0).$$

一般地,有

$$\int_{-\infty}^{+\infty}\delta^{(n)}(t)f(t)\mathrm{d}t=(-1)^nf^{(n)}(0),$$

更一般地,有

$$\int_{-\infty}^{+\infty}\delta^{(n)}(t-t_0)f(t)\mathrm{d}t=(-1)^nf^{(n)}(t_0).$$

3. 利用 δ-函数的筛选性质可得到某些函数的 Fourier 变换

例 7.2.1　证明:(1)单位脉冲函数 $\delta(t)$ 和常数 1 构成一个 Fourier 变换对;
(2) $\delta(t-t_0)$ 和 $\mathrm{e}^{-\mathrm{j}\omega t_0}$ 构成了一个 Fourier 变换对.

证明　由 Fourier 变换的定义和单位脉冲函数的筛选性质,有

$$\mathcal{F}[\delta(t)]=\int_{-\infty}^{+\infty}\delta(t)\mathrm{e}^{-\mathrm{j}\omega t}\mathrm{d}t=\mathrm{e}^{-\mathrm{j}\omega t}\big|_{t=0}=1,$$

$$\mathcal{F}[\delta(t-t_0)]=\int_{-\infty}^{+\infty}\delta(t-t_0)\mathrm{e}^{-\mathrm{j}\omega t}\mathrm{d}t=\mathrm{e}^{-\mathrm{j}\omega t}\big|_{t=t_0}=\mathrm{e}^{-\mathrm{j}\omega t_0}.$$

需要指出的是,这里为了方便起见,我们将 $\delta(t)$ 的 Fourier 变换仍旧写成古典定义的形式,所不同的是,此处反常积分是按(7.11)式来定义的,而不是普通意义下的积分值.所以, $\delta(t)$ 的 Fourier 变换是一种广义 Fourier 变换.

在物理学和工程技术中,有许多重要函数不满足 Fourier 积分定理中的绝对可积条件,即不满足条件

$$\int_{-\infty}^{+\infty} |f(t)| \, dt < +\infty.$$

例如常数、符号函数、单位阶跃函数以及正、余弦函数等,然而它们的广义 Fourier 变换也是存在的,利用单位脉冲函数及其 Fourier 变换就可以求出它们的 Fourier 变换. 所谓广义是相对于古典意义而言的,在广义意义下,同样可以说,像函数 $F(\omega)$ 和像原函数 $f(t)$ 亦构成一个 Fourier 变换对.

例 7.2.2 证明:(1) 1 和 $2\pi\delta(\omega)$ 构成了一个 Fourier 变换对;

(2) $e^{j\omega_0 t}$ 和 $2\pi\delta(\omega-\omega_0)$ 构成了一个 Fourier 变换对.

解 由 Fourier 逆变换的定义和单位脉冲函数的筛选性质,有

$$\mathcal{F}^{-1}[2\pi\delta(\omega)] = \frac{1}{2\pi}\int_{-\infty}^{+\infty} 2\pi\delta(\omega) e^{j\omega t} \, d\omega = e^{j\omega t}\Big|_{\omega=0} = 1,$$

$$\mathcal{F}^{-1}[2\pi\delta(\omega-\omega_0)] = \frac{1}{2\pi}\int_{-\infty}^{+\infty} 2\pi\delta(\omega-\omega_0) e^{j\omega t} \, d\omega = e^{j\omega t}\Big|_{\omega=\omega_0} = e^{j\omega_0 t}.$$

由例 7.2.2 可得

$$\int_{-\infty}^{+\infty} e^{-j\omega t} \, dt = 2\pi\delta(\omega), \qquad \int_{-\infty}^{+\infty} e^{-j(\omega-\omega_0)t} \, dt = \int_{-\infty}^{+\infty} e^{j\omega_0 t} e^{-j\omega t} \, dt = 2\pi\delta(\omega-\omega_0).$$

显然,这两个积分在普通意义下都是不存在的,这里积分的意义仍是按(7.11)式来定义的. 由后一个积分,可以求得正弦函数 $f(t)=\sin\omega_0 t$ 和余弦函数 $f(t)=\cos\omega_0 t$ 的 Fourier 变换.

例 7.2.3 证明单位阶跃函数 $u(t) = \begin{cases} 0, & t<0, \\ 1, & t>0 \end{cases}$ 的 Fourier 变换为 $\frac{1}{j\omega}+\pi\delta(\omega)$.

证明 可以通过证明 $\frac{1}{j\omega}+\pi\delta(\omega)$ 的 Fourier 逆变换是单位阶跃函数来推证单位阶跃函数的 Fourier 变换是 $\frac{1}{j\omega}+\pi\delta(\omega)$.

$$\begin{aligned}
f(t) &= \mathcal{F}^{-1}\left[\frac{1}{j\omega}+\pi\delta(\omega)\right] = \frac{1}{2\pi}\int_{-\infty}^{+\infty}\left[\frac{1}{j\omega}+\pi\delta(\omega)\right]e^{j\omega t}\,d\omega \\
&= \frac{1}{2\pi}\int_{-\infty}^{+\infty}\frac{1}{j\omega}e^{j\omega t}\,d\omega + \frac{1}{2\pi}\int_{-\infty}^{+\infty}\pi\delta(\omega)e^{j\omega t}\,d\omega \\
&= \frac{1}{2\pi}\int_{-\infty}^{+\infty}\frac{1}{j\omega}(\cos\omega t+j\sin\omega t)\,d\omega + \frac{1}{2}e^{j\omega t}\Big|_{\omega=0} \\
&= \frac{1}{\pi}\int_{0}^{+\infty}\frac{\sin\omega t}{\omega}\,d\omega + \frac{1}{2},
\end{aligned}$$

由 Dirichlet 积分 $\int_{0}^{+\infty}\frac{\sin\omega}{\omega}\,d\omega = \frac{\pi}{2}$ 可得

$$\int_0^{+\infty} \frac{\sin\omega t}{\omega}\mathrm{d}\omega = \begin{cases} -\dfrac{\pi}{2}, & t<0, \\ 0, & t=0, \\ \dfrac{\pi}{2}, & t>0, \end{cases}$$

其中,当 $t=0$ 时,结果是显然的;当 $t<0$ 时,可令 $u=-t\omega$,则

$$\int_0^{+\infty}\frac{\sin\omega t}{\omega}\mathrm{d}\omega = \int_0^{+\infty}\frac{\sin(-u)}{u}\mathrm{d}u = -\int_0^{+\infty}\frac{\sin u}{u}\mathrm{d}u = -\frac{\pi}{2}.$$

将此结果代入 $f(t)$ 的表达式中,当 $t\neq0$ 时,可得

$$f(t)=\frac{1}{\pi}\int_0^{+\infty}\frac{\sin\omega t}{\omega}\mathrm{d}\omega+\frac{1}{2}=\begin{cases}\dfrac{1}{\pi}\left(-\dfrac{\pi}{2}\right)+\dfrac{1}{2}=0, & t<0, \\ \dfrac{1}{\pi}\cdot\dfrac{\pi}{2}+\dfrac{1}{2}=1, & t>0,\end{cases}$$

这表明 $\dfrac{1}{j\omega}+\pi\delta(w)$ 的 Fourier 逆变换为 $f(t)=u(t)$. 因此 $\mathcal{F}[u(t)]=\dfrac{1}{j\omega}+\pi\delta(\omega)$.

所以,单位阶跃函数 $u(t)$ 在 $t\neq0$ 时,可写为

$$u(t)=\frac{1}{\pi}\int_0^{+\infty}\frac{\sin\omega t}{\omega}\mathrm{d}\omega+\frac{1}{2}.$$

通过上述的讨论可以看出引进 δ-函数的重要性,它使得在普通意义下的一些不存在的积分有了确定的数值.而且利用 δ-函数及其 Fourier 变换可以很方便地得到工程技术上许多重要函数的 Fourier 变换,并且使得许多变换的推导大大地简化.

7.3 Fourier 变换的性质

本节将介绍 Fourier 变换的几个重要性质.为了叙述方便起见,假定在这些性质中,凡是需要求 Fourier 变换的函数都满足 Fourier 积分定理中的条件.在证明这些性质时,不再重述这些条件,希望读者注意.对于广义 Fourier 变换来说,除了积分性质的结果稍有不同外,其他性质在形式上也都相同,但不同的是变换中的反常积分是按(7.11)式来定义的,而不是普通意义下的积分值.

1. 线性性质

(1) Fourier 变换的线性性质:

$\mathcal{F}[\alpha f_1(t)+\beta f_2(t)]=\alpha\,\mathcal{F}[f_1(t)]+\beta\,\mathcal{F}[f_2(t)]$,其中 α,β 是常数.

(2) Fourier 逆变换的线性性质:

$\mathcal{F}^{-1}[\alpha F_1(\omega)+\beta F_2(\omega)]=\alpha\,\mathcal{F}^{-1}[F_1(\omega)]+\beta\,\mathcal{F}^{-1}[F_2(\omega)]$,其中 α,β 是常数.

这个性质的作用是很明显的,它表明了函数线性组合的 Fourier 变换(或 Fourier

逆变换)等于各函数 Fourier 变换(或 Fourier 逆变换)的线性组合. 它们的证明只需根据定义就可推出.

2. 位移性质

以下假设 $\mathcal{F}[f(t)]=F(\omega)$.

(1) Fourier 变换的位移性质:

$$\mathcal{F}[f(t\pm t_0)]=\mathrm{e}^{\pm\mathrm{j}\omega t_0}\mathcal{F}[f(t)],\text{或者写为}\mathcal{F}^{-1}[\mathrm{e}^{\pm\mathrm{j}\omega t_0}\mathcal{F}(\omega)]=f(t\pm t_0).$$

它表明时间函数 $f(t)$ 沿 t 轴向左或向右位移 t_0 的 Fourier 变换等于 $f(t)$ 的 Fourier 变换乘以因子 $\mathrm{e}^{\mathrm{j}\omega t_0}$ 或 $\mathrm{e}^{-\mathrm{j}\omega t_0}$. 该性质也称为时域上的位移性质.

(2) Fourier 逆变换的位移性质:

$$\mathcal{F}^{-1}[F(\omega\mp\omega_0)]=f(t)\mathrm{e}^{\pm\mathrm{j}\omega_0 t},\text{或者写为}\mathcal{F}[\mathrm{e}^{\pm\mathrm{j}\omega_0 t}f(t)]=F(\omega\mp\omega_0).$$

它表明频谱函数 $F(\omega)$ 沿 ω 轴向右或向左位移 ω_0 的 Fourier 逆变换等于原来的函数 $f(t)$ 乘以因子 $\mathrm{e}^{\mathrm{j}\omega_0 t}$ 或 $\mathrm{e}^{-\mathrm{j}\omega_0 t}$; 或者说, $f(t)$ 乘以因子 $\mathrm{e}^{\mathrm{j}\omega_0 t}$ 或 $\mathrm{e}^{-\mathrm{j}\omega_0 t}$ 后的 Fourier 变换是 $f(t)$ 的 Fourier 变换 $F(\omega)$ 沿 ω 轴向右或向左位移 ω_0. 该性质也称为频域上的位移性质. 它常常用来求函数 $f(t)$ 乘以指数因子 $\mathrm{e}^{\mathrm{j}\omega_0 t}$ 或 $\mathrm{e}^{-\mathrm{j}\omega_0 t}$ 的 Fourier 变换.

证明 (1) 由 Fourier 变换的定义, 可知

$$\mathcal{F}[f(t\pm t_0)]=\int_{-\infty}^{+\infty}f(t\pm t_0)\mathrm{e}^{-\mathrm{j}\omega t}\mathrm{d}t\xrightarrow{t\pm t_0=u}\int_{-\infty}^{+\infty}f(u)\mathrm{e}^{-\mathrm{j}\omega(u\mp t_0)}\mathrm{d}u$$

$$=\mathrm{e}^{\pm\mathrm{j}\omega t_0}\int_{-\infty}^{+\infty}f(u)\mathrm{e}^{-\mathrm{j}\omega u}\mathrm{d}u=\mathrm{e}^{\pm\mathrm{j}\omega t_0}\mathcal{F}[f(t)].$$

(2) 由前面所设 $\mathcal{F}[f(t)]=F(\omega)$, 即 $\mathcal{F}[\omega]=\int_{-\infty}^{+\infty}f(t)\mathrm{e}^{-\mathrm{j}\omega t}\mathrm{d}t$, 则

$$\mathcal{F}[\mathrm{e}^{\pm\mathrm{j}\omega_0 t}f(t)]=\int_{-\infty}^{+\infty}\mathrm{e}^{\pm\mathrm{j}\omega_0 t}f(t)\mathrm{e}^{-\mathrm{j}\omega t}\mathrm{d}t=\int_{-\infty}^{+\infty}f(t)\mathrm{e}^{-\mathrm{j}(\omega\mp\omega_0)t}\mathrm{d}t=F(\omega\mp\omega_0).$$

例 7.3.1 求矩形单脉冲 $f(t)=\begin{cases}E, & 0<t<\tau,\\ 0, & \text{其他}\end{cases}$ 的频谱函数.

解 由例 7.1.2 知 $f_1(t)=\begin{cases}E, & -\dfrac{\tau}{2}<t<\dfrac{\tau}{2},\\ 0, & \text{其他}\end{cases}$, 的频谱函数为 $F_1(\omega)=\dfrac{2E}{\omega}\sin\dfrac{\omega\tau}{2}$.

而 $f(t)$ 是由 $f_1(t)$ 在时间轴上向右平移 $\dfrac{\tau}{2}$ 得到, 所以由 Fourier 变换的位移性质, 有

$$\mathcal{F}[f(t)]=\mathcal{F}\left[f_1\left(t-\frac{\tau}{2}\right)\right]=\mathrm{e}^{-\mathrm{j}\omega\frac{\tau}{2}}F_1(\omega)=\frac{2E}{\omega}\mathrm{e}^{-\mathrm{j}\omega\frac{\tau}{2}}\sin\frac{\omega\tau}{2}.$$

例 7.3.2 已知 $\mathcal{F}[\delta(t)]=1$, 求 $\mathcal{F}[\delta(t\pm t_0)]$.

解 由 Fourier 变换的位移性质, 有

$$\mathcal{F}[\delta(t\pm t_0)]=\mathrm{e}^{\pm\mathrm{j}\omega t_0}\mathcal{F}[\delta(t)]=\mathrm{e}^{\pm\mathrm{j}\omega t_0}\cdot 1=\mathrm{e}^{\pm\mathrm{j}\omega t_0}.$$

例 7.3.3 已知 $\mathcal{F}[1]=2\pi\delta(\omega)$，求 $\mathcal{F}[\mathrm{e}^{\pm\mathrm{j}\omega_0 t}]$.

解 由 Fourier 逆变换的位移性质，有 $\mathcal{F}[\mathrm{e}^{\pm\mathrm{j}\omega_0 t} \cdot 1]=2\pi\delta(\omega\mp\omega_0)$.

由于正弦函数 $\sin\omega_0 t$ 和余弦函数 $\cos\omega_0 t$ 都是 $\mathrm{e}^{\mathrm{j}\omega_0 t}$ 和 $\mathrm{e}^{-\mathrm{j}\omega_0 t}$ 的线性组合，所以，求 $f(t)$ 乘以正弦函数 $\sin\omega_0 t$ 或余弦函数 $\cos\omega_0 t$ 的 Fourier 变换，也可以用 Fourier 逆变换的位移性质.

例 7.3.4 若 $F(\omega)=\mathcal{F}[f(t)]$，证明：

$$\mathcal{F}[f(t)\cos\omega_0 t]=\frac{1}{2}[F(\omega-\omega_0)+F(\omega+\omega_0)],$$

$$\mathcal{F}[f(t)\sin\omega_0 t]=\frac{1}{2\mathrm{j}}[F(\omega-\omega_0)-F(\omega+\omega_0)].$$

证明

$$\mathcal{F}[f(t)\cos\omega_0 t]=\mathcal{F}\left[f(t)\frac{\mathrm{e}^{\mathrm{j}\omega_0 t}+\mathrm{e}^{-\mathrm{j}\omega_0 t}}{2}\right]$$

$$=\frac{1}{2}\{\mathcal{F}[f(t)\mathrm{e}^{\mathrm{j}\omega_0 t}]+\mathcal{F}[f(t)\mathrm{e}^{-\mathrm{j}\omega_0 t}]\}$$

$$=\frac{1}{2}[F(\omega-\omega_0)+F(\omega+\omega_0)].$$

同理可证 $\mathcal{F}[f(t)\sin\omega_0 t]=\dfrac{1}{2\mathrm{j}}[F(\omega-\omega_0)-F(\omega+\omega_0)]$.

例 7.3.5 求 $\mathcal{F}[\mathrm{e}^{-\beta(t-t_0)^2}]$ 及 $\mathcal{F}[\mathrm{e}^{-\beta t^2}\cos at]$.

解 由附录 A 公式(4)钟形脉冲函数的 Fourier 变换，有

$$F(\omega)=\mathcal{F}[\mathrm{e}^{-\beta t^2}]=\sqrt{\frac{\pi}{\beta}}\,\mathrm{e}^{-\frac{\omega^2}{4\beta}}.$$

利用 Fourier 变换的位移性质，可得

$$\mathcal{F}[\mathrm{e}^{-\beta(t-t_0)^2}]=\sqrt{\frac{\pi}{\beta}}\,\mathrm{e}^{-\left(\mathrm{j}\omega t_0+\frac{\omega^2}{4\beta}\right)}.$$

再利用例 7.3.4 的结论，可得

$$\mathcal{F}[\mathrm{e}^{-\beta t^2}\cos at]=\frac{1}{2}[F(\omega-a)+F(\omega+a)]$$

$$=\frac{1}{2}\sqrt{\frac{\pi}{\beta}}[\mathrm{e}^{-\frac{(\omega-a)^2}{4\beta}}+\mathrm{e}^{-\frac{(\omega+a)^2}{4\beta}}].$$

3. 相似性质

若 $\mathcal{F}[f(t)]=F(\omega)$，$a$ 为非零常数，则 $\mathcal{F}[f(at)]=\dfrac{1}{|a|}F\left(\dfrac{\omega}{a}\right)$.

证明 由 Fourier 变换的定义及作变量代换 $at=u$ 可得

$$\mathcal{F}[f(at)] = \int_{-\infty}^{+\infty} f(at) e^{-j\omega t} dt$$

$$= \begin{cases} \dfrac{1}{a} \displaystyle\int_{-\infty}^{+\infty} f(u) e^{-j\frac{\omega}{a}u} du, & a > 0, \\[4mm] \dfrac{1}{a} \displaystyle\int_{+\infty}^{-\infty} f(u) e^{-j\frac{\omega}{a}u} du, & a < 0, \end{cases}$$

$$= \frac{1}{|a|} \int_{-\infty}^{+\infty} f(u) e^{-j\frac{\omega}{a}u} du = \frac{1}{|a|} F\left(\frac{\omega}{a}\right).$$

例 7.3.6 求 $\mathcal{F}[u(5t-2)]$.

解 查附录 A 可得 $\mathcal{F}[u(t)] = \dfrac{1}{j\omega} + \pi\delta(\omega)$，再利用 Fourier 变换的位移性质和相似性质可求 $u(5t-2)$ 的 Fourier 变换.

方法 1 先用相似性质，再用位移性质.

令 $g(t) = u(t-2)$，则 $g(5t) = u(5t-2)$，于是

$$\mathcal{F}[u(5t-2)] = \mathcal{F}[g(5t)] = \frac{1}{5} \mathcal{F}[g(t)]\Big|_{\frac{\omega}{5}} = \frac{1}{5} \mathcal{F}[u(t-2)]\Big|_{\frac{\omega}{5}}$$

$$= \frac{1}{5} \{e^{-j2\omega} \mathcal{F}[u(t)]\}\Big|_{\frac{\omega}{5}} = \frac{1}{5} \left[e^{-j2\omega}\left(\frac{1}{j\omega} + \pi\delta(\omega)\right)\right]\Big|_{\frac{\omega}{5}}$$

$$= \frac{1}{5} e^{-j\frac{2}{5}\omega}\left[\frac{5}{j\omega} + \pi\delta\left(\frac{\omega}{5}\right)\right].$$

方法 2 先用位移性质，再用相似性质.

令 $g(t) = u(5t)$，则 $u(5t-2) = g\left(t - \dfrac{2}{5}\right)$，于是

$$\mathcal{F}[u(5t-2)] = \mathcal{F}\left[g\left(t - \frac{2}{5}\right)\right] = e^{-j\frac{2}{5}\omega} \mathcal{F}[g(t)] = e^{-j\frac{2}{5}\omega} \mathcal{F}[u(5t)]$$

$$= e^{-j\frac{2}{5}\omega} \cdot \frac{1}{5} \cdot \{\mathcal{F}[u(t)]\}\Big|_{\frac{\omega}{5}} = e^{-j\frac{2}{5}\omega} \cdot \frac{1}{5} \cdot \left[\frac{1}{j\omega} + \pi\delta(\omega)\right]\Big|_{\frac{\omega}{5}}$$

$$= \frac{1}{5} e^{-j\frac{2}{5}\omega}\left[\frac{5}{j\omega} + \pi\delta\left(\frac{\omega}{5}\right)\right].$$

4. 翻转性质

若 $F(\omega) = \mathcal{F}[f(t)]$，则 $F(-\omega) = \mathcal{F}[f(-t)]$.

由相似性质（令 $a = -1$）可直接得到翻转性质.

例 7.3.7 求 $\mathcal{F}^{-1}\left[\dfrac{-2j\omega}{1+\omega^2}\right]$.

解 首先，$\dfrac{-2j\omega}{1+\omega^2} = \dfrac{1}{1+j\omega} - \dfrac{1}{1-j\omega}$.

其次，查附录 A 公式(2)($\beta = 1$)，再根据 Fourier 积分定理可得

$$\mathcal{F}^{-1}\left[\frac{1}{1+j\omega}\right]=\begin{cases}0, & t<0,\\ \dfrac{1}{2}, & t=0,\\ e^{-t}, & t>0,\end{cases}$$

由翻转性质,$\mathcal{F}[f(-t)]=F(-\omega)$,有

$$\mathcal{F}^{-1}\left[\frac{1}{1-j\omega}\right]=\begin{cases}0, & t>0,\\ \dfrac{1}{2}, & t=0,\\ e^{t}, & t<0.\end{cases}$$

所以

$$x(t)=\begin{cases}-e^{t}, & t<0,\\ 0, & t=0,\\ e^{-t}, & t>0.\end{cases}$$

5. 对称性质

若 $F(\omega)=\mathcal{F}[f(t)]$,则 $f(\pm\omega)=\dfrac{1}{2\pi}\displaystyle\int_{-\infty}^{+\infty}F(\mp t)e^{-j\omega t}\,dt$,即 $\mathcal{F}[F(\mp t)]=2\pi f(\pm\omega)$.

证明 因为 $F(\omega)=\mathcal{F}[f(t)]$,所以 $f(t)=\dfrac{1}{2\pi}\displaystyle\int_{-\infty}^{+\infty}F(\omega)e^{j\omega t}\,d\omega$,因而

$$f(-t)=\frac{1}{2\pi}\int_{-\infty}^{+\infty}F(\omega)e^{-j\omega t}\,d\omega,$$

将 ω 与 t 互换,有

$$f(-\omega)=\frac{1}{2\pi}\int_{-\infty}^{+\infty}F(t)e^{-j\omega t}\,dt,$$

即

$$\mathcal{F}[F(t)]=2\pi f(-\omega).$$

由翻转性质,有

$$\mathcal{F}[F(-t)]=2\pi f(\omega).$$

综上所述,$\mathcal{F}[F(\mp t)]=2\pi f(\pm\omega)$.

例如,由 $\mathcal{F}[\delta(t)]=1$,利用对称性质,有 $\mathcal{F}[1]=2\pi\delta(\omega)$.

6. 微分性质

(1) 像原函数的微分性质

若 $f(t)$ 在 $(-\infty,+\infty)$ 上连续或只有有限个可去间断点,则 $\mathcal{F}[f'(t)]=j\omega\,\mathcal{F}[f(t)]$.
这表明一个函数的导数的 Fourier 变换等于这个函数的 Fourier 变换乘以因子 $j\omega$.

一般地,若 $f^{(k)}(t)$ 在 $(-\infty,+\infty)$ 上连续或只有有限个可去间断点,则

$$\mathcal{F}[f^{(n)}(t)]=(j\omega)^{n}\mathcal{F}[f(t)].$$

证明 我们只证第一个式子.因为 $f(t)$ 满足 Fourier 积分定理的条件,所以,当 $|t| \to +\infty$ 时,$f(t) \to 0$,则由 Fourier 变换的定义,并利用分部积分可得

$$\mathcal{F}[f'(t)] = \int_{-\infty}^{+\infty} f'(t) e^{-j\omega t} dt = f(t) e^{-j\omega t} \Big|_{-\infty}^{+\infty} + j\omega \int_{-\infty}^{+\infty} f(t) e^{-j\omega t} dt = j\omega \mathcal{F}[f(t)].$$

该性质表明,可以利用 Fourier 变换将微分运算转化为代数运算,从而使得 Fourier 变换在微分方程求解中起着重要的作用.

(2) 像函数的微分性质

设 $\mathcal{F}[f(t)] = F(\omega)$,则 $\dfrac{d}{d\omega} F(\omega) = \mathcal{F}[-jtf(t)]$. 这表明一个函数 Fourier 变换的导数等于 $-jt$ 与这个函数乘积的 Fourier 变换.

一般地,有

$$\frac{d^n}{d\omega^n} F(\omega) = (-j)^n \mathcal{F}[t^n f(t)].$$

在实际中,常常用像函数的导数公式来计算 $\mathcal{F}[t^n f(t)]$.

例 7.3.8 求 $\mathcal{F}[tu(t)]$.

解 查附录 A 知 $\mathcal{F}[u(t)] = \dfrac{1}{j\omega} + \pi\delta(\omega)$.

利用像函数的导数公式,有

$$\mathcal{F}[tu(t)] = j\frac{d}{d\omega}\mathcal{F}[u(t)] = j\left(\frac{-1}{j\omega^2} + \pi\delta'(\omega)\right) = \frac{-1}{\omega^2} + j\pi\delta'(\omega).$$

例 7.3.9 已知函数 $f(t) = \begin{cases} 0, & t < 0, \\ e^{-\beta t}, & t \geqslant 0 \end{cases}$ $(\beta > 0)$,试求 $\mathcal{F}[tf(t)]$ 及 $\mathcal{F}[t^2 f(t)]$.

解 查附录 A 知 $F(\omega) = \mathcal{F}[f(t)] = \dfrac{1}{\beta + j\omega}$.

利用像函数的导数公式,有

$$\mathcal{F}[tf(t)] = j\frac{d}{d\omega}F(\omega) = \frac{1}{(\beta + j\omega)^2},$$

$$\mathcal{F}[t^2 f(t)] = j^2 \frac{d^2}{d\omega^2}F(\omega) = \frac{2}{(\beta + j\omega)^3}.$$

7. 积分性质

设 $\mathcal{F}[f(t)] = F(\omega)$,如果 $\lim\limits_{t \to +\infty} \int_{-\infty}^{t} f(t) dt = 0$,则 $\mathcal{F}\left[\int_{-\infty}^{t} f(t) dt\right] = \dfrac{F(\omega)}{j\omega}$.

它表明一个函数积分后的 Fourier 变换等于这个函数的 Fourier 变换除以因子 $j\omega$.

注 当 $\lim\limits_{t \to +\infty} \int_{-\infty}^{t} f(t) dt \neq 0$ 时,Fourier 变换的积分性质为

$$\mathcal{F}\left[\int_{-\infty}^{t} f(t)\mathrm{d}t\right] = \frac{F(\omega)}{\mathrm{j}\omega} + \pi F(0)\delta(\omega),$$

证明见例 7.4.4.

*8. 乘积定理

若 $F_1[\omega] = \mathcal{F}[f_1(t)]$，$F_2[\omega] = \mathcal{F}[f_2(t)]$，则

$$\int_{-\infty}^{+\infty} \overline{f_1(t)} f_2(t)\mathrm{d}t = \frac{1}{2\pi}\int_{-\infty}^{+\infty} \overline{F_1(\omega)} F_2(\omega)\mathrm{d}\omega,$$

$$\int_{-\infty}^{+\infty} f_1(t) \overline{f_2(t)}\mathrm{d}t = \frac{1}{2\pi}\int_{-\infty}^{+\infty} F_1(\omega) \overline{F_2(\omega)}\mathrm{d}\omega,$$

其中 $\overline{f_1(t)}$，$\overline{f_2(t)}$，$\overline{F_1(\omega)}$ 及 $\overline{F_2(\omega)}$ 分别为 $f_1(t)$，$f_2(t)$，$F_1(\omega)$ 及 $F_2(\omega)$ 的共轭函数.

若 $f_1(t)$，$f_2(t)$ 为实函数，则乘积定理的结论可写为

$$\int_{-\infty}^{+\infty} f_1(t) f_2(t)\mathrm{d}t = \frac{1}{2\pi}\int_{-\infty}^{+\infty} \overline{F_1(\omega)} F_2(\omega)\mathrm{d}\omega$$

$$= \frac{1}{2\pi}\int_{-\infty}^{+\infty} F_1(\omega) \overline{F_2(\omega)}\mathrm{d}\omega. \tag{7.12}$$

该性质的结论与证明本身并非特别重要，但由它引出的能量积分（或称 Parseval 等式）无论在理论上还是在应用上都是十分重要的.

*9. 能量积分

若 $F(\omega) = \mathcal{F}[f(t)]$，则有

$$\int_{-\infty}^{+\infty} [f(t)]^2 \mathrm{d}t = \frac{1}{2\pi}\int_{-\infty}^{+\infty} |F(\omega)|^2 \mathrm{d}\omega.$$

这一等式又称为 **Parseval 等式**.

证明 在 (7.12) 式中，令 $f_1(t) = f_2(t) = f(t)$，则

$$\int_{-\infty}^{+\infty} [f(t)]^2 \mathrm{d}t = \frac{1}{2\pi}\int_{-\infty}^{+\infty} F(\omega) \overline{F(\omega)}\mathrm{d}\omega = \frac{1}{2\pi}\int_{-\infty}^{+\infty} |F(\omega)|^2 \mathrm{d}\omega$$

$$= \frac{1}{2\pi}\int_{-\infty}^{+\infty} S(\omega)\mathrm{d}\omega.$$

其中 $S(\omega) = |F(\omega)|^2$，称为**能量密度函数**（或**能量谱密度**），它可以决定函数 $f(t)$ 的能量分布规律. 将它对所有频率积分就得到 $f(t)$ 的总能量

$$\int_{-\infty}^{+\infty} [f(t)]^2 \mathrm{d}t,$$

故 Parseval 等式又称为**能量积分**. 显然，能量密度函数 $S(\omega)$ 是 ω 的偶函数，即

$$S(\omega) = S(-\omega).$$

利用能量积分还可以计算某些积分的数值.

例 7.3.10 求 $\displaystyle\int_{-\infty}^{+\infty} \frac{\sin^2 x}{x^2}\mathrm{d}x$.

解 根据 Parseval 等式 $\int_{-\infty}^{+\infty}[f(t)]^2\mathrm{d}t=\dfrac{1}{2\pi}\int_{-\infty}^{+\infty}|F(\omega)|^2\mathrm{d}\omega$ 可知,若设

$$f(t)=\frac{\sin t}{t},$$

则它的 Fourier 变换可按附录 A 公式(5)得到:

$$F(\omega)=\begin{cases}\pi, & |\omega|<1,\\ 0, & \text{其他,}\end{cases}$$

所以

$$\int_{-\infty}^{+\infty}\frac{\sin^2 t}{t^2}\mathrm{d}t=\frac{1}{2\pi}\int_{-\infty}^{+\infty}|F(\omega)|^2\mathrm{d}\omega=\frac{1}{2\pi}\int_{-1}^{+1}\pi^2\mathrm{d}\omega=\pi.$$

若设 $F(\omega)=\dfrac{\sin\omega}{\omega}$,则按附录 A 公式(1)$\left(\text{取}\ \tau=2,E=\dfrac{1}{2}\right)$可知

$$f(t)=\begin{cases}\dfrac{1}{2}, & |t|\leqslant 1,\\ 0, & \text{其他,}\end{cases}$$

所以

$$\int_{-\infty}^{+\infty}\frac{\sin^2\omega}{\omega^2}\mathrm{d}\omega=2\pi\int_{-\infty}^{+\infty}[f(t)]^2\mathrm{d}t=2\pi\int_{-1}^{+1}\frac{1}{4}\mathrm{d}t=\pi.$$

由此可知,当此类积分的被积函数为 $[\varphi(x)]^2$ 时,取 $\varphi(x)$ 为像原函数或像函数都可以求得积分的结果.

7.4 卷积与相关函数

7.3 节介绍了关于 Fourier 变换的一些重要性质,本节还要介绍 Fourier 变换的另一类重要性质,它们都是分析线性系统的极为有用的工具,且这些性质对广义 Fourier 变换也成立.

1. 卷积定理

(1)卷积的概念

若已知函数 $f_1(t),f_2(t)$,则积分

$$\int_{-\infty}^{+\infty}f_1(\tau)f_2(t-\tau)\mathrm{d}\tau$$

称为函数 $f_1(t)$ 与 $f_2(t)$ 的**卷积**,记为 $f_1(t)*f_2(t)$,即

$$\int_{-\infty}^{+\infty}f_1(\tau)f_2(t-\tau)\mathrm{d}\tau=f_1(t)*f_2(t).$$

容易验证卷积运算满足

① **交换律**:$f_1(t)*f_2(t)=f_2(t)*f_1(t)$;

② 结合律：$f_1(t) * [f_2(t) * f_3(t)] = [f_1(t) * f_2(t)] * f_3(t)$；

③ 对加法的分配律：$f_1(t) * [f_2(t) + f_3(t)] = f_1(t) * f_2(t) + f_1(t) * f_3(t)$.

我们仅给出交换律的证明.

$$f_1(t) * f_2(t) = \int_{-\infty}^{+\infty} f_1(\tau) f_2(t-\tau) \mathrm{d}\tau \xrightarrow{t-\tau=u} \int_{+\infty}^{-\infty} f_1(t-u) f_2(u) \mathrm{d}(-u)$$

$$= \int_{-\infty}^{+\infty} f_2(u) f_1(t-u) \mathrm{d}u = f_2(t) * f_1(t).$$

卷积还具有下列基本性质（限于篇幅，不再给出证明）：

① $\mathrm{e}^{at}[f_1(t) * f_2(t)] = [\mathrm{e}^{at} f_1(t)] * [\mathrm{e}^{at} f_2(t)]$（$a$ 为常数）；

② 卷积的数乘：$a[f_1(t) * f_2(t)] = [a f_1(t)] * f_2(t) = f_1(t) * [a f_2(t)]$（$a$ 为常数）；

③ 卷积的微分：$\dfrac{\mathrm{d}}{\mathrm{d}t}[f_1(t) * f_2(t)] = \dfrac{\mathrm{d}}{\mathrm{d}t} f_1(t) * f_2(t) = f_1(t) * \dfrac{\mathrm{d}}{\mathrm{d}t} f_2(t)$；

④ 卷积的积分：

$$\int_{-\infty}^{t} [f_1(\xi) * f_2(\xi)] \mathrm{d}\xi = f_1(t) * \int_{-\infty}^{t} f_2(\xi) \mathrm{d}\xi = \int_{-\infty}^{t} f_1(\xi) \mathrm{d}\xi * f_2(t);$$

⑤ $|f_1(t) * f_2(t)| \leqslant |f_1(t)| * |f_2(t)|$（函数卷积的绝对值小于等于函数绝对值的卷积）；

⑥ $f(t) * \delta(t) = f(t)$（一个函数与单位脉冲函数的卷积是它本身）；

⑦ $f(t) * \delta(t-t_0) = f(t-t_0)$；

⑧ $f(t) * \delta'(t) = f'(t)$（一个函数与单位脉冲函数导数的卷积是这个函数的导数）；

⑨ $f(t) * u(t) = \int_{-\infty}^{t} f(\tau) \mathrm{d}\tau$（一个函数在 $(-\infty, t)$ 上的积分是这个函数与单位阶跃函数的卷积）.

例 7.4.1　若 $f_1(t) = \begin{cases} 0, & t < 0, \\ 1, & t \geqslant 0, \end{cases}$ $f_2(t) = \begin{cases} 0, & t < 0, \\ \mathrm{e}^{-t}, & t \geqslant 0, \end{cases}$ 求 $f_1(t)$ 与 $f_2(t)$ 的卷积.

解　按卷积的定义，有

$$f_1(t) * f_2(t) = \int_{-\infty}^{+\infty} f_1(\tau) f_2(t-\tau) \mathrm{d}\tau.$$

为确定满足 $f_1(\tau) f_2(t-\tau) \neq 0$ 的区间，用解不等式组的方法加以解决. 要 $f_1(\tau) f_2(t-\tau) \neq 0$，即要求

$$\begin{cases} \tau \geqslant 0, \\ t-\tau \geqslant 0 \end{cases} \quad \text{或} \quad \begin{cases} \tau \geqslant 0, \\ \tau \leqslant t \end{cases}$$

成立. 可见，当 $t \geqslant 0$ 时，$f_1(\tau) f_2(t-\tau) \neq 0$ 的区间为 $[0, t]$，故

$$f_1(t) * f_2(t) = \int_{-\infty}^{+\infty} f_1(\tau) f_2(t-\tau) \mathrm{d}\tau$$

$$= \begin{cases} 0, & t < 0, \\ \int_0^t 1 \cdot \mathrm{e}^{-(t-\tau)} \mathrm{d}\tau, & t \geqslant 0 \end{cases}$$

$$= \begin{cases} 0, & t < 0, \\ 1 - \mathrm{e}^{-t}, & t \geqslant 0. \end{cases}$$

卷积在 Fourier 分析的应用中,有着十分重要的作用,这是由下面的卷积定理所决定的.

(2) 卷积定理

设 $\mathcal{F}[f_1(t)] = F_1(\omega)$,$\mathcal{F}[f_2(t)] = F_2(\omega)$,则

$$\mathcal{F}[f_1(t) * f_2(t)] = F_1(\omega) \cdot F_2(\omega) \tag{7.13}$$

或

$$\mathcal{F}^{-1}[F_1(\omega) \cdot F_2(\omega)] = f_1(t) * f_2(t),$$

$$\mathcal{F}[f_1(t) \cdot f_2(t)] = \frac{1}{2\pi} F_1(\omega) * F_2(\omega) \tag{7.14}$$

或

$$\mathcal{F}^{-1}[F_1(\omega) * F_2(\omega)] = 2\pi f_1(t) \cdot f_2(t).$$

证明 按 Fourier 变换的定义,有

$$\mathcal{F}[f_1(t) * f_2(t)] = \int_{-\infty}^{+\infty} [f_1(t) * f_2(t)] \mathrm{e}^{-\mathrm{j}\omega t} \mathrm{d}t$$

$$= \int_{-\infty}^{+\infty} \left[\int_{-\infty}^{+\infty} f_1(\tau) f_2(t-\tau) \mathrm{d}\tau \right] \mathrm{e}^{-\mathrm{j}\omega t} \mathrm{d}t$$

$$= \int_{-\infty}^{+\infty} \int_{-\infty}^{+\infty} f_1(\tau) \mathrm{e}^{-\mathrm{j}\omega\tau} f_2(t-\tau) \mathrm{e}^{-\mathrm{j}\omega(t-\tau)} \mathrm{d}\tau \mathrm{d}t$$

$$= \int_{-\infty}^{+\infty} f_1(\tau) \mathrm{e}^{-\mathrm{j}\omega\tau} \left[\int_{-\infty}^{+\infty} f_2(t-\tau) \mathrm{e}^{-\mathrm{j}\omega(t-\tau)} \mathrm{d}t \right] \mathrm{d}\tau$$

$$= F_1(\omega) \cdot F_2(\omega).$$

同理可证 $\mathcal{F}[f_1(t) \cdot f_2(t)] = \frac{1}{2\pi} F_1(\omega) * F_2(\omega)$.

(7.13)式表明两个函数卷积的 Fourier 变换等于这两个函数 Fourier 变换的乘积.(7.14)式表明两个函数乘积的 Fourier 变换等于这两个函数 Fourier 变换的卷积除以 2π.

推论 若 $\mathcal{F}[f_k(t)] = F_k(\omega)(k=1,2,\cdots,n)$,则

$$\mathcal{F}[f_1(t) * f_2(t) * \cdots * f_n(t)] = F_1(\omega) \cdot F_2(\omega) \cdot \cdots \cdot F_n(\omega),$$

$$\mathcal{F}[f_1(t) \cdot f_2(t) \cdot \cdots \cdot f_n(t)] = \frac{1}{(2\pi)^{n-1}} F_1(\omega) * F_2(\omega) * \cdots * F_n(\omega).$$

从上面可以看出,卷积并不总是很容易计算的,但卷积定理提供了卷积计算的简便方法,即化卷积运算为乘积运算.这就使得卷积在线性系统分析中成为特别有用的方法.

例 7.4.2 用卷积定理证明:

(1) $\delta(t) * f(t) = f(t)$;

(2) $\delta(t \pm t_0) * f(t) = f(t \pm t_0)$;

(3) $\delta'(t) * f(t) = f'(t)$.

证明 设 $\mathcal{F}[f(t)] = F(\omega)$,而由附录 A 公式(8)、公式(22)和公式(23)有

$$\mathcal{F}[\delta(t)] = 1, \quad \mathcal{F}[\delta(t \pm t_0)] = e^{\pm j\omega t_0}, \quad \mathcal{F}[\delta'(t)] = j\omega.$$

由卷积定理(1),有

(1) $\delta(t) * f(t) = \mathcal{F}^{-1}[1 \cdot F(\omega)] = \mathcal{F}^{-1}[F(\omega)] = f(t)$;

(2) $\delta(t \pm t_0) * f(t) = \mathcal{F}^{-1}[e^{\pm j\omega t_0} \cdot F(\omega)] = f(t \pm t_0)$(Fourier 变换的位移性质);

(3) $\delta'(t) * f(t) = \mathcal{F}^{-1}[j\omega F(\omega)] = f'(t)$(Fourier 变换的微分性质).

例 7.4.3 若 $f(t) = \cos\omega_0 t \cdot u(t)$,求 $\mathcal{F}[f(t)]$.

解 由(7.14)式有

$$\mathcal{F}[\cos\omega_0 t \cdot u(t)] = \frac{1}{2\pi} \mathcal{F}[\cos\omega_0 t] * \mathcal{F}[u(t)],$$

而

$$\mathcal{F}[\cos\omega_0 t] = \pi[\delta(\omega - \omega_0) + \delta(\omega + \omega_0)] \quad (\text{附录 A 公式}(10)),$$

$$\mathcal{F}[u(t)] = \frac{1}{j\omega} + \pi\delta(\omega) \quad (\text{附录 A 公式}(12)).$$

所以

$$\mathcal{F}[f(t)] = \frac{1}{2\pi}[\pi\delta(\omega - \omega_0) + \pi\delta(\omega + \omega_0)] * \left[\frac{1}{j\omega} + \pi\delta(\omega)\right]$$

$$= \frac{1}{2}\left[\delta(\omega - \omega_0) * \frac{1}{j\omega} + \delta(\omega + \omega_0) * \frac{1}{j\omega}\right.$$

$$\left. + \delta(\omega - \omega_0) * \pi\delta(\omega) + \delta(\omega + \omega_0) * \pi\delta(\omega)\right].$$

由例 7.4.2(3),有 $\delta(\omega \pm \omega_0) * \frac{1}{j\omega} = \frac{1}{j(\omega \pm \omega_0)}$.

由卷积的数乘以及例 7.4.2 (1),有

$$\delta(\omega \pm \omega_0) * \pi\delta(\omega) = \pi[\delta(\omega \pm \omega_0) * \delta(\omega)] = \pi\delta(\omega \pm \omega_0),$$

因此

$$\mathcal{F}[f(t)] = \frac{1}{2}\left[\frac{1}{j(\omega - \omega_0)} + \frac{1}{j(\omega + \omega_0)} + \pi\delta(\omega - \omega_0) + \pi\delta(\omega + \omega_0)\right]$$

$$= \frac{j\omega}{\omega_0^2 - \omega^2} + \frac{\pi}{2}[\delta(\omega - \omega_0) + \delta(\omega + \omega_0)].$$

例 7.4.4 设 $\mathcal{F}[f(t)] = F(\omega)$，则 $\mathcal{F}\left[\int_{-\infty}^{t} f(t)\mathrm{d}t\right] = \dfrac{F(\omega)}{\mathrm{j}\omega} + \pi F(0)\delta(\omega)$.

证明 由卷积的性质(9)以及(7.13)式，有

$$\mathcal{F}\left[\int_{-\infty}^{t} f(t)\mathrm{d}t\right] = \mathcal{F}[f(t) * u(t)] = \mathcal{F}[f(t)] \cdot \mathcal{F}[u(t)]$$

$$= F(\omega) \cdot \left(\frac{1}{\mathrm{j}\omega} + \pi\delta(\omega)\right) = \frac{F(\omega)}{\mathrm{j}\omega} + \pi F(\omega)\delta(\omega)$$

$$= \frac{F(\omega)}{\mathrm{j}\omega} + \pi F(0)\delta(\omega).$$

最后一个等号的成立，是对无穷次可微函数 $f(t)$ 按 δ-函数定义及其性质运算得到的.

当 $\lim\limits_{t \to +\infty} \int_{-\infty}^{t} f(t)\mathrm{d}t = 0$ 时，即 $\int_{-\infty}^{+\infty} f(t)\mathrm{d}t = 0$ 时，由于 $f(t)$ 是绝对可积的，所以

$$F(0) = \lim_{\omega \to 0} F(\omega) = \lim_{\omega \to 0} \int_{-\infty}^{+\infty} f(t)\mathrm{e}^{-\mathrm{j}\omega t}\,\mathrm{d}t = \int_{-\infty}^{+\infty} \lim_{\omega \to 0}[f(t)\mathrm{e}^{-\mathrm{j}\omega t}]\mathrm{d}t$$

$$= \int_{-\infty}^{+\infty} f(t)\mathrm{d}t = 0.$$

这时所得结果与上节 Fourier 变换的积分性质的结果一致.

*2. 相关函数

相关函数的概念和卷积的概念一样，也是频谱分析中的一个重要概念. 本节在引入相关函数的概念以后，主要是来建立相关函数和能量谱密度之间的关系.

(1) 相关函数的概念

对于两个不同的函数 $f_1(t)$ 和 $f_2(t)$，称积分

$$\int_{-\infty}^{+\infty} f_1(t)f_2(t+\tau)\mathrm{d}t$$

为两个函数 $f_1(t)$ 和 $f_2(t)$ 的**互相关函数**，用记号 $R_{12}(\tau)$ 表示，即

$$R_{12}(\tau) = \int_{-\infty}^{+\infty} f_1(t)f_2(t+\tau)\mathrm{d}t,$$

而积分

$$\int_{-\infty}^{+\infty} f_1(t+\tau)f_2(t)\mathrm{d}t$$

记为 $R_{21}(\tau)$，即

$$R_{21}(\tau) = \int_{-\infty}^{+\infty} f_1(t+\tau)f_2(t)\mathrm{d}t.$$

当 $f_1(t) = f_2(t) = f(t)$ 时，称积分

$$\int_{-\infty}^{+\infty} f(t)f(t+\tau)\mathrm{d}t$$

为函数 $f(t)$ 的**自相关函数**(简称**相关函数**). 用记号 $R(\tau)$ 表示，即

$$R(\tau) = \int_{-\infty}^{+\infty} f(t)f(t+\tau)\mathrm{d}t.$$

根据 $R(\tau)$ 的定义可以看出,自相关函数是一个偶函数,即

$$R(-\tau) = R(\tau).$$

事实上,$R(-\tau) = \int_{-\infty}^{+\infty} f(t)f(t-\tau)\,\mathrm{d}t$,令 $t = u + \tau$,可得

$$R(-\tau) = \int_{-\infty}^{+\infty} f(u+\tau)f(u)\,\mathrm{d}u = R(\tau).$$

关于互相关函数,有如下的性质:

$$R_{21}(\tau) = R_{12}(-\tau).$$

(2) 相关函数和能量谱密度的关系

在(7.12)式中,令 $f_1(t) = f(t)$,$f_2(t) = f(t+\tau)$,且 $F(\omega) = \mathcal{F}[f(t)]$,再根据位移性质,可得

$$\int_{-\infty}^{+\infty} f(t)f(t+\tau)\,\mathrm{d}t = \frac{1}{2\pi} \int_{-\infty}^{+\infty} \overline{F(\omega)}F(\omega)\mathrm{e}^{\mathrm{j}\omega\tau}\,\mathrm{d}\omega$$

$$= \frac{1}{2\pi} \int_{-\infty}^{+\infty} |F(\omega)|^2 \mathrm{e}^{\mathrm{j}\omega\tau}\,\mathrm{d}\omega = \frac{1}{2\pi} \int_{-\infty}^{+\infty} S(\omega)\mathrm{e}^{\mathrm{j}\omega\tau}\,\mathrm{d}\omega,$$

即

$$R(\tau) = \frac{1}{2\pi} \int_{-\infty}^{+\infty} S(\omega)\mathrm{e}^{\mathrm{j}\omega\tau}\,\mathrm{d}\omega.$$

由能量谱密度的定义可以推得

$$S(\omega) = \int_{-\infty}^{+\infty} R(\tau)\mathrm{e}^{-\mathrm{j}\omega\tau}\,\mathrm{d}\tau.$$

由此可见,自相关函数 $R(\tau)$ 和能量谱密度 $S(\omega)$ 构成了一个 Fourier 变换对:

$$\begin{cases} R(\tau) = \dfrac{1}{2\pi} \displaystyle\int_{-\infty}^{+\infty} S(\omega)\mathrm{e}^{\mathrm{j}\omega\tau}\,\mathrm{d}\omega, \\ S(\omega) = \displaystyle\int_{-\infty}^{+\infty} R(\tau)\mathrm{e}^{-\mathrm{j}\omega\tau}\,\mathrm{d}\tau. \end{cases} \tag{7.15}$$

利用相关函数 $R(\tau)$ 及 $S(\omega)$ 的偶函数性质,可将(7.15)式写成三角函数的形式

$$R(\tau) = \frac{1}{2\pi} \int_{-\infty}^{+\infty} S(\omega)\cos\omega\tau\,\mathrm{d}\omega,$$

$$S(\omega) = \int_{-\infty}^{+\infty} R(\tau)\cos\omega\tau\,\mathrm{d}\tau.$$

当 $\tau = 0$ 时,有

$$R(0) = \int_{-\infty}^{+\infty} [f(t)]^2\,\mathrm{d}t = \frac{1}{2\pi} \int_{-\infty}^{+\infty} S(\omega)\,\mathrm{d}\omega,$$

即 Parseval 等式.

若 $F_1(\omega) = \mathcal{F}[f_1(t)]$,$F_2(\omega) = \mathcal{F}[f_2(t)]$,根据乘积定理,可得

$$R_{12}(\tau) = \int_{-\infty}^{+\infty} f_1(t)f_2(t+\tau)\,\mathrm{d}t = \frac{1}{2\pi} \int_{-\infty}^{+\infty} \overline{F_1(\omega)}F_2(\omega)\mathrm{e}^{\mathrm{j}\omega\tau}\,\mathrm{d}\omega.$$

我们称 $S_{12}(\omega)=\overline{F_1(\omega)}F_2(\omega)$ 为**互能量谱密度**. 同样可见,它和互相关函数亦构成一个 Fourier 变换对:

$$\begin{cases} R_{12}(\tau) = \dfrac{1}{2\pi}\displaystyle\int_{-\infty}^{+\infty} S_{12}(\omega)\mathrm{e}^{\mathrm{j}\omega\tau}\,\mathrm{d}\omega, \\[2mm] S_{12}(\omega) = \displaystyle\int_{-\infty}^{+\infty} R_{12}(\tau)\mathrm{e}^{-\mathrm{j}\omega\tau}\,\mathrm{d}\tau. \end{cases}$$

我们还可以发现,互能量谱密度有如下的性质:

$$S_{21}(\omega) = \overline{S_{12}(\omega)},$$

其中

$$S_{21}(\omega) = F_1(\omega)\,\overline{F_2(\omega)}.$$

例 7.4.5 求指数衰减函数 $f(t)=\begin{cases} 0, & t<0, \\ \mathrm{e}^{-\beta t}, & t\geqslant 0 \end{cases}$ $(\beta>0)$ 的自相关函数和能量谱密度.

解 根据自相关函数的定义,有

$$R(\tau) = \int_{-\infty}^{+\infty} f(t)f(t+\tau)\,\mathrm{d}t.$$

我们可以用图 7.4(a)、(b) 和 (c) 来表示 $f(t)$ 和 $f(t+\tau)$ 的图形,而它们乘积 $f(t)f(t+\tau)\neq 0$ 的区间从图中可以看出.

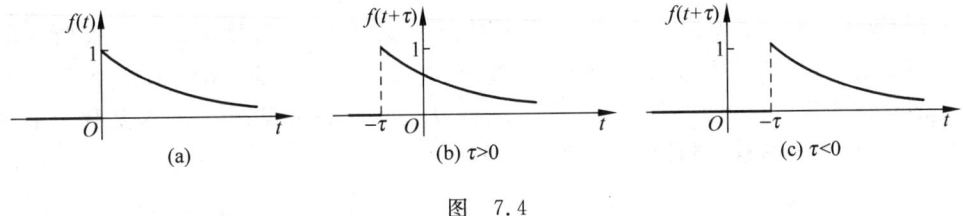

图 7.4

当 $\tau\geqslant 0$ 时,积分区间为 $[0,+\infty)$,所以

$$R(\tau) = \int_{-\infty}^{+\infty} f(t)f(t+\tau)\,\mathrm{d}t = \int_0^{+\infty}\mathrm{e}^{-\beta t}\mathrm{e}^{-\beta(t+\tau)}\,\mathrm{d}t = \left.\frac{\mathrm{e}^{-\beta\tau}}{-2\beta}\mathrm{e}^{-2\beta t}\right|_0^{+\infty} = \frac{\mathrm{e}^{-\beta\tau}}{2\beta},$$

当 $\tau<0$ 时,积分区间为 $[-\tau,+\infty)$,所以

$$R(\tau) = \int_{-\infty}^{+\infty} f(t)f(t+\tau)\,\mathrm{d}t = \int_{-\tau}^{+\infty}\mathrm{e}^{-\beta t}\mathrm{e}^{-\beta(t+\tau)}\,\mathrm{d}t = \left.\frac{\mathrm{e}^{-\beta\tau}}{-2\beta}\mathrm{e}^{-2\beta t}\right|_{-\tau}^{+\infty} = \frac{\mathrm{e}^{\beta\tau}}{2\beta},$$

可见,当 $-\infty<\tau<+\infty$ 时,自相关函数可合写为

$$R(\tau) = \frac{1}{2\beta}\mathrm{e}^{-\beta|\tau|}.$$

将求得的 $R(\tau)$ 代入(7.15)式,即得能量谱密度为

$$S(\omega) = \int_{-\infty}^{+\infty} R(\tau)\mathrm{e}^{-\mathrm{j}\omega\tau}\,\mathrm{d}\tau = \int_{-\infty}^{+\infty}\frac{1}{2\beta}\mathrm{e}^{-\beta|\tau|}\,\mathrm{e}^{-\mathrm{j}\omega\tau}\,\mathrm{d}\tau$$

$$= \frac{1}{\beta} \int_0^{+\infty} e^{-\beta\tau} \cos\omega\tau \, d\tau = \frac{1}{\beta^2 + \omega^2}.$$

为确定 $f(t)f(t+\tau) \neq 0$ 的区间,也可以用解不等式组的方法加以解决. 由函数 $f(t)$ 求相关函数 $R(\tau)$,要决定积分的上下限,有时为了避免这种麻烦,可以首先求出 $f(t)$ 的 Fourier 变换 $F(\omega)$,再根据

$$S(\omega) = |F(\omega)|^2, \quad R(\tau) = \frac{1}{2\pi} \int_{-\infty}^{+\infty} S(\omega) e^{j\omega\tau} \, d\omega$$

求得结果,读者不妨就这个例题自己验算一下.

7.5　Fourier 变换的应用

对一个系统进行分析和研究,首先要知道该系统的数学模型,也就是要建立该系统特性的数学表达式. 所谓线性系统,在很多情况下,它的数学模型可以用一个线性的微分方程、积分方程、微分积分方程(这三类方程统称为微分、积分方程)乃至于偏微分方程来描述,或者说凡是满足叠加原理的一类系统均可称为线性系统. 这一类系统在振动力学、电工学、无线电技术、自动控制理论和其他学科及工程技术领域的研究中,都占有很重要的地位. 本节将应用 Fourier 变换来求解这类线性方程.

1. 微分、积分方程的 Fourier 变换解法

根据 Fourier 变换的线性性质、微分性质和积分性质,对欲求解的方程两端取 Fourier 变换,将其转化为像函数的代数方程,由这个代数方程求出像函数,然后再取 Fourier 逆变换就得出原来方程的解. 这种解法的示意图可见图 7.5. 这是我们求解此类方程的主要方法. 具体做法可见下面的例子.

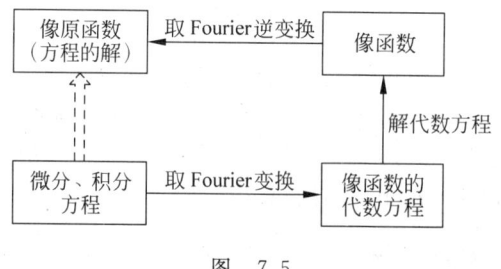

图　7.5

例 7.5.1　求积分方程 $\int_0^{+\infty} g(\omega)\sin\omega t \, d\omega = f(t)$ 的解 $g(\omega)$,其中

$$f(t) = \begin{cases} \dfrac{\pi}{2}\sin t, & 0 < t \leqslant \pi, \\ 0, & t > \pi. \end{cases}$$

解　因为该积分方程可以改写为

$$\frac{2}{\pi} \int_0^{+\infty} g(\omega) \sin\omega t \, \mathrm{d}\omega = \frac{2}{\pi} f(t),$$

所以,由(7.8)式知,$\dfrac{2}{\pi} f(t)$为$g(\omega)$的 Fourier 正弦逆变换,从而由(7.7)式,有

$$g(\omega) = \int_0^{+\infty} \frac{2}{\pi} f(t) \sin\omega t \, \mathrm{d}t = \int_0^\pi \sin t \sin\omega t \, \mathrm{d}t$$

$$= \frac{1}{2} \int_0^\pi \left[\cos(1-\omega)t - \cos(1+\omega)t \right] \mathrm{d}t = \frac{\sin\omega\pi}{1-\omega^2}.$$

我们还可以利用卷积定理来求解某些积分方程.

例 7.5.2　求解积分方程

$$g(t) = h(t) + \int_{-\infty}^{+\infty} f(\tau) g(t-\tau) \, \mathrm{d}\tau,$$

其中 $h(t), f(t)$ 为已知函数,且 $g(t), h(t)$ 和 $f(t)$ 的 Fourier 变换都存在.

解　设$\mathcal{F}[g(t)] = G(\omega)$,$\mathcal{F}[h(t)] = H(\omega)$和$\mathcal{F}[f(t)] = F(\omega)$. 由卷积定义知,积分方程右端第二项等于 $f(t) * g(t)$. 因此上述积分方程两端取 Fourier 变换,由卷积定理可得

$$G(\omega) = H(\omega) + F(\omega) \cdot G(\omega),$$

所以

$$G(\omega) = \frac{H(\omega)}{1 - F(\omega)}.$$

由 Fourier 逆变换,可求得积分方程的解

$$g(t) = \frac{1}{2\pi} \int_{-\infty}^{+\infty} G(\omega) \mathrm{e}^{\mathrm{j}\omega t} \, \mathrm{d}\omega = \frac{1}{2\pi} \int_{-\infty}^{+\infty} \frac{H(\omega)}{1 - F(\omega)} \mathrm{e}^{\mathrm{j}\omega t} \, \mathrm{d}\omega.$$

例 7.5.3　求常系数非齐次线性微分方程

$$\frac{\mathrm{d}^2}{\mathrm{d}t^2} y(t) - y(t) = -f(t)$$

的解,其中 $f(t)$ 为已知函数.

解　设$\mathcal{F}[y(t)] = Y(\omega)$,$\mathcal{F}[f(t)] = F(\omega)$. 利用 Fourier 变换的线性性质和微分性质,对上述微分方程两端取 Fourier 变换可得

$$(\mathrm{j}\omega)^2 Y(\omega) - Y(\omega) = -F(\omega),$$

所以

$$Y(\omega) = \frac{1}{1 + \omega^2} F(\omega).$$

从而

$$y(t) = \frac{1}{2\pi} \int_{-\infty}^{+\infty} Y(\omega) \mathrm{e}^{\mathrm{j}\omega t} \, \mathrm{d}\omega = \frac{1}{2\pi} \int_{-\infty}^{+\infty} \frac{1}{1 + \omega^2} F(\omega) \mathrm{e}^{\mathrm{j}\omega t} \, \mathrm{d}\omega.$$

如果我们能够确定$\dfrac{1}{1+\omega^2}$的 Fourier 逆变换,则 $y(t)$ 可以通过卷积的形式给出.

由附录 A 公式(21)可知，$\dfrac{1}{2}\mathrm{e}^{-|t|}$ 与 $\dfrac{1}{1+\omega^2}$ 构成一个 Fourier 变换对，因此，由卷积定理，有

$$y(t) = \left(\frac{1}{2}\mathrm{e}^{-|t|}\right) * f(t) = \frac{1}{2}\int_{-\infty}^{+\infty} f(\tau)\mathrm{e}^{-|t-\tau|}\,\mathrm{d}\tau.$$

例 7.5.4　求微分积分方程

$$ax'(t) + bx(t) + c\int_{-\infty}^{t} x(t)\mathrm{d}t = h(t)$$

的解，其中 $-\infty < t < +\infty$，a,b,c 均为常数，$h(t)$ 为已知函数.

解　根据 Fourier 变换的线性性质、微分性质和积分性质，且记

$$\mathcal{F}[x(t)] = X(\omega), \quad \mathcal{F}[h(t)] = H(\omega),$$

对上述方程两端取 Fourier 变换，可得

$$a\mathrm{j}\omega X(\omega) + bX(\omega) + \frac{c}{\mathrm{j}\omega}X(\omega) = H(\omega),$$

$$X(\omega) = \frac{H(\omega)}{b + \mathrm{j}\left(a\omega - \dfrac{c}{\omega}\right)}.$$

而上式的 Fourier 逆变换为

$$x(t) = \frac{1}{2\pi}\int_{-\infty}^{+\infty} X(\omega)\mathrm{e}^{\mathrm{j}\omega t}\,\mathrm{d}\omega = \frac{1}{2\pi}\int_{-\infty}^{+\infty} \frac{H(\omega)}{b + \mathrm{j}\left(a\omega - \dfrac{c}{\omega}\right)}\mathrm{e}^{\mathrm{j}\omega t}\,\mathrm{d}\omega.$$

通过上面四个例题可以看出，除例 7.5.1 是按 Fourier 正弦变换公式直接获得积分方程的解以外，其余三个例题的解法都是按示意图的三个步骤进行的. 还可以看出，这类线性方程的未知函数都是单变量函数. 例如质点的位移，电路中的电流、电压等物理量一般都是时间 t 的函数. 这些物理量的变化规律在数学上的表示就形成上述各类方程. 但在自然界和工程技术领域中还有许多物理量不仅与时间 t 有关，还与空间位置 (x,y,z) 有关，例如一根细长杆上的温度分布问题和声波在介质中传播的问题等. 研究这些物理量的变化规律就会获得含有未知的多变量函数及其偏导数的关系式，即称之为**偏微分方程**或**数学物理方程**；还要说明的是，如果要确定一个物理模型中某一物理量的具体的运动规律，除方程外，还需要附加一些条件，因为方程仅反映该物理模型中物理量的共同规律，而实际中提出的物理模型都有特定的"环境"和"初始状态"，这在数学上就称为**边界条件**和**初值条件**，它们统称为**定解条件**. 对于一个具体的物理模型来说，方程加上定解条件才是问题的完整提法，且称之为**定解问题**. 方程加上初值条件构成的定解问题称为**初值问题**；方程加上边界条件构成的定解问题称为**边值问题**；而既有初值条件又有边界条件的定解问题又称为**混合问题**. 关于定解问题的提法及其适定性问题在偏微分方程理论中有详细的论述，有兴趣的读者可参看有关书籍. 下面将通过例题表明 Fourier 变换还是求解偏微分方程的方

法之一,其计算过程与求解上述各类线性方程大体相似.

*2. 偏微分方程的 Fourier 变换解法

现在针对线性偏微分方程中的未知函数是二元函数的情形加以讨论,通过一些较典型的例题来说明 Fourier 变换求解某些偏微分方程定解问题的方法.

为了叙述方便起见,对于 $u=u(x,t)$,及其偏导数 $\dfrac{\partial u}{\partial x},\dfrac{\partial^2 u}{\partial x^2}$ 作为 x 的一元函数取 Fourier 变换时都满足 Fourier 变换中微分性质的条件;$\dfrac{\partial u}{\partial t},\dfrac{\partial^2 u}{\partial t^2}$ 关于 x 取 Fourier 变换时允许(偏)导数运算与积分运算交换次序,即

$$\mathcal{F}\left[\frac{\partial u}{\partial t}\right]=\int_{-\infty}^{+\infty}\frac{\partial u}{\partial t}e^{-j\omega t}\,dx=\frac{\partial}{\partial t}\int_{-\infty}^{+\infty}u(x,t)e^{-j\omega t}\,dx=\frac{\partial}{\partial t}\mathcal{F}[u(x,t)].$$

同理,$\mathcal{F}\left[\dfrac{\partial^2 u}{\partial^2 t}\right]=\dfrac{\partial^2}{\partial t^2}\mathcal{F}[u(x,t)].$

在解题时,不再重述这些条件,希望读者注意.

例 7.5.5(一维波动方程的初值问题)　利用 Fourier 变换求解定解问题:

$$\begin{cases}\dfrac{\partial^2 u}{\partial t^2}=\dfrac{\partial^2 u}{\partial x^2},&-\infty<x<+\infty,t>0,\\[2mm] u\mid_{t=0}=\cos x,\\[2mm] \dfrac{\partial u}{\partial t}\Big|_{t=0}=\sin x.\end{cases}$$

解　由于未知函数 $u(x,t)$ 中的自变量 x 的变化范围是 $(-\infty,+\infty)$,因此,对方程及初值条件关于 x 取 Fourier 变换,记

$$\mathcal{F}[u(x,t)]=U(\omega,t),$$

$$\mathcal{F}\left[\frac{\partial^2 u}{\partial x^2}\right]=(j\omega)^2 U(\omega,t)=-\omega^2 U(\omega,t),$$

$$\mathcal{F}\left[\frac{\partial^2 u}{\partial t^2}\right]=\frac{\partial^2}{\partial t^2}\mathcal{F}[u(x,t)]=\frac{d^2}{dt^2}U(\omega,t),$$

$$\mathcal{F}[\cos x]=\pi[\delta(\omega+1)+\delta(\omega-1)]\quad(\text{见附录 A 公式}(10)),$$

$$\mathcal{F}[\sin x]=\pi j[\delta(\omega+1)-\delta(\omega-1)]\quad(\text{见附录 A 公式}(11)).$$

这样,我们就将求解原定解问题转化为求解含有参数 ω 的常微分方程的初值问题:

$$\begin{cases}\dfrac{d^2 U}{dt^2}=-\omega^2 U,\\[2mm] U\mid_{t=0}=\pi[\delta(\omega+1)+\delta(\omega-1)],\\[2mm] \dfrac{dU}{dt}\Big|_{t=0}=\pi j[\delta(\omega+1)-\delta(\omega-1)].\end{cases}$$

这里,方程是 $U(\omega,t)$ 关于 t 的一个二阶常系数齐次微分方程,我们很容易得到该方程的通解为

$$U(\omega,t) = c_1 \sin\omega t + c_2 \cos\omega t.$$

由初值条件可知

$$c_1 = \frac{\pi}{\omega}\mathrm{j}\big[\delta(\omega+1) - \delta(\omega-1)\big], \quad c_2 = \pi\big[\delta(\omega+1) + \delta(\omega-1)\big].$$

因此,常微分方程初值问题的解为

$$U(\omega,t) = \frac{\pi}{\omega}\mathrm{j}\big[\delta(\omega+1) - \delta(\omega-1)\big]\sin\omega t + \pi\big[\delta(\omega+1) + \delta(\omega-1)\big]\cos\omega t$$

$$= \Big(\pi\cos\omega t + \frac{\pi}{\omega}\mathrm{j}\sin\omega t\Big)\delta(\omega+1) + \Big(\pi\cos\omega t - \frac{\pi}{\omega}\mathrm{j}\sin\omega t\Big)\delta(\omega-1).$$

对上述解取 Fourier 逆变换,且利用 δ-函数的筛选性质,可以获得原定解问题的解为

$$u(x,t) = \mathcal{F}^{-1}\big[U(\omega,t)\big]$$

$$= \frac{1}{2\pi}\int_{-\infty}^{+\infty}\bigg[\Big(\pi\cos\omega t + \frac{\pi}{\omega}\mathrm{j}\sin\omega t\Big)\delta(\omega+1)$$

$$+ \Big(\pi\cos\omega t - \frac{\pi}{\omega}\mathrm{j}\sin\omega t\Big)\delta(\omega-1)\bigg]\mathrm{e}^{\mathrm{j}\omega x}\,\mathrm{d}\omega$$

$$= \sin t\,\frac{\mathrm{e}^{\mathrm{j}x} - \mathrm{e}^{-\mathrm{j}x}}{2\mathrm{j}} + \cos t\,\frac{\mathrm{e}^{\mathrm{j}x} + \mathrm{e}^{-\mathrm{j}x}}{2}$$

$$= \sin t\sin x + \cos t\cos x = \cos(t-x).$$

从例 7.5.5 求解的过程可以看出,用 Fourier 变换求解偏微分方程类似于图 7.5 的三个步骤,即先将定解问题中的未知函数看做某一个自变量的函数,对方程及定解条件关于该自变量取 Fourier 变换,把偏微分方程和定解条件化为像函数的常微分方程的定解问题,再根据这个常微分方程和相应的定解条件,求出像函数,然后再取 Fourier 逆变换,得到原定解问题的解.

例 7.5.6(一维热传导方程的初值问题)　利用 Fourier 变换求解定解问题:

$$\begin{cases} \dfrac{\partial u}{\partial t} = a^2\dfrac{\partial^2 u}{\partial x^2} + f(x,t), & -\infty < x < +\infty, t > 0, \\ u\big|_{t=0} = \varphi(x). \end{cases}$$

解　同例 7.5.5,对定解问题关于 x 取 Fourier 变换,记

$$\mathcal{F}[u(x,t)] = U(\omega,t),$$

$$\mathcal{F}[f(x,t)] = F(\omega,t),$$

$$\mathcal{F}\Big[\frac{\partial^2 u}{\partial x^2}\Big] = -\omega^2 U(\omega,t),$$

$$\mathcal{F}\Big[\frac{\partial u}{\partial t}\Big] = \frac{\mathrm{d}}{\mathrm{d}t}U(\omega,t),$$

$$\mathcal{F}[\varphi(x)] = \varPhi(\omega).$$

这样,我们就将求解原定解问题转化为求解含有参数 ω 的常微分方程的初值问题

$$\begin{cases} \dfrac{\mathrm{d}U}{\mathrm{d}t} = -a^2\omega^2 U + F(\omega,t), \\ U\big|_{t=0} = \Phi(\omega). \end{cases}$$

由一阶线性非齐次常微分方程的求解公式可得

$$U(\omega,t) = \Phi(\omega)\mathrm{e}^{-a^2\omega^2 t} + \int_0^t F(\omega,\tau)\mathrm{e}^{-a^2\omega^2(t-\tau)}\,\mathrm{d}\tau.$$

对上式两端取 Fourier 逆变换,且借助于附录 A 中的公式(6)可知

$$\mathcal{F}^{-1}\left[\mathrm{e}^{-a^2\omega^2 t}\right] = \frac{1}{2a\sqrt{\pi t}}\mathrm{e}^{-\frac{x^2}{4a^2 t}}.$$

再根据 Fourier 变换的卷积性质,从而可以获得原定解问题的解,即

$$\begin{aligned}
u(x,t) &= \mathcal{F}^{-1}\left[U(\omega,t)\right] \\
&= \varphi(x) * \frac{1}{2a\sqrt{\pi t}}\mathrm{e}^{-\frac{x^2}{4a^2 t}} + \int_0^t f(x,\tau) * \frac{1}{2a\sqrt{\pi(t-\tau)}}\mathrm{e}^{-\frac{x^2}{4a^2(t-\tau)}}\,\mathrm{d}\tau \\
&= \frac{1}{2a\sqrt{\pi t}}\int_{-\infty}^{+\infty}\varphi(\xi)\mathrm{e}^{-\frac{(x-\xi)^2}{4a^2 t}}\,\mathrm{d}\xi + \frac{1}{2a\sqrt{\pi}}\int_0^t\int_{-\infty}^{+\infty}\frac{f(\xi,\tau)}{\sqrt{t-\tau}}\mathrm{e}^{-\frac{(x-\xi)^2}{4a^2(t-\tau)}}\,\mathrm{d}\xi\mathrm{d}\tau.
\end{aligned}$$

此例中的偏微分方程是非齐次的,这里 $f(x,t)$ 是与热源有关的量,而且求解的区域又是无界的,若用其他方法来求解,其运算要比 Fourier 变换方法复杂得多.

如果 $f(x,t)=0$,偏微分方程为齐次的.此时可得

$$u(x,t) = \frac{1}{2a\sqrt{\pi t}}\int_{-\infty}^{+\infty}\varphi(\xi)\mathrm{e}^{-\frac{(x-\xi)^2}{4a^2 t}}\,\mathrm{d}\xi.$$

例 7.5.7(上半平面无源静电场内电势的边值问题) 利用 Fourier 变换求解定解问题:

$$\begin{cases} \dfrac{\partial^2 u}{\partial x^2} + \dfrac{\partial^2 u}{\partial y^2} = 0, \quad -\infty < x < +\infty, y > 0, \\ u\big|_{y=0} = f(x), \\ \lim_{x^2+y^2\to+\infty} u = 0. \end{cases}$$

解 本例中的偏微分方程是用来描述稳恒过程的,所以未知函数 $u=u(x,y)$ 与时间 t 无关.由于 x 的变化范围是 $(-\infty,+\infty)$,因此,对方程和边界条件关于 x 取 Fourier 变换,记

$$\mathcal{F}[u(x,y)] = U(\omega,y),$$

$$\mathcal{F}\left[\frac{\partial^2 u}{\partial x^2}\right] = -\omega^2 U(\omega,y),$$

$$\mathcal{F}\left[\frac{\partial^2 u}{\partial y^2}\right] = \frac{\mathrm{d}^2}{\mathrm{d}y^2}U(\omega,y),$$

$$\mathcal{F}[f(x)] = F(\omega).$$

这样,就将求解原定解问题转化为求解含有参数 ω 的常微分方程的边值问题

$$\begin{cases} \dfrac{\mathrm{d}^2 U}{\mathrm{d} y^2} - \omega^2 U = 0, \\ U\big|_{y=0} = F(\omega), \\ \lim_{\omega^2 + y^2 \to +\infty} U = \lim_{y \to +\infty} U = 0. \end{cases}$$

解此二阶常系数线性齐次微分方程可得其通解为

$$U(\omega, y) = c_1 \mathrm{e}^{|\omega| y} + c_2 \mathrm{e}^{-|\omega| y},$$

代入边界条件,有 $c_1 + c_2 = F(\omega)$,由 $\lim_{y \to +\infty} U = 0$,必有 $c_1 = 0$,从而 $c_2 = F(\omega)$. 因此,边值问题的解为

$$U(\omega, y) = F(\omega) \mathrm{e}^{-|\omega| y}.$$

对上式两端取 Fourier 逆变换,且借助附录 A 公式(31)可知

$$\mathcal{F}^{-1}\big[\mathrm{e}^{-|\omega| y}\big] = \frac{y}{\pi} \cdot \frac{1}{x^2 + y^2}.$$

再利用 Fourier 变换的卷积性质,从而获得原定解问题的解,即

$$u(x, y) = \mathcal{F}^{-1}\big[U(\omega, y)\big] = f(x) * \frac{y}{\pi(x^2 + y^2)} = \frac{1}{\pi} \int_{-\infty}^{+\infty} \frac{y f(\tau)}{(x - \tau)^2 + y^2} \mathrm{d}\tau.$$

至此,针对偏微分方程中的未知函数是二元函数的情形,完成了用 Fourier 变换去求解一维波动方程,一维热传导方程及上半平面静电场的电势等定解问题.

习题 7

1. 求矩形脉冲函数 $f(t) = \begin{cases} A, & 0 \leqslant t \leqslant \tau, \\ 0, & \text{其他} \end{cases}$ 的 Fourier 变换.

2. 已知某函数的 Fourier 变换为 $F(\omega) = \dfrac{\sin \omega}{\omega}$,求该函数 $f(t)$.

3. 求下列函数的 Fourier 变换:

(1) $f(t) = \begin{cases} \alpha \mathrm{e}^{-\beta t}, & t > 0, \\ 0, & t < 0 \end{cases}$ $(\alpha > 0, \beta > 0)$;

(2) $f(t) = \begin{cases} \cos t, & |t| \leqslant \pi, \\ 0, & |t| > \pi. \end{cases}$

4. 求函数 $f(t) = \mathrm{e}^{-t} (t \geqslant 0)$ 的 Fourier 正弦变换.

5. 求如图所示的三角形脉冲的频谱函数.

6. 求如图所示的锯齿形波的频谱图.

7. 已知某函数的 Fourier 变换为 $F(\omega) = \pi[\delta(\omega + \omega_0) + \delta(\omega - \omega_0)]$,求该函数 $f(t)$.

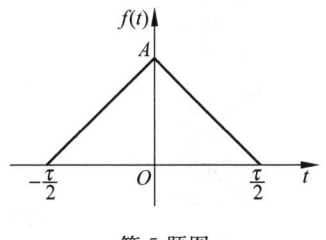

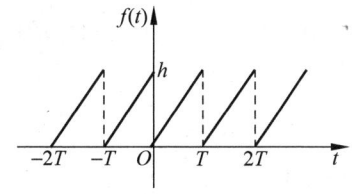

第 5 题图 　　　　　　　　　　第 6 题图

8. 求函数 $f(t)=\dfrac{1}{2}\left[\delta(t+a)+\delta(t-a)+\delta\left(t+\dfrac{a}{2}\right)+\delta\left(t-\dfrac{a}{2}\right)\right]$ 的 Fourier 变换.

9. 求下列函数的 Fourier 变换：

(1) $f(t)=\cos t\sin t$；　　　　　　　(2) $f(t)=\sin^3 t$；

(3) $f(t)=\sin\left(5t+\dfrac{\pi}{3}\right)$；　　　　(4) $f(t)=\mathrm{e}^{-a|t|}$，$\mathrm{Re}(a)>0$；

(5) $f(t)=\mathrm{e}^{-|t|}\cos t$；　　　　　(6) $f(t)=\begin{cases}\sin t, & |t|\leqslant\pi,\\ 0, & |t|>\pi.\end{cases}$

10. 若 $F(\omega)=\mathcal{F}[f(t)]$，$a$ 为非零常数，试证明：

(1) $\mathcal{F}[f(at-t_0)]=\dfrac{1}{|a|}F\left(\dfrac{\omega}{a}\right)\mathrm{e}^{-\mathrm{j}\frac{\omega}{a}t_0}$；

(2) $\mathcal{F}[f(t_0-at)]=\dfrac{1}{|a|}F\left(-\dfrac{\omega}{a}\right)\mathrm{e}^{-\mathrm{j}\frac{\omega}{a}t_0}$.

11. 设函数 $f(t)=\begin{cases}1, & |t|<1,\\ 0, & |t|>1,\end{cases}$ 利用对称性质,证明：

$$\mathcal{F}\left[\dfrac{\sin t}{t}\right]=\begin{cases}\pi, & |\omega|<1,\\ 0, & |\omega|>1.\end{cases}$$

12. 利用像函数的微分性质,求 $g(t)=t\mathrm{e}^{-t^2}$ 的 Fourier 变换.

13. 若 $F(\omega)=\mathcal{F}[f(t)]$，利用 Fourier 变换的性质求下列函数 $g(t)$ 的 Fourier 变换：

(1) $g(t)=tf(2t)$；　　　　　　　(2) $g(t)=(t-2)f(t)$；

(3) $g(t)=(t-2)f(-2t)$；　　　　(4) $g(t)=t^3 f(2t)$；

(5) $g(t)=tf'(t)$；　　　　　　　(6) $g(t)=f(1-t)$；

(7) $g(t)=(1-t)f(1-t)$；　　　　(8) $g(t)=f(2t-5)$.

14. 求下列函数的 Fourier 变换：

(1) $f(t)=\mathrm{e}^{\mathrm{j}\omega_0 t}u(t)$；

(2) $f(t)=\mathrm{e}^{\mathrm{j}\omega_0 t}u(t-t_0)$；

(3) $f(t) = e^{j\omega_0 t} t u(t)$.

15. 利用能量积分,求下列积分的值:

(1) $\displaystyle\int_{-\infty}^{+\infty} \frac{1 - \cos x}{x^2} dx$;　　　　　　　　(2) $\displaystyle\int_{-\infty}^{+\infty} \frac{\sin^4 x}{x^2} dx$;

(3) $\displaystyle\int_{-\infty}^{+\infty} \frac{1}{(1+x^2)^2} dx$;　　　　　　　　(4) $\displaystyle\int_{-\infty}^{+\infty} \frac{x^2}{(1+x^2)^2} dx$.

16. 若 $f_1(t) = e^{-at} u(t)$, $f_2(t) = \sin t \cdot u(t)$,求 $f_1(t) * f_2(t)$.

17. 若 $f_1(t) = \begin{cases} 0, & t < 0, \\ e^t, & t \geqslant 0 \end{cases}$ 与 $f_2(t) = \begin{cases} \sin t, & 0 \leqslant t \leqslant \dfrac{\pi}{2}, \\ 0, & \text{其他}, \end{cases}$ 求 $f_1(t) * f_2(t)$.

18. 求下列函数的 Fourier 变换:

(1) $f(t) = \sin\omega_0 t \cdot u(t)$;

(2) $f(t) = e^{-\beta t} \sin\omega_0 t \cdot u(t)$　$(\beta > 0)$;

(3) $f(t) = e^{-\beta t} \cos\omega_0 t \cdot u(t)$　$(\beta > 0)$.

19. 已知某信号的相关函数 $R(\tau) = \dfrac{1}{4} e^{-2a|\tau|}$,求它的能量谱密度 $S(\omega)$,其中 $a > 0$.

20. 已知某波形的相关函数 $R(\tau) = \dfrac{1}{2}\cos\omega_0\tau$($\omega_0$ 为常数),求这个波形的能量谱密度.

21. 求函数 $f(t) = e^{-\alpha t} u(t)$($\alpha > 0$)的能量谱密度.

22. 若函数 $f_1(t) = \begin{cases} \dfrac{b}{a}t, & 0 \leqslant t \leqslant a, \\ 0, & \text{其他} \end{cases}$ 与 $f_2(t) = \begin{cases} 1, & 0 \leqslant t \leqslant a, \\ 0, & \text{其他}, \end{cases}$ 求 $f_1(t)$ 和 $f_2(t)$ 的互相关函数 $R_{12}(\tau)$.

23. 求微分方程 $x'(t) + x(t) = \delta(t)$($-\infty < t < +\infty$)的解.

24. 利用 Fourier 变换,解下列积分方程:

(1) $\displaystyle\int_0^{+\infty} g(\omega)\cos\omega t \, d\omega = \frac{\sin t}{t}$;

(2) $\displaystyle\int_0^{+\infty} g(\omega)\sin\omega t \, d\omega = \begin{cases} 1, & 0 \leqslant t < 1, \\ 2, & 1 \leqslant t < 2, \\ 0, & t \geqslant 2; \end{cases}$

(3) $\displaystyle\int_0^{+\infty} g(\omega)\cos\omega t \, d\omega = \begin{cases} 1 - t, & 0 \leqslant t \leqslant 1, \\ 0, & t > 1; \end{cases}$

(4) $\displaystyle\int_0^{+\infty} g(\omega)\sin\omega t\,\mathrm{d}\omega = \begin{cases} \dfrac{\pi}{2}\cos t, & 0 \leqslant t < \pi, \\[2mm] -\dfrac{\pi}{4}, & t = \pi, \\[2mm] 0, & t > \pi. \end{cases}$

25. 求解下列积分方程：

(1) $\displaystyle\int_{-\infty}^{+\infty} \frac{y(\tau)}{(t-\tau)^2+a^2}\mathrm{d}\tau = \frac{1}{t^2+b^2}$, $0 < a < b$；

(2) $\displaystyle\int_{-\infty}^{+\infty} \mathrm{e}^{-|t-\tau|} y(\tau)\mathrm{d}\tau = \sqrt{2\pi}\,\mathrm{e}^{-\frac{t^2}{2}}$.

26. 求下列微分积分方程的解 $x(t)$：

(1) $\displaystyle x'(t) - 4\int_{-\infty}^t x(t)\mathrm{d}t = \mathrm{e}^{-|t|}$, $-\infty < t < +\infty$；

(2) $\displaystyle ax'(t) + b\int_{-\infty}^{+\infty} x(\tau)f(t-\tau)\mathrm{d}\tau = \cosh(t)$，其中 $f(t),h(t)$ 为已知函数，a,b，

c 均为已知常数.

27. 求解下列偏微分方程的定解问题：

(1) $\begin{cases} \dfrac{\partial^2 u}{\partial t^2} = \dfrac{\partial^2 u}{\partial x^2} + t\sin x & (-\infty < x < +\infty, t > 0), \\[2mm] u\big|_{t=0} = 0, \\[2mm] \dfrac{\partial u}{\partial t}\Big|_{t=0} = \sin x; \end{cases}$

(2) $\begin{cases} \dfrac{\partial u}{\partial t} = a^2 \dfrac{\partial^2 u}{\partial x^2} + Au & (-\infty < x < +\infty, t > 0), \\[2mm] u\big|_{t=0} = \delta(\xi - x), \end{cases}$ 其中 a,A 均为常数；

(3) $\begin{cases} \dfrac{\partial^2 u}{\partial x^2} + \dfrac{\partial^2 u}{\partial y^2} = 0 & (-\infty < x < +\infty, y > 0), \\[2mm] u\big|_{y=0} = f(x), \\[2mm] \lim_{x^2+y^2 \to +\infty} u = 0, \end{cases}$ 其中

① $f(x) = \begin{cases} -1, & x < 0, \\ 1, & x > 0, \end{cases}$ ② $f(x) = \begin{cases} 0, & x < -1, \\ 1, & -1 < x < 1, \\ 0, & x > 1; \end{cases}$

$$(4) \begin{cases} \dfrac{\partial u}{\partial t} = a^2 \dfrac{\partial^2 u}{\partial x^2} \quad (0 < x < +\infty, t > 0), \\[2mm] \dfrac{\partial u}{\partial x}\Big|_{x=0} = 0, \\[2mm] u\big|_{t=0} = \begin{cases} A, & 0 < x < 1, \\ 0, & 1 < x < +\infty, \end{cases} \end{cases} \qquad \text{其中 } a, A \text{ 均为常数;}$$

$$(5) \begin{cases} \dfrac{\partial u}{\partial t} = \dfrac{\partial^2 u}{\partial x^2} \quad (0 < x < +\infty, t > 0), \\[2mm] u\big|_{x=0} = 0, \\[2mm] u\big|_{t=0} = \begin{cases} 1, & 0 < x < 1, \\ 0, & x > 1. \end{cases} \end{cases}$$

第8章

Laplace 变换

8.1 Laplace 变换的概念

1. 问题的提出

在第 7 章中介绍过,一个函数当它除了满足 Dirichlet 条件外,还在 $(-\infty,+\infty)$ 内满足绝对可积的条件时,就一定存在普通意义下的 Fourier 变换.但绝对可积条件是比较强的,许多即使很简单的函数(如单位阶跃函数、正弦、余弦函数以及线性函数等)都不满足这个条件;其次,可以进行 Fourier 变换的函数必须在整个数轴上有定义,但在物理和无线电技术等实际应用中,许多以时间 t 作为自变量的函数在 $t<0$ 时往往是无意义的或者是不需要考虑的,像这样的函数都不能取 Fourier 变换.由此可见,Fourier 变换的应用范围受到相当大的限制.

对于任意一个函数 $f(t)$,能否经过适当的改造,使其进行 Fourier 变换时克服上述两个缺点呢?这就使我们想到前面讲过的单位阶跃函数 $u(t)$ 和指数衰减函数 $e^{-\beta t}$ 所具有的特点.用前者乘以 $f(t)$ 可以使积分区间由 $(-\infty,+\infty)$ 变成 $[0,+\infty)$,而用后者乘以 $f(t)$ 就有可能使其变得绝对可积.因此,首先将 $f(t)$ 乘上 $u(t)e^{-\beta t}$,就可以克服以上两个缺点.大家知道在各种初等函数中,指数函数 $e^{\beta t}(\beta>0)$ 的上升速度是最快的了,因而 $e^{-\beta t}(\beta>0)$ 下降的速度也是最快的.几乎所有的实用函数 $f(t)$ 乘上 $u(t)$ 再乘上 $e^{-\beta t}(\beta>0)$ 后得到的 $f(t)u(t)e^{-\beta t}$ 存在 Fourier 变换.

对函数 $f(t)u(t)e^{-\beta t}(\beta>0)$ 取 Fourier 变换,可得

$$G_{\beta}(\omega) = \mathcal{F}[f(t)u(t)e^{-\beta t}] = \int_{-\infty}^{+\infty} f(t)u(t)e^{-\beta t}e^{-j\omega t}\,dt = \int_{0}^{+\infty} f(t)e^{-(\beta+j\omega)t}\,dt,$$

令 $s=\beta+j\omega$,则

$$F(s) \stackrel{\text{def}}{=} G_{\beta}\left(\frac{s-\beta}{j}\right) = \int_{0}^{+\infty} f(t)e^{-st}\,dt,$$

由此式所确定的函数,实际上是由 $f(t)$ 通过一种新的变换得来的,这个变换我们称之为 Laplace 变换.简单来讲,对 $f(t)$ 先乘以 $u(t)e^{-\beta t}$ 再取 Fourier 变换,就得到了

Laplace 变换.

定义 8.1.1 设函数 $f(t)$ 当 $t \geqslant 0$ 时有定义,而且积分 $\int_0^{+\infty} f(t) \mathrm{e}^{-st} \mathrm{d}t$ 在 s 的某一区域内收敛(注意 s 是复参数),则由此积分所确定的函数可写为

$$F(s) = \int_0^{+\infty} f(t) \mathrm{e}^{-st} \mathrm{d}t,$$

称为函数 $f(t)$ 的 **Laplace 变换式**,记为

$$F(s) = \mathcal{L}[f(t)],$$

$F(s)$ 称为 $f(t)$ 的 **Laplace 变换**(或称为**像函数**). 而 $f(t)$ 则称为 $F(s)$ 的 **Laplace 逆变换**(或**像原函数**)记为

$$f(t) = \mathcal{L}^{-1}[F(s)].$$

例 8.1.1 求单位阶跃函数 $u(t) = \begin{cases} 0, & t<0, \\ 1, & t>0 \end{cases}$ 的 Laplace 变换.

解 根据 Laplace 变换的定义,有 $\mathcal{L}[u(t)] = \int_0^{+\infty} \mathrm{e}^{-st} \mathrm{d}t$,这个积分在 $\mathrm{Re}(s) > 0$ 时收敛,而且有

$$\mathcal{L}[u(t)] = \int_0^{+\infty} u(t) \mathrm{e}^{-st} \mathrm{d}t = \int_0^{+\infty} \mathrm{e}^{-st} \mathrm{d}t = -\frac{1}{s} \mathrm{e}^{-st} \Big|_0^{+\infty} = \frac{1}{s},$$

所以

$$\mathcal{L}[u(t)] = \frac{1}{s} (\mathrm{Re}(s) > 0).$$

例 8.1.2 求指数函数 $f(t) = \mathrm{e}^{kt}$ 的 Laplace 变换(k 为实数).

解 根据 Laplace 变换的定义,有

$$\mathcal{L}[f(t)] = \int_0^{+\infty} \mathrm{e}^{kt} \mathrm{e}^{-st} \mathrm{d}t = \int_0^{+\infty} \mathrm{e}^{-(s-k)t} \mathrm{d}t,$$

这个积分在 $\mathrm{Re}(s) > k$ 时收敛,而且有

$$\int_0^{+\infty} \mathrm{e}^{-(s-k)t} \mathrm{d}t = \frac{-1}{s-k} \mathrm{e}^{-(s-k)t} \Big|_0^{+\infty} = \frac{1}{s-k},$$

所以

$$L[\mathrm{e}^{kt}] = \frac{1}{s-k} \quad (\mathrm{Re}(s) > k).$$

2. Laplace 变换的存在定理

Laplace 变换的存在定理 若函数 $f(t)$ 满足

(1) 在 $t \geqslant 0$ 的任一有限区间上按段连续;

(2) $f(t)$ 的增长速度不超过某一指数函数,即存在常数 $M > 0, c \geqslant 0$,使得 $|f(t)| \leqslant M \mathrm{e}^{a}$,则 $f(t)$ 的 Laplace 变换 $F(s) = \int_0^{+\infty} f(t) \mathrm{e}^{-st} \mathrm{d}t$ 在半平面 $\mathrm{Re}(s) > c$ 上

一定存在,右端的积分在 $\text{Re}(s) \geqslant c_1 (c_1 > c)$ 上绝对收敛而且一致收敛,并且在 $\text{Re}(s) > c$ 的半平面内,$F(s)$ 是解析函数.

例 8.1.3 求 $\mathcal{L}[\sin(kt)]$,k 为实数.

解

$$\mathcal{L}[\sin kt] = \int_0^{+\infty} \sin kt\, e^{-st}\, dt = \frac{1}{2j} \int_0^{+\infty} (e^{jkt} - e^{-jkt}) e^{-st}\, dt$$

$$= \frac{-j}{2} \left(\int_0^{+\infty} e^{-(s-jk)t}\, dt - \int_0^{+\infty} e^{-(s+jk)t}\, dt \right)$$

$$= \frac{-j}{2} \left(\frac{-1}{s-jk} e^{-(s-jk)t} \Big|_0^{+\infty} - \frac{-1}{s+jk} e^{-(s+jk)t} \Big|_0^{+\infty} \right)$$

$$= \frac{-j}{2} \left(\frac{1}{s-jk} - \frac{1}{s+jk} \right) = \frac{k}{s^2+k^2} \quad (\text{Re}(s) > 0).$$

同理可得

$$\mathcal{L}[\cos kt] = \int_0^{+\infty} \cos kt\, e^{-st}\, dt = \frac{1}{2} \int_0^{+\infty} (e^{jkt} + e^{-jkt}) e^{-st}\, dt$$

$$= \frac{1}{2} \left(\int_0^{+\infty} e^{-(s-jk)t}\, dt + \int_0^{+\infty} e^{-(s+jk)t}\, dt \right)$$

$$= \frac{1}{2} \left(\frac{-1}{s-jk} e^{-(s-jk)t} \Big|_0^{+\infty} + \frac{-1}{s+jk} e^{-(s+jk)t} \Big|_0^{+\infty} \right)$$

$$= \frac{1}{2} \left(\frac{1}{s-jk} + \frac{1}{s+jk} \right) = \frac{s}{s^2+k^2} \quad (\text{Re}(s) > 0).$$

在工程中经常应用的 Γ-函数(Gamma 函数)定义为

$$\Gamma(m) = \int_0^{+\infty} e^{-t} t^{m-1}\, dt, \quad 0 < m < +\infty,$$

利用分部积分公式可以证明

$$\Gamma(m+1) = \int_0^{+\infty} e^{-t} t^m\, dt = -\int_0^{+\infty} t^m\, de^{-t} = -t^m e^{-t} \Big|_0^{+\infty} + \int_0^{+\infty} e^{-t}\, dt^m$$

$$= \int_0^{+\infty} e^{-t} m t^{m-1}\, dt = m\Gamma(m).$$

而且 $\Gamma(1) = \int_0^{+\infty} e^{-t}\, dt = -e^{-t} \Big|_0^{+\infty} = 1$,因此若 m 为正整数,则 $\Gamma(m+1) = m!$.

例 8.1.4 幂函数 $f(t) = t^m$(常数 $m > -1$)的 Laplace 变换为

$$\mathcal{L}[t^m] = \frac{\Gamma(m+1)}{s^{m+1}} \quad (\text{Re}(s) > 0),$$

若 m 为正整数,则 $\mathcal{L}[t^m] = \dfrac{m!}{s^{m+1}} (\text{Re}(s) > 0)$.

例 8.1.5 求如图 8.1 所示的周期性三角波

$$f(t) = \begin{cases} t, & 0 \leqslant t < b, \\ 2b-t, & b \leqslant t < 2b \end{cases}$$

满足 $f(t+2b)=f(t)$ 的 Laplace 变换.

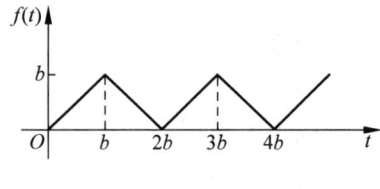

图 8.1

解

$$\mathcal{L}[f(t)]=\int_0^{+\infty} f(t)\mathrm{e}^{-st}\,\mathrm{d}t$$

$$=\int_0^{2b} f(t)\mathrm{e}^{-st}\,\mathrm{d}t+\int_{2b}^{4b} f(t)\mathrm{e}^{-st}\,\mathrm{d}t+\cdots+\int_{2kb}^{2(k+1)b} f(t)\mathrm{e}^{-st}\,\mathrm{d}t+\cdots$$

$$=\sum_{k=0}^{+\infty}\int_{2kb}^{2(k+1)b} f(t)\mathrm{e}^{-st}\,\mathrm{d}t.$$

令 $t=\tau+2kb$,则

$$\int_{2kb}^{2(k+1)b} f(t)\mathrm{e}^{-st}\,\mathrm{d}t=\int_0^{2b} f(\tau+2kb)\mathrm{e}^{-s(\tau+2kb)}\,\mathrm{d}\tau=\mathrm{e}^{-2kbs}\int_0^{2b} f(\tau)\mathrm{e}^{-s\tau}\,\mathrm{d}\tau,$$

$$\int_0^{2b} f(t)\mathrm{e}^{-st}\,\mathrm{d}t=\int_0^b t\mathrm{e}^{-st}\,\mathrm{d}t+\int_b^{2b} (2b-t)\mathrm{e}^{-st}\,\mathrm{d}t$$

$$=\frac{-1}{s}\int_0^b t\mathrm{d}\mathrm{e}^{-st}-\frac{1}{s}\int_b^{2b} (2b-t)\mathrm{d}\mathrm{e}^{-st}$$

$$=\frac{-1}{s}t\mathrm{e}^{-st}\Big|_0^b+\frac{1}{s}\int_0^b \mathrm{e}^{-st}\,\mathrm{d}t-\frac{(2b-t)}{s}\mathrm{e}^{-st}\Big|_b^{2b}-\frac{1}{s}\int_b^{2b} \mathrm{e}^{-st}\,\mathrm{d}t$$

$$=\frac{-b}{s}\mathrm{e}^{-sb}+\frac{b}{s}\mathrm{e}^{-sb}-\frac{1}{s^2}\mathrm{e}^{-st}\Big|_0^b+\frac{1}{s^2}\mathrm{e}^{-st}\Big|_b^{2b}$$

$$=\frac{1}{s^2}(1-\mathrm{e}^{-sb}+\mathrm{e}^{-2sb}-\mathrm{e}^{-sb})$$

$$=\frac{1}{s^2}(1-\mathrm{e}^{bs})^2.$$

因此

$$\mathcal{L}[f(t)]=\sum_{k=0}^{+\infty}\mathrm{e}^{-2kbs}\int_0^{2b} f(t)\mathrm{e}^{-st}\,\mathrm{d}t.$$

当 $\mathrm{Re}(s)>0$ 时,由于 $\sum_{k=0}^{+\infty}\mathrm{e}^{-2kbs}=\dfrac{1}{1-\mathrm{e}^{-2bs}}$,有

$$\mathcal{L}[f(t)]=\frac{1}{1-\mathrm{e}^{-2bs}}\int_0^{2b} f(t)\mathrm{e}^{-st}\,\mathrm{d}t=\frac{1}{1-\mathrm{e}^{-2bs}}(1-\mathrm{e}^{-bs})^2\frac{1}{s^2}=\frac{1}{s^2}\cdot\frac{1-\mathrm{e}^{-bs}}{1+\mathrm{e}^{-bs}}.$$

一般地,若 $f_T(t)$ 是周期为 T 的周期函数,则

$$\mathcal{L}\big[f_T(t)\big] = \frac{1}{1-\mathrm{e}^{-sT}}\int_0^T f_T(t)\mathrm{e}^{-st}\,\mathrm{d}t.$$

还要指出,满足 Laplace 变换存在条件的函数 $f(t)$ 在 $t=0$ 处有界时,积分 $\mathcal{L}[f(t)] = \int_0^{+\infty} f(t)\mathrm{e}^{-st}\,\mathrm{d}t$ 中的下限取 0^+ 或 0^- 不会影响其结果.但如果 $f(t)$ 在 $t=0$ 处包含脉冲函数时,就必须明确指出是 0^+ 还是 0^-,因为

$$\mathcal{L}_+\big[f(t)\big] = \int_{0^+}^{+\infty} f(t)\mathrm{e}^{-st}\,\mathrm{d}t,$$

$$\mathcal{L}_-\big[f(t)\big] = \int_{0^-}^{+\infty} f(t)\mathrm{e}^{-st}\,\mathrm{d}t = \int_{0^-}^{0^+} f(t)\mathrm{e}^{-st}\,\mathrm{d}t + \mathcal{L}_+\big[f(t)\big].$$

当 $f(t)$ 在 $t=0$ 处有界时,则

$$\int_{0^-}^{0^+} f(t)\mathrm{e}^{-st}\,\mathrm{d}t = 0, \quad 即 \quad \mathcal{L}_-\big[f(t)\big] = \mathcal{L}_+\big[f(t)\big];$$

当 $f(t)$ 在 $t=0$ 处包含了脉冲函数时,则

$$\int_{0^-}^{0^+} f(t)\mathrm{e}^{-st}\,\mathrm{d}t \neq 0, \quad 即 \quad \mathcal{L}_-\big[f(t)\big] \neq \mathcal{L}_+\big[f(t)\big].$$

为了考虑这一情况,需将进行 Laplace 变换的函数 $f(t)$,当 $t \geqslant 0$ 时有定义扩大为当 $t > 0$ 及 $t = 0$ 的任意一个充分小的邻域内有定义.这样,原来的 Laplace 变换的定义 $\mathcal{L}[f(t)] = \int_0^{+\infty} f(t)\mathrm{e}^{-st}\,\mathrm{d}t$ 应改为 $\mathcal{L}_-[f(t)] = \int_{0^-}^{+\infty} f(t)\mathrm{e}^{-st}\,\mathrm{d}t$.但为了书写方便起见,仍写成 $\mathcal{L}[f(t)] = \int_0^{+\infty} f(t)\mathrm{e}^{-st}\,\mathrm{d}t$ 的形式.

例 8.1.6 求单位脉冲函数 $\delta(t)$ 的 Laplace 变换.

解 $\mathcal{L}\big[\delta(t)\big] = \int_{0^-}^{+\infty} \delta(t)\mathrm{e}^{-st}\,\mathrm{d}t = \int_{-\infty}^{+\infty} \delta(t)\mathrm{e}^{-st}\,\mathrm{d}t = \mathrm{e}^{-st}\big|_{t=0} = 1.$

例 8.1.7 求函数 $f(t) = \mathrm{e}^{-\beta t}\delta(t) - \beta\mathrm{e}^{-\beta t}u(t)(\beta>0)$ 的 Laplace 变换.

解 $\mathcal{L}[f(t)] = \int_0^{+\infty} f(t)\mathrm{e}^{-st}\,\mathrm{d}t = \int_0^{+\infty} \big[\mathrm{e}^{-\beta t}\delta(t) - \beta\mathrm{e}^{-\beta t}u(t)\big]\mathrm{e}^{-st}\,\mathrm{d}t$

$$= \int_0^{+\infty} \delta(t)\mathrm{e}^{-(s+\beta)t}\,\mathrm{d}t - \beta\int_0^{+\infty} \mathrm{e}^{-(s+\beta)t}\,\mathrm{d}t = \mathrm{e}^{-(s+\beta)t}\big|_{t=0} + \frac{\beta\mathrm{e}^{-(s+\beta)t}}{s+\beta}\bigg|_0^{+\infty}$$

$$= 1 - \frac{\beta}{s+\beta} = \frac{s}{s+\beta}.$$

在今后的实际工作中,我们并不要求用广义积分的方法来求函数的 Laplace 变换,而是应用 Laplace 变换表,就如同使用三角函数表、对数表及积分表一样.本书已将工程实际中常遇到的一些函数及其 Laplace 变换列于附录 B 中,以备查用.

例 8.1.8 求 $\sin 2t\sin 3t$ 的 Laplace 变换.

解 $\sin 2t\sin 3t = -\dfrac{1}{4}(\mathrm{e}^{\mathrm{j}2t} - \mathrm{e}^{-\mathrm{j}2t})(\mathrm{e}^{\mathrm{j}3t} - \mathrm{e}^{-\mathrm{j}3t}) = \dfrac{1}{4}(\mathrm{e}^{\mathrm{j}5t} - \mathrm{e}^{-\mathrm{j}t} - \mathrm{e}^{\mathrm{j}t} + \mathrm{e}^{-\mathrm{j}5t}),$

$$\mathcal{L}[\sin 2t\sin 3t] = \frac{1}{4}\left(\frac{1}{s+j5} - \frac{1}{s-j} - \frac{1}{s+j} + \frac{1}{s-j5}\right)$$

$$= \frac{1}{4}\left(\frac{2s}{s^2+25} - \frac{2s}{s^2+1}\right) = \frac{12s}{(s^2+25)(s^2+1)}.$$

8.2 Laplace 变换的性质

本节介绍 Laplace 变换的几个性质,它们在 Laplace 变换的实际应用中有重要作用. 为方便起见,假定在这些性质中,凡是要求 Laplace 变换的函数都满足 Laplace 变换存在定理中的条件,并且把这些函数的增长指数都统一地取为 c,在证明性质时不再重述这些条件.

1. 线性性质

若 α,β 是常数,$\mathcal{L}[f_1(t)] = F_1(s)$,$\mathcal{L}[f_2(t)] = F_2(s)$,则有

$$\mathcal{L}[\alpha f_1(t) + \beta f_2(t)] = \alpha F_1(s) + \beta F_2(s),$$

或

$$\mathcal{L}^{-1}[\alpha F_1(s) + \beta F_2(s)] = \alpha f_1(t) + \beta f_2(t).$$

此线性性质根据 Laplace 变换的定义就可直接得出.

2. 微分性质

若 $\mathcal{L}[f(t)] = F(s)$,则有

$$\mathcal{L}[f'(t)] = sF(s) - f(0).$$

证明 根据分部积分公式和 Laplace 变换公式,有

$$\mathcal{L}[f'(t)] = \int_0^{+\infty} f'(t)e^{-st}\,dt = \int_0^{+\infty} e^{-st}\,df(t) = e^{-st}f(t)\Big|_0^{+\infty} - \int_0^{+\infty} f(t)\,de^{-st}$$

$$= -f(0) + s\int_0^{+\infty} f(t)e^{-st}\,dt = s\mathcal{L}[f(t)] - f(0),$$

即

$$\mathcal{L}[f'(t)] = sF(s) - f(0).$$

推论 8.2.1 若 $\mathcal{L}[f(t)] = F(s)$,则对于任意正整数 n,有

$$\mathcal{L}[f^{(n)}(t)] = s^n F(s) - s^{n-1}f(0) - s^{n-2}f'(0) - \cdots - f^{(n-1)}(0);$$

特别地,当初值 $f(0) = f'(0) = \cdots = f^{(n-1)}(0) = 0$ 时,有

$$\mathcal{L}[f^{(n)}(t)] = s^n F(s).$$

此性质可以使我们有可能将 $f(t)$ 的微分方程转化为 $F(s)$ 的代数方程.

例 8.2.1 利用微分性质求函数 $f(t) = \cos kt$ 的 Laplace 变换.

解 由于 $f(0) = 1$,$f'(0) = 0$,$f''(t) = -k^2\cos kt$. 则

$$\mathcal{L}[-k^2\cos kt] = \mathcal{L}[f''(t)] = s^2\mathcal{L}[f(t)] - sf(0) - f'(0).$$

即

$$-k^2 \mathcal{L}[\cos kt] = s^2 \mathcal{L}[\cos kt] - s,$$

移项化简得

$$\mathcal{L}[\cos kt] = \frac{s}{s^2 + k^2}.$$

例 8.2.2 利用微分性质,求函数 $f(t) = t^n$ 的 Laplace 变换,其中 n 是正整数.

解 因为 $f(0) = f'(0) = \cdots = f^{(n-1)}(0) = 0$,由推论 8.2.1 有

$$\mathcal{L}[f^{(n)}(t)] = s^n F(s) = s^n \mathcal{L}[f(t)],$$

将 $f^{(n)}(t) = n!$ 代入上式,得

$$\mathcal{L}[n!] = s^n \mathcal{L}[f(t)],$$

又

$$\mathcal{L}[n!] = n! \mathcal{L}[1] = n! \frac{1}{s},$$

因此

$$\mathcal{L}[f(t)] = \frac{n! \mathcal{L}[1]}{s^n} = \frac{n!}{s^{n+1}}.$$

推论 8.2.2 像函数的微分性质:若 $\mathcal{L}[f(t)] = F(s)$,则对于任意正整数 n,有

$$\mathcal{L}[(-t)^n f(t)] = \frac{\mathrm{d}^n}{\mathrm{d}s^n} F(s).$$

证明 只对 $n = 1$ 的情形进行证明.

$$\frac{\mathrm{d}}{\mathrm{d}s} F(s) = \frac{\mathrm{d}}{\mathrm{d}s} \int_0^{+\infty} f(t) \mathrm{e}^{-st} \mathrm{d}t = = \int_0^{+\infty} \frac{\mathrm{d}}{\mathrm{d}s} f(t) \mathrm{e}^{-st} \mathrm{d}t = -\int_0^{+\infty} t f(t) \mathrm{e}^{-st} \mathrm{d}t.$$

例 8.2.3 求函数 $f(t) = t \sin kt$ 的 Laplace 变换.

解 因为 $\mathcal{L}[\sin kt] = \frac{k}{s^2 + k^2}$,由微分性质得

$$\mathcal{L}[t \sin kt] = -\frac{\mathrm{d}}{\mathrm{d}s}\left[\frac{k}{s^2 + k^2}\right] = \frac{2ks}{(s^2 + k^2)^2}.$$

同理可得

$$\mathcal{L}[t \cos kt] = -\frac{\mathrm{d}}{\mathrm{d}s}\left(\frac{s}{s^2 + k^2}\right) = \frac{2s^2}{(s^2 + k^2)^2} - \frac{1}{s^2 + k^2}$$

$$= \frac{2s^2 - s^2 - k^2}{(s^2 + k^2)^2} = \frac{s^2 - k^2}{(s^2 + k^2)^2}.$$

3. 积分性质

若 $\mathcal{L}[f(t)] = F(s)$,则

$$\mathcal{L}\left[\int_0^t f(t) \mathrm{d}t\right] = \frac{1}{s} F(s).$$

证明 令 $h(t) = \int_0^t f(t) \mathrm{d}t$,则 $h'(t) = f(t)$,$h(0) = 0$,从而

$$\mathcal{L}[h'(t)] = s\mathcal{L}[h(t)] - h(0) = s\mathcal{L}[h(t)],$$

$$\mathcal{L}\left[\int_0^t f(t)\,\mathrm{d}t\right] = \frac{1}{s}\,\mathcal{L}[f(t)] = \frac{1}{s}F(s).$$

重复应用积分性质,我们还可得到

$$\mathcal{L}\left\{\underbrace{\int_0^t \mathrm{d}t \int_0^t \mathrm{d}t \cdots \int_0^t f(t)\,\mathrm{d}t}_{n\text{重}}\right\} = \frac{1}{s^n}F(s).$$

例 8.2.4 利用积分性质求 $f(t) = \sin at$ 的 Laplace 变换.

解 因为 $\sin(at) = a\int_0^t \cos(ax)\,\mathrm{d}x$,而 $\mathcal{L}[\cos(at)] = \dfrac{s}{s^2+a^2}$,所以

$$\mathcal{L}[\sin(at)] = a\,\mathcal{L}\left[\int_0^t \cos(ax)\,\mathrm{d}x\right] = \frac{a}{s^2+a^2}.$$

推论 8.2.3 像函数积分性质:若 $\mathcal{L}[f(t)] = F(s)$,则

$$\mathcal{L}\left[\frac{f(t)}{t}\right] = \int_s^\infty F(s)\,\mathrm{d}s.$$

证明
$$\int_s^\infty F(s)\,\mathrm{d}s = \int_s^\infty \int_0^{+\infty} f(t)\mathrm{e}^{-st}\,\mathrm{d}t\,\mathrm{d}s = \int_0^{+\infty} f(t)\left(\left.\frac{-1}{t}\mathrm{e}^{-st}\right|_s^\infty\right)\mathrm{d}t$$

$$= \int_0^{+\infty} \frac{f(t)}{t}\mathrm{e}^{-st}\,\mathrm{d}t = \mathcal{L}\left[\frac{f(t)}{t}\right].$$

更一般地,有

$$\mathcal{L}\left[\frac{f(t)}{t^n}\right] = \underbrace{\int_s^\infty \mathrm{d}s \int_s^\infty \mathrm{d}s \cdots \int_s^\infty F(s)\,\mathrm{d}s}_{n\text{重}}.$$

例 8.2.5 求函数 $f(t) = \dfrac{\sinh t}{t}$ 的 Laplace 变换.

解 因为 $\mathcal{L}[\sinh t] = \dfrac{1}{s^2-1}$,所以

$$\mathcal{L}\left[\frac{\sinh t}{t}\right] = \int_s^\infty \frac{1}{s^2-1}\,\mathrm{d}s = \int_s^\infty \frac{1}{2}\left(\frac{1}{s-1} - \frac{1}{s+1}\right)\mathrm{d}s$$

$$= \frac{1}{2}\ln\frac{s-1}{s+1}\bigg|_s^\infty = \frac{1}{2}\ln\frac{s+1}{s-1}.$$

推论 8.2.4 在公式 $\mathcal{L}\left[\dfrac{f(t)}{t}\right] = \displaystyle\int_s^\infty F(s)\,\mathrm{d}s$ 中令 $s = 0$ 可得

$$\int_0^{+\infty} \frac{f(t)}{t}\,\mathrm{d}t = \int_0^\infty F(s)\,\mathrm{d}s.$$

此公式常用来计算某些积分,例如,由 $\mathcal{L}[\sin t] = \dfrac{1}{s^2+1}$ 可得

$$\int_0^{+\infty} \frac{\sin t}{t}\,\mathrm{d}t = \int_0^\infty \frac{1}{s^2+1}\,\mathrm{d}s = \arctan s\bigg|_0^\infty = \frac{\pi}{2}.$$

4. 位移性质

若 $\mathcal{L}[f(t)] = F(s)$，则有

$$\mathcal{L}[e^{at}f(t)] = F(s-a).$$

证明　根据 Laplace 变换式，有

$$\mathcal{L}[e^{at}f(t)] = \int_0^{+\infty} e^{at}f(t)e^{-st}\,dt = \int_0^{+\infty} f(t)e^{-(s-a)t}\,dt = F(s-a).$$

例 8.2.6　求 $\mathcal{L}[e^{at}t^m]$.

解　因为 $\mathcal{L}[t^m] = \dfrac{\Gamma(m+1)}{s^{m+1}}$，所以 $\mathcal{L}[e^{at}t^m] = \dfrac{\Gamma(m+1)}{(s-a)^{m+1}}$.

例 8.2.7　求 $\mathcal{L}[e^{at}\sin kt]$.

解　因为 $\mathcal{L}[\sin kt] = \dfrac{k}{s^2+k^2}$，所以 $\mathcal{L}[e^{at}\sin kt] = \dfrac{k}{(s+a)^2+k^2}$.

5. 延迟性质

设 $\mathcal{L}[f(t)] = F(s)$. 若 $t < 0$ 时 $f(t) = 0$，则对任意实常数 $\tau > 0$，有

$$\mathcal{L}[f(t-\tau)] = e^{-s\tau}F(s).$$

注　$\mathcal{L}[f(t-\tau)]$ 中的 $f(t-\tau)$ 当 $t < \tau$ 时 $f(t-\tau) = 0$，只有此式成立时才能使用延迟性质，这一点容易被忽略，因而造成错误. 为了避免出现这种错误，故将延迟性质写为

$$\mathcal{L}[f(t-\tau)u(t-\tau)] = e^{-s\tau}F(s).$$

证明　根据定义，有

$$\mathcal{L}[f(t-\tau)] = \int_0^{+\infty} f(t-\tau)e^{-st}\,dt = \int_0^{\tau} f(t-\tau)e^{-st}\,dt + \int_{\tau}^{+\infty} f(t-\tau)e^{-st}\,dt.$$

令 $t - \tau = u$，则 $t = u + \tau$，$dt = du$，于是

$$\mathcal{L}[f(t-\tau)] = \int_0^{+\infty} f(u)e^{-s(u+\tau)}\,du = e^{-s\tau}\int_0^{+\infty} f(u)e^{-su}\,du = e^{-s\tau}F(s).$$

例 8.2.8　求函数 $u(t-\tau) = \begin{cases} 0, & t < \tau, \\ 1, & t > \tau \end{cases}$ 的 Laplace 变换.

解　因为 $\mathcal{L}[u(t)] = \dfrac{1}{s}$，由延迟性质得 $\mathcal{L}[u(t-\tau)] = \dfrac{1}{s}e^{-s\tau}$.

例 8.2.9　求单个半正弦波（如图 8.2 所示）

$$f(t) = E\sin\frac{2\pi}{T}t \cdot u(t) + E\sin\frac{2\pi}{T}\left(t - \frac{T}{2}\right) \cdot u\left(t - \frac{T}{2}\right)$$

的 Laplace 变换.

解　如图 8.3 所示，$f(t) = f_1(t) + f_2(t)$.

令 $\dfrac{2\pi}{T} = \omega$，则

$$\mathcal{L}[f(t)] = E\,\mathcal{L}[\sin\omega t \cdot u(t)] + E\,\mathcal{L}\left[\sin\omega\left(t - \frac{T}{2}\right) \cdot u\left(t - \frac{T}{2}\right)\right] = \frac{E\omega}{s^2+\omega^2}\left(1 - e^{-\frac{T}{2}s}\right).$$

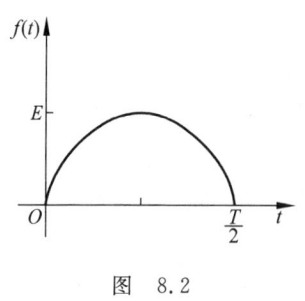

图 8.2

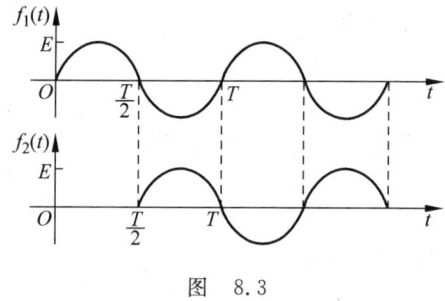

图 8.3

6. 初值定理与终值定理

(1) **初值定理**   若 $\mathscr{L}[f(t)]=F(s)$, 且 $\lim\limits_{s\to+\infty}sF(s)$ 存在, 则

$$\lim_{t\to 0}f(t)=\lim_{s\to+\infty}sF(s)\quad 或 \quad f(0)=\lim_{s\to+\infty}sF(s).$$

证明   根据 Laplace 变换的微分性质, 有

$$\mathscr{L}[f'(t)]=sF(s)-f(0),$$

两边同时将 s 趋向于实的正无穷大, 有

$$\lim_{\mathrm{Re}(s)\to+\infty}\mathscr{L}[f'(t)]=\lim_{\mathrm{Re}(s)\to+\infty}\int_0^{+\infty}f'(t)\mathrm{e}^{-st}\,\mathrm{d}t=0,$$

因此 $\lim\limits_{\mathrm{Re}(s)\to+\infty}sF(s)-f(0)=0$, 即 $f(0)=\lim\limits_{t\to 0}f(t)=\lim\limits_{s\to+\infty}sF(s)$.

(2) **终值定理**   若 $\mathscr{L}[f(t)]=F(s)$, 且 $sF(s)$ 的奇点都在 s 的左半平面内, 则

$$\lim_{t\to+\infty}f(t)=\lim_{s\to 0}sF(s)\quad 或 \quad f(+\infty)=\lim_{s\to 0}sF(s).$$

证明   根据定理给出的条件和微分性质, 有

$$\mathscr{L}[f'(t)]=sF(s)-f(0).$$

两边取 $s\to 0$ 的极限, 有

$$\lim_{s\to 0}\mathscr{L}[f'(t)]=\lim_{s\to 0}\int_0^{+\infty}f'(t)\mathrm{e}^{-st}\,\mathrm{d}t=\int_0^{+\infty}f'(t)\,\mathrm{d}t=f(t)\Big|_0^{+\infty}$$
$$=\lim_{t\to+\infty}f(t)-f(0),$$

因此 $\lim\limits_{t\to+\infty}f(t)-f(0)=\lim\limits_{s\to 0}sF(s)-f(0)$, 即 $\lim\limits_{t\to+\infty}f(t)=f(+\infty)=\lim\limits_{s\to 0}sF(s)$

这个性质表明 $f(t)$ 在 $t\to 0(t\to+\infty)$ 时的数值(稳定值), 可以通过 $f(t)$ 的 Laplace 变换乘以 s 取 $s\to\infty(s\to 0)$ 时的极限值而得到, 它建立了函数 $f(t)$ 在零点处(无穷远处)的值与函数 $sF(s)$ 在无穷远处(零点处)的值之间的关系.

在 Laplace 变换的应用中, 往往先得到 $F(s)$ 再去求出 $f(t)$. 但有时我们并不关心函数 $f(t)$ 的表达式, 而是需要知道 $f(t)$ 在 $t\to+\infty$ 和 $t\to 0$ 时的性态, 这两个性质给了我们方便, 能使我们直接由 $F(s)$ 来求出 $f(t)$ 的两个特殊值 $f(0)$ 和 $f(+\infty)$.

例 8.2.10 若 $\mathcal{L}[f(t)] = \dfrac{1}{s+a}$，求 $f(0), f(+\infty)$.

解 根据初值定理和终值定理，有

$$f(0) = \lim_{s \to +\infty} sF(s) = \lim_{s \to +\infty} \frac{s}{s+a} = 1,$$

$$f(+\infty) = \lim_{s \to 0} sF(s) = \lim_{s \to 0} \frac{s}{s+a} = 0.$$

我们知道 $\mathcal{L}[e^{-at}] = \dfrac{1}{s+a}$，即 $f(t) = e^{-at}$. 显然，上面所求结果与直接由 $f(t)$ 所计算的结果是一致的，但应用终值定理时一定要注意定理条件是否满足. 例如函数 $f(t) = \sin t$ 的 Laplace 变换为 $F(s) = \dfrac{1}{s^2+1}$，则 $sF(s) = \dfrac{s}{s^2+1}$ 的奇点 $s = \pm j$ 位于虚轴上，就不满足定理的条件. 虽然 $\lim\limits_{s \to 0} sF(s) = \lim\limits_{s \to 0} \dfrac{s}{s^2+1} = 0$，但是 $\lim\limits_{t \to +\infty} \sin t$ 不存在.

8.3 Laplace 逆变换

前面主要讨论了由已知函数 $f(t)$ 求它的像函数 $F(s)$，但在实际应用中常会碰到与此相反的问题，即已知像函数 $F(s)$ 求它的像原函数 $f(t)$. 由 Laplace 变换的概念可知，函数 $f(t)$ 的 Laplace 变换，实际上就是 $f(t)u(t)e^{-\beta t}$ 的 Fourier 变换. 因此，按 Fourier 积分公式，在 $f(t)$ 的连续点处就有

$$f(t)u(t)e^{-\beta t} = \frac{1}{2\pi} \int_{-\infty}^{+\infty} \left[\int_{-\infty}^{+\infty} f(\tau)u(\tau)e^{-\beta \tau}e^{-j\omega \tau} \, d\tau \right] e^{j\omega t} \, d\omega$$

$$= \frac{1}{2\pi} \int_{-\infty}^{+\infty} e^{j\omega t} \left[\int_{0}^{+\infty} f(\tau)e^{-(\beta + j\omega)\tau} \, d\tau \right] d\omega$$

$$= \frac{1}{2\pi} \int_{-\infty}^{+\infty} F(\beta + j\omega)e^{j\omega t} \, d\omega \quad (t > 0).$$

等式两边同乘以 $e^{-\beta t}$，则当 $t \geq 0$ 时，有

$$f(t) = \frac{1}{2\pi} \int_{-\infty}^{+\infty} F(\beta + j\omega)e^{(\beta + j\omega)t} \, d\omega.$$

令 $\beta + j\omega = s$，有

$$f(t) = \frac{1}{2\pi j} \int_{\beta - j\infty}^{\beta + j\infty} F(s)e^{st} \, ds \quad (t > 0).$$

右端的积分称为 **Laplace 反演积分**，它的积分路径是沿着平行于虚轴的方向从虚部的负无穷积分到虚部的正无穷，而积分路径上复数的实部 β 则有一些随意，但必须满足的条件就是 $f(t)u(t)e^{-\beta t}$ 的 0 到正无穷的积分绝对收敛. 计算复变函数的积分通

常比较困难,但是用留数方法计算相对简单.

Laplace 逆变换的留数定理   若 $s_1,s_2,\cdots,s_n$ 是函数 $F(s)$ 的所有奇点(适当选取 β 使这些奇点全在 $\mathrm{Re}(s)<\beta$ 的区域内),且当 $s\to\infty$ 时,$F(s)\to 0$,则有

$$\frac{1}{2\pi\mathrm{j}}\int_{\beta-\mathrm{j}\infty}^{\beta+\mathrm{j}\infty}F(s)\mathrm{e}^{st}\mathrm{d}s=\sum_{k=1}^{n}\mathrm{Res}\big[F(s)\mathrm{e}^{st},s_k\big],$$

即

$$f(t)=\sum_{k=1}^{n}\mathrm{Res}\big[F(s)\mathrm{e}^{st},s_k\big],\quad t>0.$$

证明可模仿用留数定理求解第三种类型的定积分的方法,这里从略.

例 8.3.1   用留数的方法求函数 $F(s)=\dfrac{s}{s^2+1}$ 的 Laplace 逆变换.

解 $f(t)=\mathrm{Res}\left[\dfrac{s}{s^2+1}\mathrm{e}^{st},\mathrm{j}\right]+\mathrm{Res}\left[\dfrac{s}{s^2+1}\mathrm{e}^{st},-\mathrm{j}\right]$

$$=\frac{s\mathrm{e}^{st}}{(s^2+1)'}\bigg|_{s=\mathrm{j}}+\frac{s\mathrm{e}^{st}}{(s^2+1)'}\bigg|_{s=-\mathrm{j}}$$

$$=\frac{\mathrm{e}^{st}}{2}\bigg|_{s=\mathrm{j}}+\frac{\mathrm{e}^{st}}{2}\bigg|_{s=-\mathrm{j}}$$

$$=\frac{\mathrm{e}^{\mathrm{j}t}}{2}+\frac{\mathrm{e}^{-\mathrm{j}t}}{2}=\cos t.$$

例 8.3.2   求 $F(s)=\dfrac{1}{s\,(s-1)^2}$ 的 Laplace 逆变换.

解 $f(t)=\mathrm{Res}\left[\dfrac{1}{s\,(s-1)^2}\mathrm{e}^{st},0\right]+\mathrm{Res}\left[\dfrac{1}{s\,(s-1)^2}\mathrm{e}^{st},1\right]$

$$=\frac{1}{(s-1)^2}\mathrm{e}^{st}\bigg|_{s=0}+\lim_{s\to1}\frac{\mathrm{d}}{\mathrm{d}s}\left(\frac{1}{s}\mathrm{e}^{st}\right)$$

$$=1+\lim_{s\to1}\left(\frac{t}{s}\mathrm{e}^{st}-\frac{1}{s^2}\mathrm{e}^{st}\right)$$

$$=1+(t\mathrm{e}^t-\mathrm{e}^t)=1+\mathrm{e}^t(t-1).$$

例 8.3.3   用部分分式法求 $F(s)=\dfrac{1}{s^2(s+1)}$ 的 Laplace 逆变换.

解   由于

$$F(s)=\frac{1}{s^2(s+1)}=\frac{1}{s^2}+\frac{-1}{s}+\frac{1}{s+1},$$

所以

$$f(t)=\mathcal{L}^{-1}\left[\frac{1}{s^2(s+1)}\right]=t-1+\mathrm{e}^{-t}.$$

例 8.3.4 求 $F(s)=\dfrac{s^2-a^2}{(s^2+a^2)^2}$ 的 Laplace 逆变换.

解 由于

$$F(s)=\frac{s^2-a^2}{(s^2+a^2)^2}=\frac{s^2}{(s^2+a^2)^2}-\frac{a^2}{(s^2+a^2)^2},$$

查表得

$$\mathcal{L}^{-1}\left[\frac{s^2}{(s^2+a^2)^2}\right]=\frac{1}{2a}(\sin at+at\cos at),$$

$$\mathcal{L}^{-1}\left[\frac{a^2}{(s^2+a^2)^2}\right]=\frac{1}{2a}(\sin at-at\cos at),$$

所以

$$\begin{aligned}
f(t)&=\mathcal{L}^{-1}\left[\frac{s^2-a^2}{(s^2+a^2)^2}\right]\\
&=\frac{1}{2a}(\sin at+at\cos at)-\frac{1}{2a}(\sin at-at\cos at)\\
&=t\cos at.
\end{aligned}$$

例 8.3.5 求 $F(s)=\dfrac{1}{(s+1)(s-2)(s+3)}$ 的 Laplace 逆变换.

解 查表得

$$\begin{aligned}
f(t)&=\mathcal{L}^{-1}\left[\frac{1}{(s+1)(s-2)(s+3)}\right]\\
&=\frac{\mathrm{e}^{-t}}{(-2-1)(3-1)}+\frac{\mathrm{e}^{2t}}{(1+2)(3+2)}+\frac{\mathrm{e}^{-3t}}{(1-3)(-2-3)}\\
&=-\frac{1}{6}\mathrm{e}^{-t}+\frac{1}{15}\mathrm{e}^{2t}+\frac{1}{10}\mathrm{e}^{-3t}.
\end{aligned}$$

也可以把 $F(s)=\dfrac{1}{(s+1)(s-2)(s+3)}$ 化为部分分式来求解,于是有

$$F(s)=\frac{1}{(s+1)(s-2)(s+3)}=\frac{-\dfrac{1}{6}}{s+1}+\frac{\dfrac{1}{15}}{s-2}+\frac{\dfrac{1}{10}}{s+3},$$

所以

$$f(t)=-\frac{1}{6}\mathrm{e}^{-t}+\frac{1}{15}\mathrm{e}^{2t}+\frac{1}{10}\mathrm{e}^{-3t}.$$

本题也可用留数来求解,读者可自己试一试.

8.4 卷积

1. 卷积的概念

在第 7 章中已经讨论过 Fourier 变换的卷积的定义和性质.

两个函数的卷积是指

$$f_1(t) * f_2(t) = \int_{-\infty}^{+\infty} f_1(\tau) f_2(t-\tau) \mathrm{d}\tau.$$

如果 $f_1(t)$ 和 $f_2(t)$ 都满足条件：当 $t<0$ 时，$f_1(t)=f_2(t)=0$，则上式可以写成

$$f_1(t) * f_2(t) = \int_{-\infty}^{0} f_1(\tau) f_2(t-\tau) \mathrm{d}\tau + \int_{0}^{t} f_1(\tau) f_2(t-\tau) \mathrm{d}\tau + \int_{t}^{+\infty} f_1(\tau) f_2(t-\tau) \mathrm{d}\tau$$

$$= \int_{0}^{t} f_1(\tau) f_2(t-\tau) \mathrm{d}\tau.$$

在 Laplace 变换中，今后如不特别声明，都假定这些函数在 $t<0$ 时恒等于零，它们的卷积都按上式计算.

下面罗列一些卷积的基本性质（限于篇幅，不再给出证明）：

(1) $|f_1(t) * f_2(t)| \leqslant |f_1(t)| * |f_2(t)|$；

(2) 交换律：$f_1(t) * f_2(t) = f_2(t) * f_1(t)$；

(3) 结合律：$[f_1(t) * f_2(t)] * f_3(t) = f_1(t) * [f_2(t) * f_3(t)]$；

(4) 分配律：$f_1(t) * [f_2(t) + f_3(t)] = f_1(t) * f_2(t) + f_1(t) * f_3(t)$.

例 8.4.1 求 $t * \sin t$.

解 $t * \sin t = \int_{0}^{t} \tau \sin(t-\tau) \mathrm{d}\tau = \tau \cos(t-\tau) \Big|_{0}^{t} - \int_{0}^{t} \cos(t-\tau) \mathrm{d}\tau = t - \sin t$.

2. 卷积定理

卷积定理 假定 $f_1(t)$ 和 $f_2(t)$ 满足 Laplace 变换存在定理中的条件，且

$$\mathcal{L}[f_1(t)] = F_1(s), \quad \mathcal{L}[f_2(t)] = F_2(s),$$

则 $f_1(t) * f_2(t)$ 的 Laplace 变换一定存在，且

$$\mathcal{L}[f_1(t) * f_2(t)] = F_1(s) \cdot F_2(s),$$

$$\mathcal{L}^{-1}[F_1(s) \cdot F_2(s)] = f_1(t) * f_2(t).$$

证明 由定义，有

$$\mathcal{L}[f_1(t) * f_2(t)] = \int_{0}^{+\infty} [f_1(t) * f_2(t)] \mathrm{e}^{-st} \mathrm{d}t$$

$$= \int_{0}^{+\infty} \left[\int_{0}^{t} f_1(\tau) f_2(t-\tau) \mathrm{d}\tau \right] \mathrm{e}^{-st} \mathrm{d}t.$$

由于二重积分绝对可积，可以交换积分次序，得

$$\mathcal{L}[f_1(t) * f_2(t)] = \int_{0}^{+\infty} f_1(\tau) \left[\int_{\tau}^{+\infty} f_2(t-\tau) \mathrm{e}^{-st} \mathrm{d}t \right] \mathrm{d}\tau.$$

令 $t-\tau = u$，则

$$\int_{\tau}^{+\infty} f_2(t-\tau) \mathrm{e}^{-st} \mathrm{d}t = \int_{0}^{+\infty} f_2(u) \mathrm{e}^{-s(u+\tau)} \mathrm{d}u = \mathrm{e}^{-s\tau} F_2(s).$$

所以

$$\mathcal{L}[f_1(t) * f_2(t)] = \int_{0}^{+\infty} f_1(\tau) \mathrm{e}^{-s\tau} F_2(s) \mathrm{d}\tau = F_2(s) \int_{0}^{+\infty} f_1(\tau) \mathrm{e}^{-s\tau} \mathrm{d}\tau = F_1(s) \cdot F_2(s).$$

例 8.4.2 已知 $F(s) = \dfrac{1}{s^2(1+s^2)}$，求 $f(t)$.

解 因为

$$F(s) = \frac{1}{s^2(1+s^2)} = \frac{1}{s^2} \cdot \frac{1}{s^2+1},$$

令 $F_1(s) = \dfrac{1}{s^2}, F_2(s) = \dfrac{1}{s^2+1}$，则 $f_1(t) = t, f_2(t) = \sin t$. 从而由卷积定理和例 8.4.1 得

$$f(t) = f_1(t) * f_2(t) = t * \sin t = t - \sin t.$$

例 8.4.3 已知 $F(s) = \dfrac{s^2}{(s^2+1)^2}$，求 $f(t)$.

解 因为

$$F(s) = \frac{s^2}{(s^2+1)^2} = \frac{s}{s^2+1} \cdot \frac{s}{s^2+1},$$

所以

$$f(t) = \mathcal{L}^{-1}\left[\frac{s}{s^2+1} \cdot \frac{s}{s^2+1}\right] = \cos t * \cos t = \frac{1}{2}(t\cos t - \sin t).$$

例 8.4.4 已知 $\mathcal{L}[f(t)] = \dfrac{1}{(s^2+4s+13)^2}$，求 $f(t)$.

解 由于

$$\mathcal{L}[f(t)] = \frac{1}{[(s+2)^2 + 3^2]^2} = \frac{1}{9} \cdot \frac{3}{(s+2)^2 + 3^2} \cdot \frac{3}{(s+2)^2 + 3^2},$$

$$\mathcal{L}^{-1}\left[\frac{3}{(s+2)^2 + 3^2}\right] = e^{-2t}\sin 3t,$$

则

$$f(t) = \frac{1}{9}(e^{-2t}\sin 3t) * (e^{-2t}\sin 3t)$$

$$= (e^{-2t}\sin 3t) * (e^{-2t}\sin 3t) = \frac{-1}{4}\left[e^{(-2+3j)t} - e^{(-2-3j)t}\right] * \left[e^{(-2+3j)t} - e^{(-2-3j)t}\right]$$

$$= \frac{-1}{4}\left[e^{(-2+3j)t} * e^{(-2+3j)t} - 2e^{(-2+3j)t} * e^{(-2-3j)t} + e^{(-2-3j)t} * e^{(-2-3j)t}\right]$$

$$= \frac{-1}{4}\left[te^{(-2+3j)t} + te^{(-2-3j)t} - 2\frac{e^{(-2+3j)t} - e^{(-2-3j)t}}{6j}\right]$$

$$= \frac{1}{6}(-3te^{-2t}\cos 3t + e^{-2t}\sin 3t).$$

8.5 Laplace 变换的应用

Laplace 变换和 Fourier 变换一样，在许多工程技术和科学研究邻域中有着广泛的应用，特别是在力学系统、电学系统、自动控制系统和可靠性系统等系统科学中都

起着重要作用. 人们在研究这些系统时, 往往是从实际问题出发, 将研究的对象归结为一个数学模型, 在很多情况下, 这个数学模型是线性的, 也就是说它可以用线性的积分方程、微分方程、微积分方程甚至偏微分方程等来描述. 这样, 可以像用 Fourier 变换那样, 用 Laplace 变换的方法去分析和求解这类线性方程, 而且这种方法是十分有效的, 甚至是不可或缺的. 它的求解步骤和用 Fourier 变换方法的步骤完全类似, 即首先取 Laplace 变换将微分方程化为像函数的代数方程, 再解代数方程求出像函数, 最后取逆变换得最终的解.

1. 常微分方程的 Laplace 解法

例 8.5.1 求 $x''(t) - 2x'(t) + 2x(t) = 2\mathrm{e}^t \cos t$ 满足初始条件 $x(0) = x'(0) = 0$ 的解.

解 设 $X(s) = \mathcal{L}[x(t)]$. 对方程两边同时取 Laplace 变换得

$$s^2 X(s) - sx(0) - x'(0) - 2(sX(s) - x(0)) + 2X(s) = \frac{2(s-1)}{(s-1)^2 + 1},$$

则

$$X(s) = \frac{2(s-1)}{\left[(s-1)^2 + 1\right]^2}.$$

从而

$$x(t) = \mathcal{L}^{-1}\left[\frac{2(s-1)}{\left[(s-1)^2 + 1\right]^2}\right] = \mathrm{e}^t \mathcal{L}^{-1}\left[\frac{2s}{(s^2+1)^2}\right]$$

$$= -\mathrm{e}^t \mathcal{L}^{-1}\left[\left(\frac{1}{s^2+1}\right)'\right] = t\mathrm{e}^t \mathcal{L}^{-1}\left(\frac{1}{s^2+1}\right) = t\mathrm{e}^t \sin t.$$

例 8.5.2 求方程 $y'' - 2y' + y = 0$ 满足边界条件 $y(0) = 0, y(l) = 4$ 的解, 其中 l 为已知常数.

解 设 $\mathcal{L}[y(x)] = Y(s)$. 对方程两边同时取 Laplace 变换得

$$s^2 Y(s) - sy(0) - y'(0) - 2[sY(s) - y(0)] + Y(s) = 0,$$

整理后得

$$Y(s) = \frac{y'(0)}{(s-1)^2},$$

取其逆变换可得

$$y(x) = y'(0)x\mathrm{e}^x.$$

为了确定 $y'(0)$, 利用第二个边界条件, 得 $4 = y(l) = y'(0)l\mathrm{e}^l$, 所以 $y'(0) = \dfrac{4}{l}\mathrm{e}^{-l}$. 于是

$$y(x) = \frac{4}{l}\mathrm{e}^{-l}x\mathrm{e}^x = \frac{4}{l}x\mathrm{e}^{x-l}.$$

例 8.5.3 求方程 $ty'' + (1-2t)y' - 2y = 0$ 满足初始条件 $y(0) = 1, y'(0) = 2$

的解.

解 设$\mathcal{L}[y(t)]=Y(s)$. 对方程两边同时取 Laplace 变换得

$$-\frac{\mathrm{d}}{\mathrm{d}s}[s^2Y(s)-sy(0)-y'(0)]+sY(s)-y(0)+2\frac{\mathrm{d}}{\mathrm{d}s}[sY(s)-y(0)]-2Y(s)=0,$$

考虑到初始条件,代入化简最后可得

$$(2-s)Y'(s)-Y(s)=0.$$

这是可分离变量的一阶微分方程,即

$$\frac{\mathrm{d}Y}{Y}=-\frac{\mathrm{d}s}{s-2},$$

积分后可得

$$\ln Y(s)=-\ln(s-2)+\ln C,$$

所以

$$Y(s)=\frac{C}{s-2}.$$

取逆变换可得$y(t)=Ce^{2t}$. 为了确定常数C,令$t=0$代入,有$1=y(0)=C$. 故方程满足初始条件的解为$y(t)=e^{2t}$.

例 8.5.4 求积分方程$y(t)=h(t)+\int_0^t y(t-\tau)f(\tau)\mathrm{d}\tau$的解,其中$h(t),f(t)$是定义在$[0,+\infty)$上的已知实值函数.

解 设$\mathcal{L}[y(t)]=Y(s)$. 方程两边取 Laplace 变换,由卷积定理得

$$Y(s)=H(s)+\mathcal{L}[y(t)*f(t)],$$

即

$$Y(s)=H(s)+Y(s)\cdot F(s),$$

所以

$$Y(s)=\frac{H(s)}{1-F(s)},$$

再取 Laplace 逆变换,得

$$y(t)=\mathcal{L}^{-1}[Y(s)]=\mathcal{L}^{-1}\left[\frac{H(s)}{1-F(s)}\right].$$

例 8.5.5 求解关于$y(t)$的积分方程$1-2\sin t=y(t)+\int_0^t y(\tau)e^{2(t-\tau)}\mathrm{d}\tau$.

解 设$\mathcal{L}[y(t)]=Y(s)$. 对方程两边取 Laplace 变换得

$$\frac{1}{s}-\frac{2}{s^2+1}=Y(s)+\mathcal{L}[y(t)*e^{2t}]=Y(s)+\frac{1}{s-2}Y(s)=\frac{s-1}{s-2}Y(s),$$

从而

$$Y(s)=\frac{(s-2)(s-1)}{s(s^2+1)}=\frac{2}{s}-\frac{s}{s^2+1}-3\frac{1}{s^2+1},$$

所以

$$y(t) = 2 - \cos t - 3\sin t.$$

例 8.5.6 求解方程组

$$\begin{cases} y'' - x'' + x' - y = e^t - 2, \\ 2y'' - x'' - 2y' + x = -t \end{cases}$$

满足初始条件 $\begin{cases} y(0) = y'(0) = 0, \\ x(0) = x'(0) = 0 \end{cases}$ 的解.

解 设 $\mathcal{L}[x(t)] = X(s)$，$\mathcal{L}[y(t)] = Y(s)$. 对两个方程取 Laplace 变换得

$$\begin{cases} s^2 Y(s) - s^2 X(s) + sX(s) - Y(s) = \dfrac{1}{s-1} - \dfrac{2}{s}, \\ 2s^2 Y(s) - s^2 X(s) - 2sY(s) + X(s) = -\dfrac{1}{s^2}, \end{cases}$$

整理得

$$\begin{cases} (s+1)Y(s) - sX(s) = \dfrac{-s+2}{s(s-1)^2}, \\ 2sY(s) - (s+1)X(s) = -\dfrac{1}{s^2(s-1)}, \end{cases}$$

解得

$$X(s) = \frac{2s-1}{s^2(s-1)^2}, \quad Y(s) = \frac{1}{s(s-1)^2}.$$

因此

$$\begin{cases} y(t) = 1 - e^t + te^t, \\ x(t) = -t + te^t. \end{cases}$$

从上面的例题可以看出，Laplace 变换求线性微分、积分方程及其方程组的解时，有如下的优点：

(1) 在求解的过程中，初始条件也同时考虑，求出的结果就是需要的特解. 这样就避免了微分方程的一般解法中，先求通解再根据初始条件确定常数求出特解的复杂运算.

(2) 零初始条件在工程技术中是十分广泛的，由第一个优点可知，Laplace 变换求解就显得更加简单，而在微分方程的一般解法中不会因此而有任何变化.

(3) 对于一个非齐次的线性微分方程来说，当非齐次项不是连续函数时，而是包含 δ-函数或者是第一类间断点的函数时，用 Laplace 变换求解没有任何困难，而用微分方程的一般解法就会困难很多.

(4) 用 Laplace 变换求解线性微积分方程组时，不仅比微分方程组的一般解法要简便得多，而且可以单独求出某一个未知函数，而不需要知道其余的未知函数，这在

微分方程组的一般解法中是不可能的.

此外,用 Laplace 变换求解的步骤明确、规范,便于在工程技术中应用,而且有现成的 Laplace 变换表可直接查找像原函数. 正是由于这些优点,Laplace 变换在许多工程技术领域中有着广泛的应用.

2. 偏微分方程的 Laplace 解法

Laplace 变换也是求解一些偏微分方程的方法之一,其计算过程和步骤与求解上述各类线性微分方程及其用 Fourier 变换求解偏微分方程的过程及步骤相似.

例 8.5.7 利用 Laplace 变换求解弦振动方程 $\dfrac{\partial^2 u}{\partial t^2} = a^2 \dfrac{\partial^2 u}{\partial x^2}$ $(x > 0, t > 0)$ 满足初始条件 $u\big|_{t=0} = 0$, $\dfrac{\partial u}{\partial t}\Big|_{t=0} = 0$ 和边界条件 $u\big|_{x=0} = \varphi(t)$, $\lim\limits_{x \to +\infty} u(x,t) = 0$ 的解.

解 关于 t 取 Laplace 变换,设 $\mathcal{L}[u(x,t)] = U(x,s)$, $\mathcal{L}[\varphi(t)] = \Phi(s)$. 用 Laplace 变换的微分性质及初始条件,可得

$$\mathcal{L}\left[\frac{\partial^2 u}{\partial t^2}\right] = s^2 U(x,s) - su((x,0) - u_t(x,0)) = s^2 U(x,s),$$

$$\mathcal{L}\left[\frac{\partial^2 u}{\partial x^2}\right] = \int_0^{+\infty} \frac{\partial^2 u}{\partial x^2} e^{-st}\, \mathrm{d}t = \frac{\partial^2}{\partial x^2} \int_0^{+\infty} u(x,t) e^{-st}\, \mathrm{d}t = \frac{\mathrm{d}^2}{\mathrm{d}x^2} U(x,s).$$

$$\mathcal{L}[u(0,t)] = U(0,s) = \Phi(s),$$

$$\lim_{x \to +\infty} U(x,s) = 0.$$

这样原定解问题转化为求含有参数 s 的常微分方程的边界问题:

$$\begin{cases} \dfrac{\mathrm{d}^2}{\mathrm{d}x^2} U(x,s) - \dfrac{s^2}{a^2} U(x,s) = 0, \\ U(0,s) = \Phi(s), \quad \lim\limits_{x \to +\infty} U(x,s) = 0. \end{cases}$$

容易得到它的解

$$U(x,s) = C e^{-\frac{s}{a}x} + D e^{\frac{s}{a}x}.$$

由其边界条件可得 $C = \Phi(s)$, $D = 0$,从而 $U(x,s) = \Phi(s) e^{-\frac{s}{a}x}$. 上式对 s 进行 Laplace 逆变换得

$$u(s,t) = \mathcal{L}^{-1}[U(x,s)] = \mathcal{L}^{-1}[\Phi(s) e^{-\frac{s}{a}x}] = \begin{cases} 0, & t < \dfrac{x}{a}, \\ \varphi\left(t - \dfrac{x}{a}\right), & t > \dfrac{x}{a}. \end{cases}$$

例 8.5.8 一条半无限长的杆,端点温度变化已知,杆的初始温度为 0,求杆上温度分布规律.

解 问题归结为求解定解问题

$$\frac{\partial u}{\partial t} = a^2 \frac{\partial^2 u}{\partial x^2}, \quad x > 0, t > 0,$$

其边界条件为 $u|_{t=0}=0, u|_{x=0}=f(t)$.

对 t 进行 Laplace 变换,设 $\mathcal{L}[u(x,t)]=U(x,s), \mathcal{L}[f(t)]=F(s)$,于是原问题变为

$$sU(x,s)=a^2\frac{\mathrm{d}^2U(x,s)}{\mathrm{d}x^2}, \quad U(x,s)\big|_{x=0}=F(s).$$

方程通解为 $U(x,s)=C\mathrm{e}^{-\frac{\sqrt{s}}{a}x}+D\mathrm{e}^{\frac{\sqrt{s}}{a}x}$.

由于 $u(x,t)$ 表示温度,当 $x\to+\infty$ 时,$u(x,t)$ 一定有界,所以 $U(x,s)$ 亦有界,从而 $D=0$.另外,由边值条件可知 $C=F(s)$,即

$$U(x,s)=F(s)\mathrm{e}^{-\frac{\sqrt{s}}{a}x},$$

对 s 进行 Laplace 逆变换,有

$$u(x,t)=\mathcal{L}^{-1}[F(s)]*\mathcal{L}^{-1}\left[\mathrm{e}^{-\frac{\sqrt{s}}{a}x}\right]=f(t)*\mathcal{L}^{-1}\left[\mathrm{e}^{-\frac{\sqrt{s}}{a}x}\right].$$

查表得 $\mathcal{L}^{-1}\left[\dfrac{1}{s}\mathrm{e}^{-\frac{\sqrt{s}}{a}x}\right]=\dfrac{2}{\sqrt{\pi}}\displaystyle\int_{\frac{x}{2a\sqrt{t}}}^{\infty}\mathrm{e}^{-y^2}\mathrm{d}y\overset{\text{def}}{=\!=\!=}g(x,t)$,易证 $g(x,0)=0$.而

$$\mathcal{L}[g_t(x,t)]=s\frac{1}{s}\mathrm{e}^{-\frac{\sqrt{s}}{a}x}-g(x,0)=\mathrm{e}^{-\frac{\sqrt{s}}{a}x}.$$

所以

$$u(x,t)=f(t)*\mathcal{L}^{-1}\left[\mathrm{e}^{-\frac{\sqrt{s}}{a}x}\right]=f(t)*g_t(x,t).$$

习题 8

1. 求下列函数的 Laplace 变换,并查表验证结果:

(1) $f(t)=\sin\dfrac{t}{2}$; (2) $f(t)=\mathrm{e}^{-2t}$; (3) $f(t)=t^2$;

(4) $f(t)=\sin t$; (5) $f(t)=\sinh kt$; (6) $f(t)=\cosh kt$;

(7) $f(t)=\cos^2 t$; (8) $f(t)=\sin^2 t$.

2. 求下列函数的 Laplace 变换:

(1) $f(t)=\begin{cases}3, & 0\leqslant t<2,\\ -1, & 2\leqslant t<4,\\ 0, & 4\leqslant t<+\infty;\end{cases}$ (2) $f(t)=\begin{cases}3, & t<\dfrac{\pi}{2},\\ \cos t, & t>\dfrac{\pi}{2};\end{cases}$

(3) $f(t)=\mathrm{e}^{2t}+5\delta(t)$; (4) $f(t)=\delta(t)\cos t-u(t)\sin t$.

3. 求下面的图 8.4 中所示周期函数的 Laplace 变换.

4. 求下列函数的 Laplace 变换:

(1) $f(t)=t^2+3t+2$; (2) $f(t)=(t-1)^2\mathrm{e}^t$; (3) $f(t)=\dfrac{t}{2a}\sin at$;

(1)

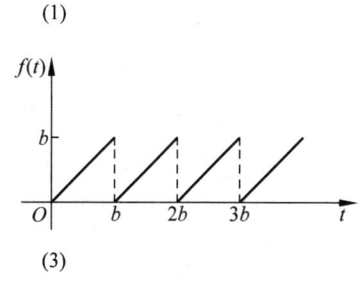

(2)

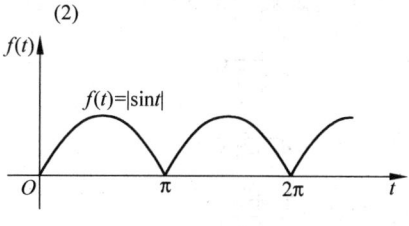

(3)

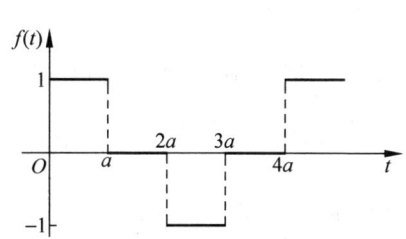

(4)

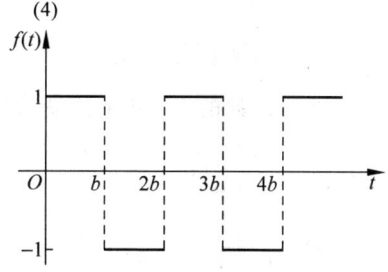

图 8.4

(4) $f(t) = t\cos at$;　　　　(5) $f(t) = 5\sin 2t - 3\cos 2t$;　　(6) $f(t) = e^{-2t}\sin 6t$;

(7) $f(t) = e^{-4t}\cos 4t$;　　　(8) $f(t) = t^2 e^{at}$;　　　　　(9) $f(t) = u(3t - 5)$.

5. 若 $\mathcal{L}[f(t)] = F(s)$, $a > 0$, 证明：$\mathcal{L}[f(at)] = \dfrac{1}{a}F\left(\dfrac{s}{a}\right)$.

6. 设 $\mathcal{L}[f(t)] = F(s)$, 利用公式 $\mathcal{L}[tf(t)] = -F'(s)$ 计算下列各式：

(1) $f(t) = te^{-3t}\sin 2t$, 求 $F(s)$;　　　　(2) $F(s) = \ln\dfrac{s+1}{s-1}$, 求 $f(t)$;

(3) $f(t) = \displaystyle\int_0^t te^{-3t}\sin 2t\,dt$, 求 $F(s)$.

7. 设 $\mathcal{L}[f(t)] = F(s)$, 利用公式 $\mathcal{L}\left[\dfrac{f(t)}{t}\right] = \displaystyle\int_s^\infty F(s)\,ds$ 计算下列各式：

(1) $f(t) = \dfrac{\sin kt}{t}$, 求 $F(s)$;　　　　(2) $f(t) = \dfrac{e^{-3t}\sin 2t}{t}$, 求 $F(s)$;

(3) $F(s) = \dfrac{s}{(s^2-1)^2}$, 求 $f(t)$;　　　(4) $f(t) = \displaystyle\int_0^t \dfrac{e^{-3t}\sin 2t}{t}\,dt$, 求 $F(s)$.

8. 计算下列积分：

(1) $f(t) = \displaystyle\int_0^{+\infty} \dfrac{e^{-t} - e^{-2t}}{t}\,dt$;　　　　(2) $f(t) = \displaystyle\int_0^{+\infty} \dfrac{1 - \cos t}{t}e^{-t}\,dt$;

(3) $f(t) = \displaystyle\int_0^{+\infty} \dfrac{e^{-at}\cos bt - e^{-mt}\cos nt}{t}\,dt$;　(4) $f(t) = \displaystyle\int_0^{+\infty} e^{-3t}\cos 2t\,dt$;

(5) $f(t) = \displaystyle\int_0^{+\infty} te^{-2t}\,dt$;　　　　　(6) $f(t) = \displaystyle\int_0^{+\infty} te^{-3t}\sin 2t\,dt$.

9. 求下列函数的 Laplace 逆变换：

(1) $F(s) = \dfrac{1}{s^2+4}$；

(2) $F(s) = \dfrac{1}{s^4}$；

(3) $F(s) = \dfrac{1}{(s+1)^4}$；

(4) $F(s) = \dfrac{1}{s+3}$；

(5) $F(s) = \dfrac{2s+3}{s^2+9}$；

(6) $F(s) = \dfrac{s+3}{(s+1)(s-3)}$；

(7) $F(s) = \dfrac{s+1}{(s+3)(s-2)}$；

(8) $F(s) = \dfrac{2s+5}{s^2+4s+13}$.

10. 求下列函数的 Laplace 逆变换（像原函数），并用另一种方法加以验证：

(1) $F(s) = \dfrac{1}{s^2+a^2}$；

(2) $F(s) = \dfrac{s}{(s-a)(s-b)}$；

(3) $F(s) = \dfrac{s}{(s-a)(s-b)}$；

(4) $F(s) = \dfrac{s^2+2a^2}{(s^2+a^2)^2}$；

(5) $F(s) = \dfrac{1}{(s^2+a^2)s^3}$；

(6) $F(s) = \dfrac{1}{s(s+a)(s+b)}$；

(7) $F(s) = \dfrac{1}{s^4-a^4}$；

(8) $F(s) = \dfrac{s^2+2s-1}{s(s-1)^2}$；

(9) $F(s) = \dfrac{1}{(s^2-1)s^2}$；

(10) $F(s) = \dfrac{s}{(s^2+1)(s^2+4)}$.

11. 求下列函数的 Laplace 逆变换：

(1) $F(s) = \dfrac{1}{(s^2+4)^2}$；

(2) $F(s) = \dfrac{s}{s+2}$；

(3) $F(s) = \dfrac{2s+1}{s(s+1)(s+2)}$；

(4) $F(s) = \dfrac{1}{s^4+5s^2+4}$；

(5) $F(s) = \dfrac{s+1}{9s^2+6s+5}$；

(6) $F(s) = \ln\dfrac{s^2-1}{s^2}$；

(7) $F(s) = \dfrac{s+2}{(s^2+4s+5)^2}$；

(8) $F(s) = \dfrac{1}{(s^2+2s+2)^2}$；

(9) $F(s) = \dfrac{s^2+4s+4}{(s^2+4s+13)^2}$；

(10) $F(s) = \dfrac{2s^2+s+5}{s^3+6s^2+11s+6}$.

12. 求下列卷积：

(1) $1 * 1$；

(2) $t^m * t^n$；

(3) $t * \mathrm{e}^t$；

(4) $\sin t * \cos t$；

(5) $\sin kt * \sin kt$；

(6) $t * \sinh kt$；

(7) $u(t-a) * f(t)$；

(8) $\delta(t-a) * f(t)$.

13. 利用卷积定理,证明 $\mathcal{L}\left[\int_0^t f(t)\mathrm{d}t\right]=\dfrac{1}{s}F(s)$.

14. 利用卷积定理,证明 $\mathcal{L}\left[\dfrac{t}{2a}\sin at\right]=\dfrac{s}{(s^2+a^2)^2}$.

15. 利用卷积定理,证明 $\mathcal{L}\left[\dfrac{2}{\sqrt{\pi}}\mathrm{e}^t\int_0^{\sqrt{t}}\mathrm{e}^{-\tau^2}\mathrm{d}\tau\right]=\dfrac{1}{\sqrt{s}(s-1)}$.

16. 证明:$f_1(t)*[f_2(t)+f_3(t)]=f_1(t)*f_2(t)+f_1(t)*f_3(t)$.

17. 证明:$f_1(t)*[f_2(t)*f_3(t)]=[f_1(t)*f_2(t)]*f_3(t)$.

18. 求下列微分方程式及方程组的解:

(1) 求方程 $y''+4y'+3y=\mathrm{e}^{-t}$ 满足初始条件 $y(0)=0,y'(0)=1$ 的解;

(2) 求方程 $y'''+3y''+3y'+y=1$ 满足初始条件 $y(0)=y'(0)=y''(0)=0$ 的解;

(3) 求方程 $y''+3y'+2y=u(t-1)$ 满足初始条件 $y(0)=0,y'(0)=1$ 的解;

(4) 求方程 $y''-y=4\sin t+5\cos 2t$ 满足初始条件 $y(0)=-1,y'(0)=-2$ 的解;

(5) 求方程 $y''-2y'+2y=2\mathrm{e}^t\cos t$ 满足初始条件 $y(0)=0,y'(0)=0$ 的解;

(6) 求方程 $y''+4y'+5y=h(t)$ 满足初始条件 $y(0)=c_1,y'(0)=c_2$ 的解;

(7) 求方程 $y'''+y'=\mathrm{e}^{2t}$ 满足初始条件 $y(0)=0,y'(0)=0,y''(0)=0$ 的解;

(8) 求方程 $y'''+3y''+3y'+y=6\mathrm{e}^{-t}$ 满足初始条件 $y(0)=0,y'(0)=0,y''(0)=0$ 的解;

(9) 求方程 $y^{(4)}+2y''+y=0$ 满足初始条件 $y(0)=y'(0)=y'''(0)=0,y''(0)=1$ 的解;

(10) 求方程组 $\begin{cases}x'+x-y=\mathrm{e}^t,\\3x+y'-2y=2\mathrm{e}^t\end{cases}$ 满足初始条件 $x(0)=y(0)=1$ 的解;

(11) 求方程组

$$\begin{cases}(2x''-x'+9x)-(y''+y'+3y)=0,\\(2x''+x'+7x)-(y''-y'+5y)=0\end{cases}$$

满足初始条件 $x(0)=x'(0)=1,y(0)=y'(0)=0$ 的解.

19. 求下列变系数微分方程的解:

(1) $ty''+y'+4ty=0,y(0)=3,y'(0)=0$;

(2) $ty''+2(t-1)y'+(t-2)y=0,y(0)=2$;

(3) $ty''+(t-1)y'-y=0,y(0)=5,y'(+\infty)=0$;

(4) $ty''+(1-n)y'+y=0,y(0)=y'(0)=0(n\geqslant 0)$.

20. 求解下列积分方程:

(1) $f(t)=at+\int_0^t f(\tau)\sin(t-\tau)\mathrm{d}\tau$;

(2) $f(t)=\dfrac{1}{2}\sin 2t+\int_0^t f(\tau)f(t-\tau)\mathrm{d}\tau$;

(3) $\int_0^t y(\tau)y(t-\tau)\mathrm{d}\tau = t^2\mathrm{e}^{-t}$;

(4) $\int_0^t y(\tau)y(t-\tau)\mathrm{d}\tau = 16\sin 4t.$

21. 求下列偏微分方程的定解问题的解：

(1) $\begin{cases} \dfrac{\partial^2 u}{\partial t^2} = a^2 \dfrac{\partial^2 u}{\partial x^2} + g, & x>0, t>0, \\ u\big|_{t=0}=0, \dfrac{\partial u}{\partial t}\Big|_{t=0}=0, \\ u\big|_{x=0}=0; \end{cases}$

(2) $\begin{cases} \dfrac{\partial u}{\partial t} = a^2 \dfrac{\partial^2 u}{\partial x^2} - hu, & x>0, t>0, \\ u\big|_{t=0}=0, \\ u\big|_{x=0}=u_0. \end{cases}$

部分习题答案

习题 1

1. (1) $\mathrm{Re}(z) = \dfrac{3}{13}, \mathrm{Im}(z) = -\dfrac{2}{13}, \bar{z} = \dfrac{3}{13} + \dfrac{2}{13}\mathrm{i}, |z| = \dfrac{1}{\sqrt{13}}, \arg(z) = -\arctan\dfrac{2}{3}$;

(2) $\mathrm{Re}(z) = \dfrac{3}{2}, \mathrm{Im}(z) = -\dfrac{5}{2}, \bar{z} = \dfrac{3}{2} + \dfrac{5}{2}\mathrm{i}, |z| = \dfrac{\sqrt{34}}{2}, \arg(z) = -\arctan\dfrac{5}{3}$;

(3) $\mathrm{Re}(z) = -\dfrac{7}{2}, \mathrm{Im}(z) = -13, \bar{z} = -\dfrac{7}{2} + 13\mathrm{i}, |z| = \dfrac{5\sqrt{29}}{2}, \arg(z) = \arctan\dfrac{26}{7} - \pi$;

(4) $\mathrm{Re}(z) = 1, \mathrm{Im}(z) = -3, \bar{z} = 1 + 3\mathrm{i}, |z| = \sqrt{10}, \arg(z) = -\arctan 3$.

2. 不成立,例如 $z = \mathrm{i}$,但当 z 是实数时,等式成立.

3. (1) $1 + \sqrt{3}\mathrm{i} = 2\left(\cos\dfrac{\pi}{3} + \mathrm{i}\sin\dfrac{\pi}{3}\right) = 2\mathrm{e}^{\frac{\pi}{3}\mathrm{i}}$;

(2) $\dfrac{2\mathrm{i}}{-1+\mathrm{i}} = \sqrt{2}\left[\cos\left(-\dfrac{\pi}{4}\right) + \mathrm{i}\sin\left(-\dfrac{\pi}{4}\right)\right] = \sqrt{2}\,\mathrm{e}^{-\frac{\pi}{4}\mathrm{i}}$;

(3) $1 - \cos\theta + \mathrm{i}\sin\theta = 2\sin\dfrac{\theta}{2}\left[\cos\left(\dfrac{\pi}{2} - \dfrac{\theta}{2}\right) + \mathrm{i}\sin\left(\dfrac{\pi}{2} - \dfrac{\theta}{2}\right)\right] = 2\sin\dfrac{\theta}{2}\mathrm{e}^{\mathrm{i}\left(\frac{\pi}{2} - \frac{\theta}{2}\right)}$;

(4) $\dfrac{(\cos 5\theta + \mathrm{i}\sin 5\theta)^2}{(\cos 3\theta - \mathrm{i}\sin 3\theta)^3} = \cos 19\theta + \mathrm{i}\sin 19\theta = \mathrm{e}^{19\theta\mathrm{i}}$.

4. (1) $z = z_1 + A$; (2) $z = z_1(\cos\alpha + \mathrm{i}\sin\alpha) = z_1\mathrm{e}^{\mathrm{i}\alpha}$,其中 $z = x + \mathrm{i}y, z_1 = x_1 + \mathrm{i}y_1$, $A = a + \mathrm{i}b$.

7. (1) $-16\sqrt{3} - 16\mathrm{i}$; (2) $-8\mathrm{i}$; (3) $\pm\dfrac{\sqrt{3}}{2} + \dfrac{1}{2}\mathrm{i}, \pm\dfrac{\sqrt{3}}{2} - \dfrac{1}{2}\mathrm{i}, \pm\mathrm{i}$;

(4) $\sqrt[6]{2}\left(\cos\dfrac{\pi}{12} - \mathrm{i}\sin\dfrac{\pi}{12}\right), \sqrt[6]{2}\left(\cos\dfrac{7\pi}{12} + \mathrm{i}\sin\dfrac{7\pi}{12}\right), \sqrt[6]{2}\left(\cos\dfrac{5\pi}{4} + \mathrm{i}\sin\dfrac{5\pi}{4}\right)$.

8. (1) $1 \pm \sqrt{3}\mathrm{i}, -2$; (2) $c_1\mathrm{e}^{-2x} + \mathrm{e}^x(c_2\cos\sqrt{3}x + c_3\sin\sqrt{3}x)$.

9. (1) 以 5 为中心、半径为 6 的圆周;

(2) 中心在 $-2\mathrm{i}$,半径为 1 的圆周及其外部区域;

(3) 直线 $x = -3$;

(4) 直线 $y = 3$;

(5) 实轴；

(6) 以 -3 与 -1 为焦点，长轴为 2 的椭圆；

(7) 直线 $y=2$ 及其下面的平面；

(8) 直线 $x=\dfrac{5}{2}$ 及其左边的平面；

(9) 以 i 为起点的射线 $y=x+1(x>0)$.

10. (1) 不包含实轴的上半平面，是无界的单连通区域；

(2) 由直线 $x=0$ 和 $x=1$ 所围成的带形区域，不包含两条直线在内，是无界的单连通区域；

(3) 直线 $x=-1$ 右边的平面区域，不包含直线在内，是无界的单连通区域；

(4) 由射线 $\theta=-1$ 和 $\theta=-1+\pi$ 构成的角形域，不包含两条射线在内，是无界的单连通区域；

(5) 中心在 $z=-\dfrac{17}{15}$，半径为 $\dfrac{8}{15}$ 的圆周的外部区域，不包含圆周，是无界的多连通区域；

(6) 椭圆 $\dfrac{x^2}{9}+\dfrac{y^2}{5}=1$ 及其围成的区域，是有界的单连通闭区域；

(7) 双曲线 $4x^2-\dfrac{4}{15}y^2=1$ 的左边分支的内部区域，是无界的单连通域；

(8) 圆 $(x-2)^2+(y+1)^2=9$ 及其内部区域，是有界的单连通闭区域.

12. (1) $y=x$；(2) $\dfrac{x^2}{a^2}+\dfrac{y^2}{b^2}=1$；(3) $xy=1$；(4) $xy=1$ 第一象限中的一支；

(5) $\dfrac{x^2}{(a+b)^2}+\dfrac{y^2}{(a-b)^2}=1$；(6) $x^2+y^2=\mathrm{e}^{\frac{2a}{b}\arctan\frac{y}{x}}$.

13. (1) $u^2+v^2=\dfrac{1}{4}$；(2) $v=-u$；(3) $\left(u-\dfrac{1}{2}\right)^2+v^2=\dfrac{1}{4}$；(4) $u=\dfrac{1}{2}$.

18. $z_2=3+\mathrm{i}, z_4=-2+4\mathrm{i}$.

习题 2

1. (1) 在直线 $x=-\dfrac{1}{2}$ 上可导，但是在复平面上处处不解析；

(2) 在原点处可导，但是在复平面上处处不解析；

(3) 化简得 $f(z)=\dfrac{\mathrm{i}+1}{z}$，故在原点处不可导，但在除原点外的区域内处处可导，处处解析；

(4) 在复平面上处处不可导，处处不解析.

2. (1) 在整个复平面内处处解析，$f'(z)=2(z-1)(2z^2-z+3)$；

(2) 在整个复平面内处处解析，$f'(z)=3z^2+2i$；

(3) 在除 $z=\pm 1$ 外的复平面上处处解析，$f'(z)=-\dfrac{2z}{(z^2-1)^2}$；

(4) 如果 $c=0$，则函数在整个复平面内处处解析，$f'(z)=\dfrac{a}{d}$，如果 $c\neq 0$，则函数

在除 $z=-\dfrac{d}{c}$ 外的复平面内处处解析，$f'(z)=\dfrac{ad-bc}{(cz+d)^2}$.

4. $n=l=-3,m=1$.

7. (1) $\mathrm{e}^{\frac{2}{3}}\left(\dfrac{1}{2}-\dfrac{\sqrt{3}}{2}i\right)$；(2) $-\mathrm{e}i$；(3) $\mathrm{e}^2(\cos 1+i\sin 1)$；(4) $(-1)^k$.

8. (1) $\arg z=-1$；(2) $\arg z=4-2\pi$；(3) $\arg z=\dfrac{\pi+(\alpha+\beta)}{2}$.

9. $\mathrm{Ln}(-i)=\left(2k-\dfrac{1}{2}\right)\pi i$，主值为 $-\dfrac{1}{2}\pi i$；

$\mathrm{Ln}(-3+4i)=\ln 5-i\arctan\dfrac{4}{3}+(2k+1)\pi i$，主值为 $\ln 5+\left(\pi-\arctan\dfrac{4}{3}\right)i$.

10. (1) $\mathrm{e}^{-2k\pi}$；(2) $\mathrm{e}^{(\sqrt{2}+i)(\ln 2+(2k\pi-\pi)i)}$；(3) $\mathrm{e}^{(1+i)\left(\ln\sqrt{2}+\left(2k\pi-\frac{\pi}{4}\right)i\right)}$.

11. (1) $-\dfrac{\mathrm{e}^5+\mathrm{e}^{-5}}{2}$；(2) $\dfrac{\mathrm{e}^2+\mathrm{e}^{-2}}{2}-\cos 2$.

习题 3

1. 都等于 $\dfrac{1}{3}(3+i)^3$.

2. 都等于 $-\dfrac{1}{6}+\dfrac{5}{6}i$.

3. $2a\pi i$.

4. (1) 0；(2) 0；(3) 0；(4) πi；(5) 0；(6) $\dfrac{2\pi i}{4+i}$.

5. (1) $2\pi \mathrm{e}^2$；(2) $\dfrac{\pi i}{a}$；(3) $\dfrac{\pi}{\mathrm{e}}$；(4) 0；(5) 0；(6) 0；(7) $-2\pi i$；(8) $\dfrac{\pi i}{12}$.

6. (1) 0；(2) $\left(\pi-\dfrac{1}{2}\sinh 2\pi\right)i$；(3) $\sin 1-\cos 1$；(4) $(1-\cos 1)+i(\sin 1-1)$.

7. (1) $14\pi i$；(2) 0；(3) 0；(4) 当 $|a|>1$ 时为 0，当 $|a|<1$ 时为 $\pi \mathrm{e}^a i$.

11. 当 $\pm a$ 都不在 C 的内部时，积分值为 0；当 $\pm a$ 有一个在 C 的内部时，积分值为 πi；当 $\pm a$ 都在 C 的内部时，积分值为 $2\pi i$.

12. 是.

13. (1) $(1-i)z^3+ic$；(2) $\dfrac{1}{2}-\dfrac{1}{z}$；(3) $-i(z-1)^2$；(4) $\ln z+c$.

习题 4

1. (1) 收敛,极限为 0;(2) 收敛,极限为 -1;(3) 发散;(4) 收敛,极限为 0.

2. (1) 绝对收敛;(2) 条件收敛;(3) 绝对收敛;(4) 发散.

3. 都不正确.

4. (1) 0;(2) $\dfrac{1}{\sqrt{5}}$;(3) 1;(4) 0;(5) 1;(6) $+\infty$.

5. 收敛半径为 3.

6. (1) 1;(2) 1;(3) $+\infty$;(4) $+\infty$;(5) 1;(6) 1.

7. (1) $-\displaystyle\sum_{n=0}^{\infty}(z+1)^n, R=1$;

(2) $\displaystyle\sum_{n=1}^{\infty}(-1)^{n-1}\dfrac{(z-1)^n}{2^n}, R=2$;

(3) $\displaystyle\sum_{n=0}^{\infty}(-1)^n\left(\dfrac{1}{2^{2n+1}}-\dfrac{1}{3^{n+1}}\right)(z-2)^n, R=3$;

(4) $\displaystyle\sum_{n=0}^{\infty}\dfrac{3^n}{(1-3\mathrm{i})^{n+1}}[z-(1+\mathrm{i})]^n, R=\dfrac{\sqrt{10}}{3}$;

(5) $\cos2\displaystyle\sum_{k=0}^{\infty}\dfrac{(z-2)^{2k+1}}{(2k+1)!}+\sin2\sum_{k=0}^{\infty}\dfrac{(z-2)^{2k}}{(2k)!}, R=+\infty$;

(6) $z+\dfrac{1}{3}z^3+\dfrac{2}{15}z^5\cdots, R=\dfrac{\pi}{2}$.

8. (1) $\displaystyle\sum_{n=0}^{\infty}\dfrac{(-1)^n}{2^{n+1}}(z-1)^n, \sum_{n=0}^{\infty}(-1)^n3^n(z-2)^{-n-1}$;

(2) $\displaystyle\sum_{n=-1}^{\infty}(n+2)z^n, \sum_{n=-2}^{\infty}(-1)^n(z-1)^n$;

(3) $-\displaystyle\sum_{n=-1}^{\infty}(z-1)^n, \sum_{n=-2}^{\infty}(-1)^n(z-2)^{-n}$;

(4) $\displaystyle\sum_{n=1}^{\infty}n\mathrm{i}^{n+1}(z-\mathrm{i})^{n-2}, 0<|z-\mathrm{i}|<1, \sum_{n=0}^{\infty}(-1)^n\dfrac{(n+1)\mathrm{i}^n}{(z-\mathrm{i})^{n+3}}, 1<|z-\mathrm{i}|<\infty$;

9. (1) 0;(2) $2\pi\mathrm{i}$;(3) 0;(4) $2\pi\mathrm{i}$.

10. 当原点在 c 内时,积分值为 $2\pi\mathrm{i}$;否则为 0.

习题 5

1. (1) $z=0$ 是一阶极点,$z=\pm2\mathrm{i}$ 是二阶极点;

(2) 没有有限极点;

(3) $z^2+i=0$ 的两个根都是三阶极点;

(4) $z=0$ 是可去极点;

(5) $z=0$ 是本性极点;

(6) $z=0$ 是本性极点.

2. (1) 当 $m\neq n$ 时,$z=a$ 为极点,阶数为 m,n 中较大者;当 $m=n$ 时,$z=a$ 可能是极点,并且阶数$\leqslant m$,但也有可能是可去奇点;

(2) $z=a$ 为 $m+n$ 阶极点;

(3) 当 $m\neq n$ 时,$z=a$ 为 $|m-n|$ 阶极点;当 $m=n$ 时,$z=a$ 是可去奇点.

4. $\dfrac{9}{2}$,$9\pi i$.

5. (1) $\mathrm{Res}[f(z),1]=\dfrac{3}{4}$,$\mathrm{Res}[f(z),-1]=-\dfrac{3}{4}$,$\mathrm{Res}[f(z),\infty]=0$;

(2) $\mathrm{Res}[f(z),n\pi]=(-1)^n$;

(3) $\mathrm{Res}[f(z),0]=-\dfrac{1}{2}$,$\mathrm{Res}[f(z),\infty]=\dfrac{1}{2}$;

(4) $\mathrm{Res}[f(z),1]=1$,$\mathrm{Res}[f(z),\infty]=-1$.

6. (1) $10\pi i$; (2) 0; (3) 0; (4) 0.

7. (1) $\dfrac{2\pi}{\sqrt{a^2-1}}$; (2) $\dfrac{\pi}{4}$; (3) $\pi\left(1-\dfrac{5\sqrt{21}}{21}\right)$; (4) $\dfrac{2\sqrt3}{3}\pi$.

8. (1) $\dfrac{\pi}{6}$; (2) $\dfrac{\pi}{2e}$; (3) $\dfrac{\pi}{4}$; (4) $\pi e^{-1}\cos2$; (5) $\dfrac{3\pi}{4e}$; (6) $\dfrac{3e^{-1}-e^{-3}}{8}\pi$.

习题 6

1. 伸缩率:$|w'(i)|=2$,旋转角:$\mathrm{Arg}w'(i)=\dfrac{\pi}{2}$,它将上半圆域映射成以原点为圆心、$R^2$ 为半径的且沿 0 到 R^2 的半径有割痕的圆域.

2. (1) 以 $-1,-i,i$ 为顶点的三角形;(2) 圆域 $|w-i|\leqslant1$.

3. $u=\left(c+\dfrac{1}{c}\right)\cos\theta,v=\left(c-\dfrac{1}{c}\right)\sin\theta$.

4. $w=1+e^{i\varphi}\left(\dfrac{z-\alpha}{1-\bar\alpha z}\right),|\alpha|<1$.

5. $w=e^{i\varphi}\left(\dfrac{z-R\alpha}{R-\bar\alpha z}\right),|\alpha|<1$.

6. (1) $w=-i\dfrac{z-i}{z+i}$; (2) $w=i\dfrac{z-i}{z+i}$; (3) $w=\dfrac{3z+(\sqrt5-2i)}{(\sqrt5-2i)z+3}$.

7. $w=\dfrac{(1+i)(z-i)}{(1+z)+3i(1-z)}$.

8. $w = e^{i\theta}\left(\dfrac{z-\bar{\alpha}}{z+\alpha}\right)$,其中 $\mathrm{Re}(\alpha) > 0$, θ 为任意实数.

习题 7

1. $F(\omega) = \dfrac{A(1-e^{-j\omega\tau})}{j\omega}$.

2. $f(t) = \begin{cases} \dfrac{1}{2}\left[u(1+t)+u(1-t)-1\right], & |t| \neq 1, \\[2mm] \dfrac{1}{4}, & |t| = 1. \end{cases}$

3. (1) $F(\omega) = \dfrac{\alpha(\beta-j\omega)}{\beta^2+\omega^2}$; (2) $F(\omega) = \dfrac{2\omega\sin\omega\pi}{1-\omega^2}$.

4. $F_s(\omega) = \dfrac{\omega}{1+\omega^2}$.

5. $F(\omega) = \dfrac{4A}{\tau\omega^2}\left(1-\cos\dfrac{\omega\tau}{2}\right)$.

6. $A_0 = 2|c_0| = h, A_n = 2|c_n| = \dfrac{h}{n\pi}, \omega_n = n\omega = \dfrac{2n\pi}{T}$ $(n=1,2,\cdots)$.

7. $f(t) = \cos\omega_0 t$.

8. $F(\omega) = \cos\omega a + \cos\dfrac{\omega a}{2}$.

9. (1) $F(\omega) = \dfrac{\pi}{2}j\left[\delta(\omega+2)-\delta(\omega-2)\right]$;

(2) $F(\omega) = \dfrac{\pi}{4}j\left[3\delta(\omega+1)-\delta(\omega+3)+\delta(\omega-3)-3\delta(\omega-1)\right]$;

(3) $F(\omega) = \dfrac{\pi}{2}\left[(\sqrt{3}+j)\delta(\omega+5)+(\sqrt{3}-j)\delta(\omega-5)\right]$;

(4) $F(\omega) = \dfrac{2a}{a^2+\omega^2}$;

(5) $F(\omega) = \dfrac{2\omega^2+4}{\omega^4+4}$;

(6) $F(\omega) = \dfrac{-2j}{1-\omega^2}\sin\omega\pi$.

12. $F(\omega) = \dfrac{1}{2j}\sqrt{\pi}\,\omega e^{-\frac{\omega^2}{4}}$.

13. (1) $\dfrac{j}{2}\dfrac{d}{d\omega}F\left(\dfrac{\omega}{2}\right)$;

(2) $j\dfrac{d}{d\omega}F(\omega)-2F(\omega)$;

（3）$\dfrac{\mathrm{j}}{2}\dfrac{\mathrm{d}}{\mathrm{d}\omega}F\left(\dfrac{-\omega}{2}\right)-F\left(\dfrac{-\omega}{2}\right)$；

（4）$\dfrac{1}{2\mathrm{j}}\dfrac{\mathrm{d}^3}{\mathrm{d}\omega^3}F\left(\dfrac{\omega}{2}\right)$；

（5）$-F(\omega)-\omega\dfrac{\mathrm{d}}{\mathrm{d}\omega}F(\omega)$；

（6）$\mathrm{e}^{-\mathrm{j}\omega}F(-\omega)$；

（7）$-\mathrm{j}\mathrm{e}^{-\mathrm{j}\omega}\dfrac{\mathrm{d}}{\mathrm{d}\omega}F(-\omega)$；

（8）$\dfrac{1}{2}\mathrm{e}^{-\frac{5}{2}\mathrm{j}\omega}F\left(\dfrac{\omega}{2}\right)$.

14. （1）$F(\omega)=\dfrac{1}{\mathrm{j}(\omega-\omega_0)}+\pi\delta(\omega-\omega_0)$；

（2）$F(\omega)=\mathrm{e}^{-\mathrm{j}(\omega-\omega_0)t_0}\left[\dfrac{1}{\mathrm{j}(\omega-\omega_0)}+\pi\delta(\omega-\omega_0)\right]$；

（3）$F(\omega)=-\dfrac{1}{(\omega-\omega_0)^2}+\pi\mathrm{j}\delta'(\omega-\omega_0)$.

15. （1）π；（2）$\dfrac{\pi}{2}$；（3）$\dfrac{\pi}{2}$；（4）$\dfrac{\pi}{2}$.

16. $f_1(t)*f_2(t)=\dfrac{\alpha\sin t-\cos t+\mathrm{e}^{-\alpha t}}{\alpha^2+1}$.

17. $f_1(t)*f_2(t)=\begin{cases}0, & t\leqslant 0, \\[2mm] \dfrac{1}{2}(\sin t-\cos t+\mathrm{e}^{-t}), & 0<t\leqslant\dfrac{\pi}{2}, \\[2mm] \dfrac{1}{2}\mathrm{e}^{-t}(1+\mathrm{e}^{\frac{\pi}{2}}), & t>\dfrac{\pi}{2}.\end{cases}$

18. （1）$F(\omega)=\dfrac{\omega_0}{\omega_0^2-\omega^2}+\dfrac{\pi}{2\mathrm{j}}[\delta(\omega-\omega_0)-\delta(\omega+\omega_0)]$；

（2）$F(\omega)=\dfrac{\omega_0}{(\beta+\mathrm{j}\omega)^2+\omega_0^2}$；

（3）$F(\omega)=\dfrac{\beta+\mathrm{j}\omega}{(\beta+\mathrm{j}\omega)^2+\omega_0^2}$.

19. $S(\omega)=\dfrac{a}{4a^2+\omega^2}$.

20. $S(\omega)=\dfrac{\pi}{2}[\delta(\omega-\omega_0)+\delta(\omega+\omega_0)]$.

21. $S(\omega)=\dfrac{1}{a^2+\omega^2}$.

22. $R_{12}(\tau)=\begin{cases}\dfrac{b}{2a}(a^2-\tau^2), & -a\leqslant\tau\leqslant 0,\\[3mm]\dfrac{b}{2a}(a-\tau)^2, & 0<\tau\leqslant a,\\[3mm]0, & |\tau|>a.\end{cases}$

23. $x(t)=\begin{cases}0, & t<0,\\ \mathrm{e}^{-t}, & t\geqslant 0.\end{cases}$

24. (1) $g(\omega)=\begin{cases}1, & 0<\omega<1,\\[2mm]\dfrac{1}{2}, & \omega=1,\\[2mm]0, & \omega>1;\end{cases}$

(2) $g(\omega)=\dfrac{2}{\pi\omega}(1+\cos\omega-2\cos 2\omega)$;

(3) $g(\omega)=\dfrac{2}{\pi\omega^2}(1-\cos\omega)$;

(4) $g(\omega)=\dfrac{\omega}{\omega^2-1}(1+\cos\omega\pi)$.

25. (1) $y(t)=\dfrac{a(b-a)}{\pi b[t^2+(b-a)^2]}$;

(2) $y(t)=\sqrt{2\pi}\left(1-\dfrac{t^2}{2}\right)\mathrm{e}^{-\frac{t^2}{2}}$.

26. (1) $x(t)=\begin{cases}\dfrac{1}{3}(\mathrm{e}^{2t}-\mathrm{e}^{t}), & t<0,\\[2mm]0, & t=0,\\[2mm]\dfrac{1}{3}(\mathrm{e}^{-t}-\mathrm{e}^{-2t}), & t>0;\end{cases}$

(2) $x(t)=\dfrac{1}{2\pi}\displaystyle\int_{-\infty}^{+\infty}\dfrac{cH(\omega)}{aj\omega+bF(\omega)}\mathrm{e}^{j\omega t}\mathrm{d}\omega$,其中 $F(\omega)=\mathcal{F}[f(t)]$, $H(\omega)=\mathcal{F}[h(t)]$.

27. (1) $u(x,t)=t\sin x$; (2) $u(x,t)=\dfrac{1}{2a\sqrt{\pi t}}\mathrm{e}^{At-\frac{(x-\xi)^2}{4a^2t}}$;

(3) ① $u(x,y)=\dfrac{2}{\pi}\arctan\dfrac{x}{y}$, ② $u(x,y)=\dfrac{1}{\pi}\left[\arctan\left(\dfrac{1+x}{y}\right)+\arctan\left(\dfrac{1-x}{y}\right)\right]$;

(4) $u(x,t)=\dfrac{2A}{\pi}\displaystyle\int_0^{+\infty}\dfrac{\sin\omega\cos\omega x}{\omega}\mathrm{e}^{-a^2\omega^2 t}\mathrm{d}\omega$;

(5) $u(x,t)=\dfrac{2}{\pi}\displaystyle\int_0^{+\infty}\dfrac{1-\cos\omega}{\omega}\mathrm{e}^{-\omega^2 t}\sin\omega x\,\mathrm{d}\omega$.

习题 8

1. (1) $F(s)=\dfrac{2}{4s^2+1}$;   (2) $F(s)=\dfrac{1}{s+2}$;

(3) $F(s)=\dfrac{2}{s^3}$;

(4) $F(s)=\dfrac{1}{s^2+4}$;

(5) $F(s)=\dfrac{k}{s^2-k^2}$;

(6) $F(s)=\dfrac{s}{s^2-k^2}$;

(7) $F(s)=\dfrac{s^2+2}{s(s^2+4)}$;

(8) $F(s)=\dfrac{2}{s(s^2+4)}$.

2. (1) $F(s)=\dfrac{1}{s}(3-4e^{-2s}+e^{-4s})$;

(2) $F(s)=\dfrac{3}{s}(1-e^{-\frac{\pi s}{2}})-\dfrac{1}{s^2+1}e^{-\frac{\pi s}{2}}$;

(3) $F(s)=\dfrac{5s-9}{s-2}$;

(4) $F(s)=\dfrac{s^2}{s^2+1}$.

3. (1) $F(s)=\dfrac{1+bs}{s^2}-\dfrac{b}{s(1-e^{-bs})}$;

(2) $F(s)=\dfrac{1}{s^2+1}\coth\dfrac{\pi s}{2}$;

(3) $F(s)=\dfrac{1}{s(1+e^{-as})}\tanh as$;

(4) $F(s)=\dfrac{1}{s}\tanh\dfrac{bs}{2}$.

4. (1) $F(s)=\dfrac{2s^2+3s+2}{s^3}$;

(2) $F(s)=\dfrac{s^2-4s+5}{(s-1)^3}$;

(3) $F(s)=\dfrac{s}{(s^2+a^2)^2}$;

(4) $F(s)=\dfrac{s^2-a^2}{(s^2+a^2)^2}$;

(5) $F(s)=\dfrac{10-3s}{s^2+4}$;

(6) $F(s)=\dfrac{6}{(s+2)^2+36}$;

(7) $F(s)=\dfrac{s+4}{(s+4)^2+16}$;

(8) $F(s)=\dfrac{2}{(s-a)^3}$;

(9) $F(s)\dfrac{1}{s}e^{-\frac{5}{3}s}$.

6. (1) $F(s)=\dfrac{4(s+3)}{[(s+3)^2+4]^2}$;

(2) $f(t)=\dfrac{2}{t}\sinh t$;

(3) $F(s)=\dfrac{4(s+3)}{s[(s+3)^2+4]^2}$.

7. (1) $F(s)=\operatorname{arccot}\dfrac{s}{k}$;

(2) $F(s)=\operatorname{arccot}\dfrac{s+3}{2}$;

(3) $f(t)=\dfrac{t}{2}\sinh t$;

(4) $F(s)=\dfrac{1}{s}\operatorname{arccot}\dfrac{s+3}{2}$.

8. (1) $\ln 2$;

(2) $\dfrac{1}{2}\ln 2$;

(3) $\dfrac{1}{2}\ln\dfrac{m^2+n^2}{a^2+b^2}$;

(4) $\dfrac{3}{13}$;

(5) $\dfrac{1}{4}$;

(6) $\dfrac{12}{169}$.

9. (1) $f(t)=\dfrac{1}{2}\sin 2t$;

(2) $f(t)=\dfrac{1}{6}t^3$;

(3) $f(t) = \frac{1}{6} t^3 e^{-t}$;

(4) $f(t) = e^{-3t}$;

(5) $f(t) = 2\cos 3t + \sin 3t$;

(6) $f(t) = \frac{3}{2} e^{3t} - \frac{1}{2} e^{-t}$;

(7) $f(t) = \frac{1}{5} (3e^{2t} + 2e^{-3t})$;

(8) $f(t) = 2e^{-2t} \cos 3t + \frac{1}{3} e^{-2t} \sin 3t$.

10. (1) $f(t) = \frac{1}{a} \sin at$;

(2) $f(t) = \frac{ae^{at} - be^{bt}}{a - b}$;

(3) $f(t) = \frac{c-a}{(a-b)^2} e^{-at} + \left[\frac{c-b}{a-b} t + \frac{a-c}{(a-b)^2} \right] e^{-bt}$;

(4) $f(t) = \frac{3}{2a} \sin at - \frac{1}{2} t \cos at$;

(5) $f(t) = \frac{1}{a^4} (\cos at - 1) + \frac{1}{2a^2} t^2$;

(6) $f(t) = \frac{1}{ab} + \frac{1}{a-b} \left[\frac{e^{-at}}{a} - \frac{e^{-bt}}{b} \right]$;

(7) $f(t) = \frac{1}{2a^3} (\sinh at - \sin at)$;

(8) $f(t) = 2te^t + 2e^t - 1$;

(9) $f(t) = \sinh t - t$;

(10) $f(t) = \frac{1}{3} \cos t - \frac{1}{3} \cos 2t$.

11. (1) $f(t) = \frac{\sin 2t}{16} - \frac{t \cos 2t}{8}$;

(2) $f(t) = \delta(t) - 2e^{-2t}$;

(3) $f(t) = \frac{1}{2} (1 + 2e^{-t} - 3e^{-2t})$;

(4) $f(t) = \frac{1}{3} \sin t - \frac{1}{6} \sin 2t$;

(5) $f(t) = \frac{1}{9} \left(\sin \frac{2t}{3} + \cos \frac{2t}{3} \right) e^{-\frac{1}{3}t}$;

(6) $f(t) = \frac{2(1 - \cosh t)}{t}$;

(7) $f(t) = \frac{1}{2} te^{-2t} \sin t$;

(8) $f(t) = \frac{1}{2} e^{-t} (\sin t - t \cos t)$;

(9) $f(t) = \left(\frac{1}{2} t \cos 3t + \frac{1}{6} \sin 3t \right) e^{-2t}$;

(10) $f(t) = 3e^{-t} - 11e^{-2t} + 10e^{-3t}$.

12. (1) t;

(2) $\frac{m!n!}{(m+n+1)!} t^{m+n+1}$;

(3) $e^t - t - 1$;

(4) $\frac{1}{2} t \sin t$;

(5) $\frac{1}{2k} \sin kt - \frac{t}{2} \cos kt$;

(6) $\sinh t - t$;

(7) $\begin{cases} 0, & t < a, \\ \int_a^t f(t-\tau) d\tau, & 0 \leqslant a \leqslant t; \end{cases}$

(8) $\begin{cases} 0, & t < a, \\ f(t-a), & 0 \leqslant a \leqslant t. \end{cases}$

18. (1) $y(t) = \frac{1}{4} \left[(7 + 2t) e^{-t} - 3e^{-3t} \right]$;

(2) $y(t) = 1 - \left(\frac{t^2}{2} + t + 1 \right) e^{-t}$;

(3) $y(t) = e^{-t} - e^{-2t} + \left[-e^{-(t-1)} + \dfrac{1}{2} e^{-2(t-1)} + \dfrac{1}{2}\right] u(t-1)$；

(4) $y(t) = -2\sin t - \cos 2t$；

(5) $y(t) = te^t \sin t$；

(6) $y(t) = h(t) * e^{-2t} \sin t + e^{-2t} [c_1 \cos t + (2c_1 + c_2) \sin t]$；

(7) $y(t) = -\dfrac{1}{2} + \dfrac{1}{10} e^{2t} + \dfrac{2}{5} \cos t - \dfrac{1}{5} \sin t$；

(8) $y(t) = t^3 e^{-t}$；

(9) $y(t) = \dfrac{1}{2} t \sin t$；

(10) $x(t) = y(t) = e^t$；

(11) $\begin{cases} x(t) = \dfrac{2}{3} \cos 2t + \dfrac{1}{3} \sin 2t + \dfrac{2}{3} e^t, \\ y(t) = -\dfrac{2}{3} \cos 2t - \dfrac{1}{3} \sin 2t + \dfrac{2}{3} e^t. \end{cases}$

19. (1) $y(t) = 3J_0(2t)$，其中 J_0 为零阶第一类 Bessel 函数；

(2) $y(t) = (2 + ct^3) e^{-t}$；(3) $y(t) = 5e^{-t}$；

(4) $y(t) = ct^{\frac{n}{2}} J_n(2\sqrt{t})$，其中 J_n 为 n 阶第一类 Bessel 函数.

20. (1) $y(t) = a\left(t + \dfrac{1}{6} t^3\right)$；

(2) $y(t) = J_1(2t)$，或者 $y(t) = \delta(t) - J_1(2t)$，其中 J_1 为一阶第一类 Bessel 函数；

(3) $y(t) = \pm 4\sqrt{\dfrac{t}{\pi}} e^{-t}$；

(4) $y(t) = \pm 8J_0(4t)$.

21. (1) $u(x,t) = \begin{cases} \dfrac{g}{2} t^2, & t < \dfrac{x}{a}, \\ \dfrac{gx}{2a^2}(2at - x), & t > \dfrac{x}{a}; \end{cases}$

(2) $u(x,t) = \dfrac{2u_0}{\sqrt{\pi}} \displaystyle\int_{\frac{x}{2a\sqrt{t}}}^{\infty} e^{-\left(v^2 + \frac{hx^2}{4a^2 v^2}\right)} \, dv.$

附录 A Fourier 变换简表

	$f(t)$	$F(\omega)$
(1)	矩形单脉冲 $f(t)=\begin{cases} E, & \|t\|\leqslant\dfrac{\tau}{2}, \\ 0, & \text{其他} \end{cases}$	$2E\dfrac{\sin\dfrac{\omega\tau}{2}}{\omega}$
(2)	指数衰减函数 $f(t)=\begin{cases} 0, & t<0, \\ \mathrm{e}^{-\beta t}, & t\geqslant0 \end{cases}\quad(\beta>0)$	$\dfrac{1}{\beta+\mathrm{j}\omega}$
(3)	三角形单脉冲 $f(t)=\begin{cases} \dfrac{2A}{\tau}\left(\dfrac{\tau}{2}+t\right), & -\dfrac{\tau}{2}\leqslant t<0, \\ \dfrac{2A}{\tau}\left(\dfrac{\tau}{2}-t\right), & 0\leqslant t<\dfrac{\tau}{2}, \\ 0, & \text{其他} \end{cases}$	$\dfrac{4A}{\tau\omega^2}\left(1-\cos\dfrac{\omega\tau}{2}\right)$
(4)	钟形脉冲 $f(t)=A\mathrm{e}^{-\beta t^2}\quad(\beta>0)$	$\sqrt{\dfrac{\pi}{\beta}}A\mathrm{e}^{-\frac{\omega^2}{4\beta}}$
(5)	Fourier 核 $f(t)=\dfrac{\sin\omega_0 t}{\pi t}$	$F(\omega)=\begin{cases} 1, & \|\omega\|\leqslant\omega_0, \\ 0, & \text{其他} \end{cases}$
(6)	Gauss 分布函数 $f(t)=\dfrac{1}{\sqrt{2\pi}\sigma}\mathrm{e}^{-\frac{t^2}{2\sigma^2}}$	$\mathrm{e}^{-\frac{\sigma^2\omega^2}{2}}$
(7)	矩形射频脉冲 $f(t)=\begin{cases} E\cos\omega_0 t, & \|t\|\leqslant\dfrac{\tau}{2}, \\ 0, & \text{其他} \end{cases}$	$\dfrac{E\tau}{2}\left[\dfrac{\sin(\omega-\omega_0)\dfrac{\tau}{2}}{(\omega-\omega_0)\dfrac{\tau}{2}}+\dfrac{\sin(\omega+\omega_0)\dfrac{\tau}{2}}{(\omega+\omega_0)\dfrac{\tau}{2}}\right]$
(8)	单位脉冲函数 $f(t)=\delta(t)$	1
(9)	周期性脉冲函数 $f(t)=\displaystyle\sum_{n=-\infty}^{+\infty}\delta(t-nT)$ （T 为脉冲函数的周期）	$\dfrac{2\pi}{T}\displaystyle\sum_{n=-\infty}^{+\infty}\delta\left(\omega-\dfrac{2n\pi}{T}\right)$

	$f(t)$	$F(\omega)$
(10)	$f(t)=\cos\omega_0 t$	$\pi[\delta(\omega+\omega_0)+\delta(\omega-\omega_0)]$
(11)	$f(t)=\sin\omega_0 t$	$j\pi[\delta(\omega+\omega_0)-\delta(\omega-\omega_0)]$
(12)	单位阶跃函数 $f(t)=u(t)$	$\dfrac{1}{j\omega}+\pi\delta(\omega)$
(13)	$u(t-c)$	$\dfrac{1}{j\omega}e^{-j\omega c}+\pi\delta(\omega)$
(14)	$u(t)t$	$-\dfrac{1}{\omega^2}+\pi j\delta'(\omega)$
(15)	$u(t)t^n$	$\dfrac{n!}{(j\omega)^{n+1}}+\pi j^n\delta^{(n)}(\omega)$
(16)	$u(t)\sin\alpha t$	$\dfrac{\alpha}{\alpha^2-\omega^2}+\dfrac{\pi}{2j}[\delta(\omega-\alpha)-\delta(\omega+\alpha)]$
(17)	$u(t)\cos\alpha t$	$\dfrac{j\omega}{\alpha^2-\omega^2}+\dfrac{\pi}{2}[\delta(\omega-\alpha)+\delta(\omega+\alpha)]$
(18)	$u(t)e^{j\alpha t}$	$\dfrac{1}{j(\omega-\alpha)}+\pi\delta(\omega-\alpha)$
(19)	$u(t-c)e^{j\alpha t}$	$\dfrac{1}{j(\omega-\alpha)}e^{-j(\omega-\alpha)c}+\pi\delta(\omega-\alpha)$
(20)	$u(t)e^{j\alpha t}t^n$	$\dfrac{n!}{[j(\omega-\alpha)]^{n+1}}+\pi j^n\delta^{(n)}(\omega-\alpha)$
(21)	$e^{a|t|},\mathrm{Re}(a)<0$	$\dfrac{-2a}{\omega^2+a^2}$
(22)	$\delta(t-c)$	$e^{-j\omega c}$
(23)	$\delta'(t)$	$j\omega$
(24)	$\delta^{(n)}(t)$	$(j\omega)^n$
(25)	$\delta^{(n)}(t-c)$	$(j\omega)^n e^{-j\omega c}$

	$f(t)$	$F(\omega)$
(26)	1	$2\pi\delta(\omega)$
(27)	t	$2\pi j\delta'(\omega)$
(28)	t^n	$2\pi j^n\delta^{(n)}(\omega)$
(29)	$e^{j\alpha t}$	$2\pi\delta(\omega-\alpha)$
(30)	$t^n e^{j\alpha t}$	$2\pi j^n\delta^{(n)}(\omega-\alpha)$
(31)	$\dfrac{1}{a^2+t^2},\mathrm{Re}(a)<0$	$-\dfrac{\pi}{a}e^{a|\omega|}$
(32)	$\dfrac{t}{(a^2+t^2)^2},\mathrm{Re}(a)<0$	$\dfrac{j\omega\pi}{2a}e^{a|\omega|}$
(33)	$\dfrac{e^{jbt}}{a^2+t^2},\mathrm{Re}(a)<0,b\text{ 为实数}$	$-\dfrac{\pi}{a}e^{a|\omega-b|}$
(34)	$\dfrac{\cos bt}{a^2+t^2},\mathrm{Re}(a)<0,b\text{ 为实数}$	$-\dfrac{\pi}{2a}(e^{a|\omega-b|}+e^{a|\omega+b|})$
(35)	$\dfrac{\sin bt}{a^2+t^2},\mathrm{Re}(a)<0,b\text{ 为实数}$	$-\dfrac{\pi}{2aj}(e^{a|\omega-b|}-e^{a|\omega+b|})$
(36)	$\dfrac{\sinh at}{\sinh\pi t},-\pi<a<\pi$	$\dfrac{\sin a}{\cosh\omega+\cos a}$
(37)	$\dfrac{\sinh at}{\cosh\pi t},-\pi<a<\pi$	$-2j\dfrac{\sin\frac{a}{2}\sinh\frac{\omega}{2}}{\cosh\omega+\cos a}$
(38)	$\dfrac{\cosh at}{\cosh\pi t},-\pi<a<\pi$	$2\dfrac{\cos\frac{a}{2}\cosh\frac{\omega}{2}}{\cosh\omega+\cos a}$
(39)	$\dfrac{1}{\cosh at}$	$\dfrac{\pi}{a}\dfrac{1}{\cosh\frac{\pi\omega}{2a}}$
(40)	$\sin at^2$	$\sqrt{\dfrac{\pi}{a}}\cos\left(\dfrac{\omega^2}{4a}+\dfrac{\pi}{4}\right)$
(41)	$\cos at^2$	$\sqrt{\dfrac{\pi}{a}}\cos\left(\dfrac{\omega^2}{4a}-\dfrac{\pi}{4}\right)$

	$f(t)$	$F(\omega)$
(42)	$\dfrac{1}{t}\sin at$	$\begin{cases}\pi, & |\omega|\leqslant a,\\ 0, & |\omega|>a\end{cases}$
(43)	$\dfrac{1}{t^2}\sin^2 at$	$\begin{cases}\pi\left(a-\dfrac{|\omega|}{2}\right), & |\omega|\leqslant 2a,\\ 0, & |\omega|>2a\end{cases}$
(44)	$\dfrac{\sin at}{\sqrt{|t|}}$	$\mathrm{j}\sqrt{\dfrac{\pi}{2}}\left(\dfrac{1}{\sqrt{|\omega+a|}}-\dfrac{1}{\sqrt{|\omega-a|}}\right)$
(45)	$\dfrac{\cos at}{\sqrt{|t|}}$	$\sqrt{\dfrac{\pi}{2}}\left(\dfrac{1}{\sqrt{|\omega+a|}}+\dfrac{1}{\sqrt{|\omega-a|}}\right)$
(46)	$|t|^{\alpha},\alpha\neq 0,\pm1,\pm2,\cdots$	$-2\sin\dfrac{\alpha\pi}{2}\Gamma(\alpha+1)|\omega|^{-(\alpha+1)}$
(47)	$\mathrm{sgn}t$	$\dfrac{2}{\mathrm{j}\omega}$
(48)	$\mathrm{e}^{-at^2},\mathrm{Re}(a)>0$	$\sqrt{\dfrac{\pi}{a}}\mathrm{e}^{-\frac{\omega^2}{4a}}$
(49)	$|t|^{2k+1},k=0,1,2,\cdots$	$2(-1)^{k+1}(2k+1)!\ \omega^{-2(k+1)}$
(50)	$\ln(t^2+a^2),a>0$	$-\dfrac{2\pi}{|\omega|}\mathrm{e}^{-a|\omega|}$
(51)	$\arctan\dfrac{t}{a},a>0$	$-\dfrac{\pi\mathrm{j}}{\omega}\mathrm{e}^{-a|\omega|}$
(52)	$\dfrac{\mathrm{e}^{\pi t}}{(1+\mathrm{e}^{\pi t})^2}$	$\dfrac{\pi^2\omega}{\sinh\omega}$

附录 B Laplace 变换简表

	$f(t)$	$F(s)$
(1)	1	$\dfrac{1}{s}$
(2)	e^{kt}	$\dfrac{1}{s-k}$
(3)	$t^m\,(m>-1)$	$\dfrac{\Gamma(m+1)}{s^{m+1}}$
(4)	$t^m e^{at}\,(m>-1)$	$\dfrac{\Gamma(m+1)}{(s-a)^{m+1}}$
(5)	$\sin at$	$\dfrac{a}{s^2+a^2}$
(6)	$\cos at$	$\dfrac{s}{s^2+a^2}$
(7)	$\sinh at$	$\dfrac{a}{s^2-a^2}$
(8)	$\cosh at$	$\dfrac{s}{s^2-a^2}$
(9)	$t\sin at$	$\dfrac{2as}{(s^2+a^2)^2}$
(10)	$t\cos at$	$\dfrac{s^2-a^2}{(s^2+a^2)^2}$
(11)	$t\sinh at$	$\dfrac{2as}{(s^2-a^2)^2}$
(12)	$t\cosh at$	$\dfrac{s^2+a^2}{(s^2-a^2)^2}$
(13)	$t^m \sin at\,(m>-1)$	$\dfrac{\Gamma(m+1)}{2j\,(s^2+a^2)^{m+1}}[(s+ja)^{m+1}-(s-ja)^{m+1}]$
(14)	$t^m \cos at\,(m>-1)$	$\dfrac{\Gamma(m+1)}{2\,(s^2+a^2)^{m+1}}[(s+ja)^{m+1}+(s-ja)^{m+1}]$
(15)	$e^{-bt}\sin at$	$\dfrac{a}{(s+b)^2+a^2}$
(16)	$e^{-bt}\cos at$	$\dfrac{s+b}{(s+b)^2+a^2}$
(17)	$e^{-bt}\sin(at+c)$	$\dfrac{(s+b)\sin c+a\cos c}{(s+b)^2+a^2}$

续表

	$f(t)$	$F(s)$
(18)	$\sin^2 t$	$\dfrac{1}{2}\left(\dfrac{1}{s}-\dfrac{s}{s^2+4}\right)$
(19)	$\cos^2 t$	$\dfrac{1}{2}\left(\dfrac{1}{s}+\dfrac{s}{s^2+4}\right)$
(20)	$\sin at\sin bt$	$\dfrac{2abs}{\left[s^2+(a+b)^2\right]\left[s^2+(a-b)^2\right]}$
(21)	$\mathrm{e}^{at}-\mathrm{e}^{bt}$	$\dfrac{a-b}{(s-a)(s-b)}$
(22)	$a\mathrm{e}^{at}-b\mathrm{e}^{bt}$	$\dfrac{(a-b)s}{(s-a)(s-b)}$
(23)	$\dfrac{1}{a}\sin at-\dfrac{1}{b}\sin bt$	$\dfrac{b^2-a^2}{(s^2+a^2)(s^2+b^2)}$
(24)	$\cos at-\cos bt$	$\dfrac{(b^2-a^2)s}{(s^2+a^2)(s^2+b^2)}$
(25)	$\dfrac{1}{a^2}(1-\cos at)$	$\dfrac{1}{s(s^2+a^2)}$
(26)	$\dfrac{1}{a^3}(at-\sin at)$	$\dfrac{1}{s^2(s^2+a^2)}$
(27)	$\dfrac{1}{a^4}(\cos at-1)+\dfrac{1}{2a^2}t^2$	$\dfrac{1}{s^3(s^2+a^2)}$
(28)	$\dfrac{1}{a^4}(\cosh at-1)-\dfrac{1}{2a^2}t^2$	$\dfrac{1}{s^3(s^2-a^2)}$
(29)	$\dfrac{1}{2a^3}(\sin at-at\cos at)$	$\dfrac{1}{(s^2+a^2)^2}$
(30)	$\dfrac{1}{2a}(\sin at+at\cos at)$	$\dfrac{s^2}{(s^2+a^2)^2}$
(31)	$\dfrac{1}{a^4}(1-\cos at)-\dfrac{1}{2a^3}t\sin at$	$\dfrac{1}{s(s^2+a^2)^2}$
(32)	$(1-at)\mathrm{e}^{-at}$	$\dfrac{s}{(s+a)^2}$
(33)	$t\left(1-\dfrac{a}{2}t\right)\mathrm{e}^{-at}$	$\dfrac{s}{(s+a)^3}$
(34)	$\dfrac{1}{a}(1-\mathrm{e}^{-at})$	$\dfrac{1}{s(s+a)}$
(35)[1]	$\dfrac{1}{ab}+\dfrac{1}{b-a}\left(\dfrac{\mathrm{e}^{-bt}}{b}-\dfrac{\mathrm{e}^{-at}}{a}\right)$	$\dfrac{1}{s(s+a)(s+b)}$

	$f(t)$	$F(s)$
$(36)^{(1)}$	$\dfrac{\mathrm{e}^{-at}}{(b-a)(c-a)}+\dfrac{\mathrm{e}^{-bt}}{(a-b)(c-b)}+$ $\dfrac{\mathrm{e}^{-ct}}{(a-c)(b-c)}$	$\dfrac{1}{(s+a)(s+b)(s+c)}$
$(37)^{(1)}$	$\dfrac{-a\mathrm{e}^{-at}}{(b-a)(c-a)}+\dfrac{-b\mathrm{e}^{-bt}}{(a-b)(c-b)}+$ $\dfrac{-c\mathrm{e}^{-ct}}{(a-c)(b-c)}$	$\dfrac{s}{(s+a)(s+b)(s+c)}$
$(38)^{(1)}$	$\dfrac{a^2\mathrm{e}^{-at}}{(b-a)(c-a)}+\dfrac{b^2\mathrm{e}^{-bt}}{(a-b)(c-b)}+$ $\dfrac{c^2\mathrm{e}^{-ct}}{(a-c)(b-c)}$	$\dfrac{s^2}{(s+a)(s+b)(s+c)}$
$(39)^{(1)}$	$\dfrac{\mathrm{e}^{-at}-\mathrm{e}^{-bt}\left[1-(a-b)t\right]}{(a-b)^2}$	$\dfrac{1}{(s+a)(s+b)^2}$
$(40)^{(1)}$	$\dfrac{-a\mathrm{e}^{-at}+\mathrm{e}^{-bt}\left[a-b(a-b)t\right]}{(a-b)^2}$	$\dfrac{s}{(s+a)(s+b)^2}$
(41)	$\mathrm{e}^{-at}-\mathrm{e}^{\frac{at}{2}}\left(\cos\dfrac{\sqrt{3}at}{2}-\sqrt{3}\sin\dfrac{\sqrt{3}at}{2}\right)$	$\dfrac{3a^2}{s^3+a^3}$
(42)	$\sin at\cosh at-\cos at\sinh at$	$\dfrac{4a^3}{s^4+4a^4}$
(43)	$\dfrac{1}{2a^2}\sin at\sinh at$	$\dfrac{s}{s^4+4a^4}$
(44)	$\dfrac{1}{2a^3}(\sinh at-\sin at)$	$\dfrac{1}{s^4-a^4}$
(45)	$\dfrac{1}{2a^2}(\cosh at-\cos at)$	$\dfrac{s}{s^4-a^4}$
(46)	$\dfrac{1}{\sqrt{\pi t}}$	$\dfrac{1}{\sqrt{s}}$
(47)	$2\sqrt{\dfrac{t}{\pi}}$	$\dfrac{1}{s\sqrt{s}}$
(48)	$\dfrac{1}{\sqrt{\pi t}}\mathrm{e}^{at}(1+2at)$	$\dfrac{s}{(s-a)\sqrt{s-a}}$
(49)	$\dfrac{1}{2\sqrt{\pi t^3}}(\mathrm{e}^{bt}-\mathrm{e}^{at})$	$\sqrt{s-a}-\sqrt{s-b}$
(50)	$\dfrac{1}{\sqrt{\pi t}}\cos 2\sqrt{at}$	$\dfrac{1}{\sqrt{s}}\mathrm{e}^{-\frac{a}{s}}$

	$f(t)$	$F(s)$
(51)	$\dfrac{1}{\sqrt{\pi t}}\cosh 2\sqrt{at}$	$\dfrac{1}{\sqrt{s}}\mathrm{e}^{\frac{a}{s}}$
(52)	$\dfrac{1}{\sqrt{\pi t}}\sin 2\sqrt{at}$	$\dfrac{1}{s\sqrt{s}}\mathrm{e}^{-\frac{a}{s}}$
(53)	$\dfrac{1}{\sqrt{\pi t}}\sinh 2\sqrt{at}$	$\dfrac{1}{s\sqrt{s}}\mathrm{e}^{\frac{a}{s}}$
(54)	$\dfrac{1}{t}(\mathrm{e}^{bt}-\mathrm{e}^{at})$	$\ln\dfrac{s-a}{s-b}$
(55)	$\dfrac{2}{t}\sinh at$	$\ln\dfrac{s+a}{s-a}=2\,\mathrm{artanh}\,\dfrac{a}{s}$
(56)	$\dfrac{2}{t}(1-\cos at)$	$\ln\dfrac{s^2+a^2}{s^2}$
(57)	$\dfrac{2}{t}(1-\cosh at)$	$\ln\dfrac{s^2-a^2}{s^2}$
(58)	$\dfrac{1}{t}\sin at$	$\arctan\dfrac{a}{s}$
(59)	$\dfrac{1}{t}(\cosh at-\cos bt)$	$\ln\sqrt{\dfrac{s^2+b^2}{s^2-a^2}}$
(60)[2]	$\dfrac{1}{\pi t}\sin(2a\sqrt{t})$	$\mathrm{erf}\left(\dfrac{a}{\sqrt{s}}\right)$
(61)[2]	$\dfrac{1}{\sqrt{\pi t}}\mathrm{e}^{-2a\sqrt{t}}$	$\dfrac{1}{\sqrt{s}}\mathrm{e}^{\frac{a^2}{s}}\mathrm{erfc}\left(\dfrac{a}{\sqrt{s}}\right)$
(62)	$\mathrm{erfc}\left(\dfrac{a}{2\sqrt{t}}\right)$	$\dfrac{1}{s}\mathrm{e}^{-a\sqrt{s}}$
(63)	$\mathrm{erf}\left(\dfrac{t}{2a}\right)$	$\dfrac{1}{s}\mathrm{e}^{a^2s^2}\mathrm{erfc}(as)$
(64)	$\dfrac{1}{\sqrt{\pi t}}\mathrm{e}^{-2\sqrt{at}}$	$\dfrac{1}{\sqrt{s}}\mathrm{e}^{\frac{a}{s}}\mathrm{erfc}\left(\sqrt{\dfrac{a}{s}}\right)$
(65)	$\dfrac{1}{\sqrt{\pi(t+a)}}$	$\dfrac{1}{\sqrt{s}}\mathrm{e}^{as}\mathrm{erfc}(\sqrt{as})$
(66)	$\dfrac{1}{\sqrt{a}}\mathrm{erf}(\sqrt{at})$	$\dfrac{1}{s\sqrt{s+a}}$

	$f(t)$	$F(s)$
(67)	$\dfrac{1}{\sqrt{a}}e^{at}\,\mathrm{erf}(\sqrt{at}\,)$	$\dfrac{1}{(s-a)\sqrt{s}}$
(68)	$u(t)$	$\dfrac{1}{s}$
(69)	$tu(t)$	$\dfrac{1}{s^2}$
(70)	$t^m u(t)(m>-1)$	$\dfrac{1}{s^{m+1}}\Gamma(m+1)$
(71)	$\delta(t)$	1
(72)	$\delta^{(n)}(t)$	s^n
(73)	$\mathrm{sgn}t$	$\dfrac{1}{s}$
(74)[3]	$\mathrm{J}_0(at)$	$\dfrac{1}{\sqrt{s^2+a^2}}$
(75)[3]	$\mathrm{I}_0(at)$	$\dfrac{1}{\sqrt{s^2-a^2}}$
(76)	$\mathrm{J}_0(2\sqrt{at}\,)$	$\dfrac{1}{s}e^{-\frac{a}{s}}$
(77)	$e^{-bt}\mathrm{I}_0(at)$	$\dfrac{1}{\sqrt{(s+b)^2-a^2}}$
(78)	$t\mathrm{J}_0(at)$	$\dfrac{s}{(s^2+a^2)^{\frac{3}{2}}}$
(79)	$t\mathrm{I}_0(at)$	$\dfrac{s}{(s^2-a^2)^{\frac{3}{2}}}$
(80)	$\mathrm{J}_0(a\sqrt{t(t+2b)}\,)$	$\dfrac{1}{\sqrt{s^2+a^2}}e^{b(s-\sqrt{s^2+a^2}\,)}$
(81)	$\dfrac{1}{at}\mathrm{J}_1(at)$	$\dfrac{1}{s+\sqrt{s^2+a^2}}$
(82)	$\mathrm{J}_1(at)$	$\dfrac{1}{a}\left(1-\dfrac{s}{\sqrt{s^2+a^2}}\right)$

	$f(t)$	$F(s)$
(83)	$J_n(t)$	$\dfrac{1}{\sqrt{s^2+1}}(\sqrt{s^2+1}-s)^n$
(84)	$t^{\frac{n}{2}}J_n(2\sqrt{t})$	$\dfrac{1}{s^{n+1}}e^{-\frac{1}{s}}$
(85)	$\dfrac{1}{t}J_n(at)$	$\dfrac{1}{na^n}(\sqrt{s^2+a^2}-s)^n$
(86)	$\displaystyle\int_t^{+\infty}\dfrac{J_0(t)}{t}dt$	$\dfrac{1}{s}\ln(s+\sqrt{s^2+1})$
(87)[4]	$\mathrm{si}t$	$\dfrac{1}{s}\mathrm{arccot}s$
(88)[5]	$\mathrm{ci}t$	$\dfrac{1}{s}\ln\dfrac{1}{\sqrt{s^2+1}}$

注：(1) 式中 a,b,c 为不等的常数；

(2) $\mathrm{erf}(x)=\dfrac{2}{\sqrt{\pi}}\displaystyle\int_0^x e^{-t^2}dt,\ \mathrm{erfc}(x)=\dfrac{2}{\sqrt{\pi}}\int_x^{+\infty}e^{-t^2}dt$；

(3) $J_n(x)=\displaystyle\sum_{k=0}^{\infty}\dfrac{(-1)^k}{k!\Gamma(n+k+1)}\left(\dfrac{x}{2}\right)^{n+2k},\ I_n(x)=j^{-n}J_n(jx)$；

(4) $\mathrm{si}t=\displaystyle\int_0^t\dfrac{\sin t}{t}dt$；

(5) $\mathrm{ci}t=\displaystyle\int_{-\infty}^t\dfrac{\cos t}{t}dt$.

参 考 文 献

[1] 西安交通大学高等数学教研室.复变函数[M].4版.北京:高等教育出版社,1996.

[2] 钟玉泉.复变函数论[M].3版.北京:高等教育出版社,2004.

[3] 焦红伟,尹景本.复变函数与积分变换[M].北京:北京大学出版社,2007.

[4] 华中科技大学数学系.复变函数与积分变换[M].北京:高等教育出版社,2008.

[5] 张建国.复变函数与积分变换[M].北京:机械工业出版社,2010.

[6] 郑唯唯.复变函数与积分变换[M].西安:西北工业大学出版社,2011.

[7] 张元林.工程数学:积分变换[M].5版.北京:高等教育出版社,2012.

[8] 哈尔滨工业大学数学系.复变函数与积分变换[M].3版.北京:科学出版社,2013.